高等数学教学设计

主编　储继迅　王　萍
参编　范玉妹　徐　尔　张志刚

机械工业出版社

本书从趣味性、深刻性、系列性及创新性几个角度选取高等数学课程中的20个教学知识点，对课堂教学行为进行了精心设计和妥善安排。在知识引入、知识构建、知识理解、知识提升的整体教学模式下，本书通过追溯概念的实际背景、精选教学案例、挖掘教学内容的深度、制作教具和动画等方式和手段，力图使课堂摆脱古板乏味，增加学生对概念的直观认识，激发学生的学习兴趣，提高学生应用数学的意识，让学生能体会到学习的乐趣，为他们自觉地应用数学思想方法和数学知识解决专业及工程中的复杂问题打下基础。

本书适合高等院校的大学数学教师参考，也可以作为大学生学习高等数学的参考书。

图书在版编目（CIP）数据

高等数学教学设计/储继迅，王萍主编. —北京：机械工业出版社，2019.12（2024.1重印）

ISBN 978-7-111-64773-7

Ⅰ.①高…　Ⅱ.①储…②王…　Ⅲ.①高等数学-高等学校-教学参考资料　Ⅳ.①O13

中国版本图书馆CIP数据核字（2020）第027245号

机械工业出版社（北京市百万庄大街22号　邮政编码100037）
策划编辑：汤　嘉　责任编辑：汤　嘉　李　乐
责任校对：潘　蕊　封面设计：鞠　杨
责任印制：常天培
固安县铭成印刷有限公司印刷
2024年1月第1版第5次印刷
184mm×260mm · 15.5印张 · 382千字
标准书号：ISBN 978-7-111-64773-7
定价：98.00元

电话服务
客服电话：010-88361066
010-88379833
010-68326294
封底无防伪标均为盗版

网络服务
机　工　官　网：www.cmpbook.com
机　工　官　博：weibo.com/cmp1952
金　　书　　网：www.golden-book.com
机工教育服务网：www.cmpedu.com

前　言

高等数学课程是大学非数学专业类学生必修的一门重要的数学基础课程。学好高等数学不仅为后续课程的学习和科研工作的开展打下必要的数学基础，而且对于学生理性思维的培养，科学素养的形成，分析问题、解决问题能力的提高，都有重要而深远的影响。

本书从趣味性、深刻性、系列性及创新性几个角度选取高等数学课程中的20个教学知识点，对课堂教学行为进行了精心设计和妥善安排。在知识引入、知识构建、知识理解、知识提升的整体教学模式下，本书通过追溯概念的实际背景、精选教学案例、挖掘教学内容的深度、制作教具和动画等方式和手段，力图使课堂摆脱古板乏味，增加学生对概念的直观认识，激发学生的学习兴趣，提高学生应用数学的意识，让学生能体会到学习的乐趣，为他们自觉地应用数学思想方法和数学知识解决专业及工程中的复杂问题打下基础。

教学既是一门科学，也是一门艺术。教学设计同样如此。每位教师对教学设计都有各自的理解。作为大学一线教师，我们在多年教学和科研实践的基础上，编写了本书。主编之一的储继迅老师以本书为基本素材于2018年参加了第四届全国高校青年教师教学竞赛，并获得理科组一等奖。

本书主要包含教学设计总论和20节的课程教学设计两部分。教学设计总论概述了课程的一般信息、学生特点分析及教学进程设计，并阐述了本书在教学设计上的创新点。20节的课程教学设计包括教学目标、教学内容、教学进程安排、学情分析与教学评价、预习任务与课后作业五部分内容。

编者特别感谢白敬、曹丽梅、傅双双、李娜、李博通、刘白羽、苏永美、王丹龄、臧鸿雁、赵金玲、赵鲁涛、张丽静等多位老师在本书的编写过程中提供的帮助。

本书是北京市教育工会授予的“北京高校青年教师示范教研工作室”的建设内容之一，感谢北京市教育工会的资助和北京科技大学校工会的支持。

由于编者水平有限，错漏之处在所难免，恳请读者不吝指正。

编　者

目　录

教学设计总论

一、课程的一般信息

1. 基本信息

课程名称：高等数学　　　　　　　课程类别：公共必修课

授课对象：理工科一年级学生　　　先修课程：无

一般学时：96 +80　　　　　　　　一般学分：6 +5

2. 课程简介

高等数学以微积分为主体，是大学中最重要的基础课程之一，它不仅为后续课程的学习和科研工作的开展提供必要的数学基础和数学工具，而且对于学生理性思维的培养，科学素养的形成，分析问题解决问题能力的提高，都有重要而深远的影响。

3. 主要内容

高等数学课程的主要内容由一元函数的微积分、多元函数的微积分、向量代数与空间解析几何、无穷级数和常微分方程五部分组成。

《高等数学》上册的内容包括一元函数微积分与级数，这部分在讲解微积分基本概念、基本理论和基本方法的基础上，着重于基本思维方法的训练，培养学生思维的抽象性、逻辑性和严谨性。

《高等数学》下册的内容包括向量代数与空间解析几何、多元函数的微积分和常微分方程。这部分将所讨论的空间由一维推广到有限维，进一步培养学生的抽象思维能力，对高维问题的表达能力和解决问题的能力。

4. 教学意义

高等数学课程是学习后续课程的先修课程，也是在各个学科领域中进行理论研究和实践工作的必要且重要的基础课程。通过高等数学的教学，使学生受到科学方法论的教育，提高学生发现问题、提出问题、分析问题和解决问题的能力。

通过高等数学中应用部分的教学，追溯概念的实际背景，使学生了解数学的实际应用，从而提高学生应用数学的意识，为自觉地应用数学思想方法和数学知识解决专业中的问题打下基础。该课程对于培养学生的综合能力，提高学生的数学素养和整体素质，增强学生在学习工作中的科研能力和创新能力等方面都具有重要的作用。

二、学生特点分析

1. 知识基础

本课程的对象为理工科一年级的学生，第一学期时他们刚迈入大学，虽然已经在高中经过了初等数学的训练，但尚缺乏大学学习的心理准备，还处在从中学到大学的过渡阶段。第二学期时，通过第一学期高等数学及第二学期线性代数的学习，他们已初步完成了从中学到大学的过渡，具备了一定的数学思想和素养。

2. 认知特点和学习风格

第一学期，学生在从中学到大学的过渡过程中，尚处于被动地接受知识，满足于会做题即可，学习具有一定盲目性。此时的教学要特别注意温故知新，帮助学生克服盲目性，尽快地完成过渡阶段。第二学期，通过第一学期的大学学习和生活，学生初步适应了大学生活，具备了较为充分的学习心理准备，独立学习能力日益增强，如能在教学过程中进一步激发学生的学习兴趣，通过贴近生活的实际应用案例，帮助学生深刻理解相关知识，将会极大地提高他们的学习热情，培养他们学以致用的意识。另外，学生的专业方向逐渐清晰，专业学习要求进一步明确，因此在授课过程中要根据学生课程发展需求，有意识地进行引导，如对计算机专业的学生加入一些数学软件编程方面的拓展，对通信专业的学生加强傅里叶级数的讲解和应用等。

三、教学进程设计

1. 教学手段

动态多媒体课件、数学软件作图、教具，板书和讲解有机结合，将抽象思维同形象思维结合起来，引发学生的学习兴趣，真正让学生享受课堂。

2. 教学模式

根据高等数学课程的教学要求，遵循学生学习的特点和认知规律，形成五步式教学模式图（见图1），即问题引入、问题分析、知识构建、问题求解和应用拓展对课程进行相应的教学活动。

图1　教学模式图

四、教学创新点

1. 以学生深层次的学习需求作为贯穿整个课程的主线。

在考虑选择20个教学节段题目时，其指导思想是，趣味性、深刻性、系列性及创新性，以提高学习效率。

首先希望这些教学节段有连贯性，故以摆线为话题，从摆线的几何性质、摆线的渐屈线、摆线的等时性、摆线的弧长，以及最速降线和惠更斯钟摆，串起了六个教学节段，也引导学生对一个问题进行深入的探索和学习。

每个教学节段，注重问题的层层递进，启发学生的分析能力和联想能力，如二重积分的计算。从牟合方盖体积问题出发，在经过问题分析和问题求解后，最后启发学生思考，为什么刘徽认为牟合方盖的体积和球的体积比是$4:\pi$呢？进而给出了“牟合n盖”的说法，这也是本教学设计的一个独创！关于创新性，还有傅里叶级数和泰勒公式等，目的是不生硬地把一个概念抛给学生，让学生能体会到学习的乐趣，达到真正掌握知识的目的。

2. 在教学中，利用教具展示，使抽象的数学思考过程形象化。

数学问题基本上具有很强的抽象性，因此在学习理解上产生一定的难度，所以在课程的教学过程中，要充分运用教具辅助教学。利用3D打印和激光切割加工等先进技术，根据课程内容需求，精心准备设计制作了近20个教具，见图2。20个教学设计中的大部分内容都配备了教具。这样讲解与教具演示相结合，增加了学生的学习兴趣，也加深了对概念的理解。例如，二次曲面的讲解中，制作了五个教具，主要是配合讲解由方程认知图形，更直观地展示了空间图形，将抽象思维同形象思维结合起来。

3. 用MATLAB数学软件编写动画程序，增加学生对概念的直观认识。

为了更好地讲解内容，并方便学生理解，本次20个教学设计的理念就是，先直观后证明，先几何后理论分析。故使用MATLAB数学软件编程，做了一百多个动画程序，每个教学设计都配备了2~10个动画程序演示，见图3。比如说梯度，这是个很难理解的概念，有些结论理论上证明也是很顺畅的，但是学生不好理解。为此，精心构思，采用向量的手法，将方向导数在平面上全部标记出来，从几何上发现规律，再从理论上加以证明。为此设计了动画演示，讲解上循序渐进，让学生自己逐渐发现奥秘，抓住学生眼球，吸引学生赶上老师的讲课节奏，提高教学效果。

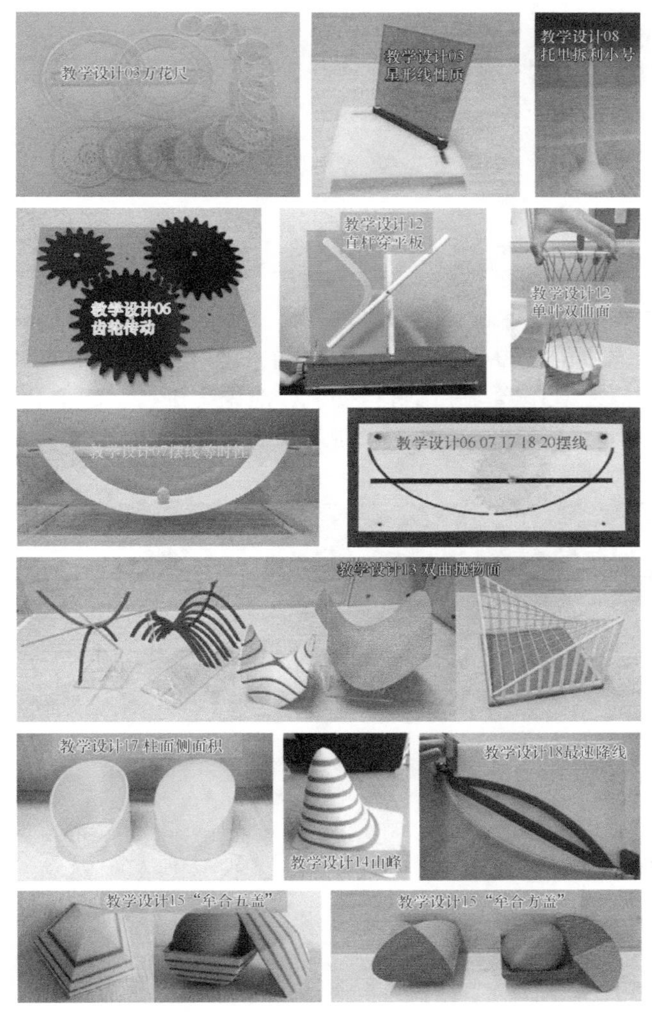

图2　教具汇总照片

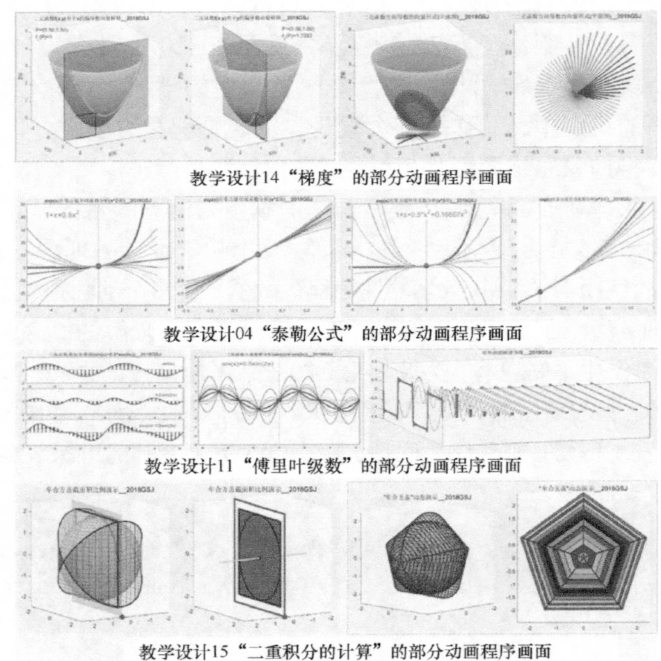

图3 计算机仿真结果图

4. 为学生自主学习搭建有利平台。

通过学校课程中心搭建本课程的学习平台，向学生展示教学课件、参考资料及 MATLAB 数学软件及程序等全方位的学习资源。为学生自主学习提供便利，帮助学生在课外完成预习、复习。学生可通过教学邮箱与教师进行交流，对课程进行反馈，充分保证教学课堂的开放性、自主性。学习平台的使用界面如图 4 所示。

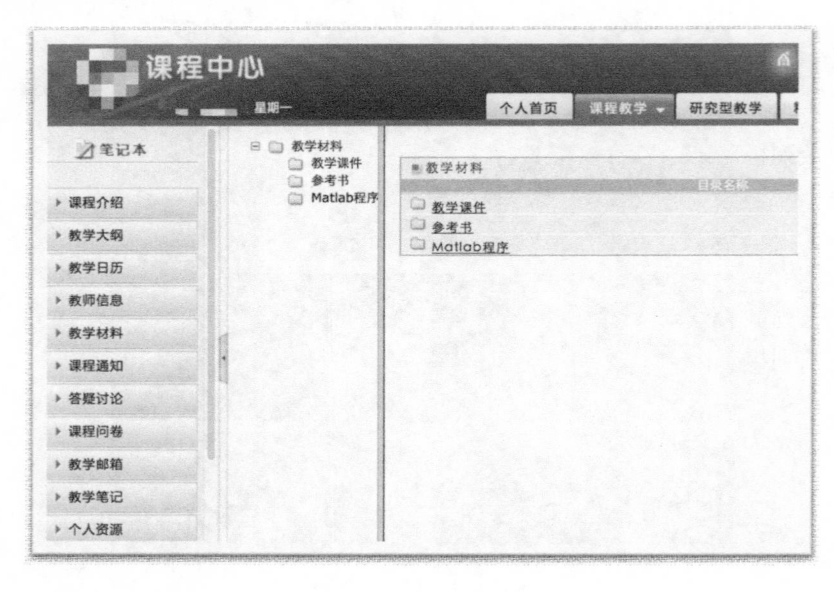

图4 高等数学课程学习平台

数列极限的定义

一、教学目标

极限是高等数学中最重要和最基本的概念之一，它是研究微积分的必备工具。微积分中其他重要概念（如连续、导数、定积分等）都是用极限概念来表述的。

本次课要求学生真正理解数列极限的概念并掌握极限的思想方法，能够利用数列极限的定义证明一些简单数列的极限，培养学生的观察能力和抽象概括能力，充分挖掘出学生思维的批判性和深刻性。

通过数列极限概念的教学，引导学生从数列极限的描述性定义向“$\varepsilon-N$”定义的过渡和转化，通过观察运动和变化的过程，初步认识有限与无限、近似与精确、量变与质变，揭示数学世界中的辩证关系，使学生清楚地认识到数列极限的精髓。

本次课的教学目标是：

1. 学好基础知识，掌握数列极限的概念。
2. 掌握基本技能，能利用 $\varepsilon-N$ 定义对数列极限进行严格的证明。
3. 培养思维能力，培养学生的观察能力和抽象概括能力。

二、教学内容

1. 教学内容

1）数列极限的概念；
2）数列的收敛与发散；
3）数列极限的几何意义；
4）简单数列极限的求解；
5）数列极限的应用。

2. 教学重点

1）理解 $\varepsilon-N$ 定义的高度抽象性和深刻性；
2）理解数列的有限项的改变不影响数列的极限；
3）理解数列极限的几何意义。

3. 教学难点

1）如何利用 $\varepsilon-N$ 定义对数列极限进行严格的证明；
2）如何在具体问题中应用数列极限；
3）理清数列极限、函数极限的内在关系。

三、教学进程安排

1. 教学进程框图（45min）

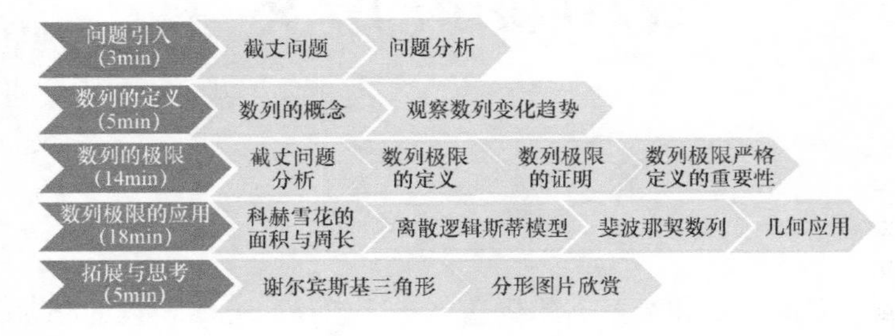

2. 教学环节设计

教学意图	教学内容	教学环节设计
1. 问题引入（3min）		
通过介绍截丈问题引起大家的兴趣，由此建立一个简单的数列，并引出本次课所要讲述的概念。（共3min）	截丈问题：战国时代哲学家庄周所著的《庄子・天下篇》引用过一句话："一尺之棰，日取其半，万世不竭。" 第一天： 第二天： 第三天： 第四天： 第五天： 分析：也就是说一根长为一尺的木棒，每天截去一半，这样可以无限地进行下去。第 n 天剩余的木棒长度为 $\frac{1}{2^n}$，随着 n 越来越大，木棒的长度越来越短，越来越趋于0。 庄子 把木棒的长度按时间增大的顺序排列出来就得到了一个等比数列 $$\frac{1}{2},\ \frac{1}{2^2},\ \frac{1}{2^3},\ \cdots,\ \frac{1}{2^n},\ \cdots$$ 在数轴上按时间顺序描绘出来此数列为 $0\quad \frac{1}{16}\quad \frac{1}{8}\quad \frac{1}{4}\quad \frac{1}{2}\quad a_n$ 观察木棍长度的变化趋势，随时间的无限增大，木棍的长度无限趋近于0，且单调递减趋向于0。	时间：3min 提问： 中学大家都学过哪些数列？ 大学再论数列，主要对其整体进行研究，讨论其变化趋势。 提问： 我们该怎么表示数列和相应的变化趋势呢？这就涉及本节课要学习的数列和数列极限。

（续）

教学意图	教学内容	教学环节设计
2. 数列的定义（5min）		
从函数角度给出数列的定义，从不同角度分析数列的概念，拓展学生的思维。（共2min）	定义1：若函数的定义域为全体自然数 **N**，则称函数 f：**N**→**R** 或 $a_n=f(n)$ 为数列，记作 $\{a_n\}$。a_n称为通项（一般项）。 分析：数列的有关概念和性质。 （1）为表述方便给出几个名称：项、项数、首项。以上述数列为例，让学生练习指出数列的首项、第二项和通项。 （2）由此可以看出，给定一个数列，应能够指明第一项是多少，第二项是多少，…，每一项都是确定的，即指明项数，对应的项就确定。所以数列中的每一项与其项数有着对应关系，这与我们学过的函数有密切关系。数列可以看作整标函数。 （3）数列的表示：列举法、通项公式法、图示法等。	时间：2min PPT 演示。
选典型例题，对应新的知识点，引导学生总结题中的变化趋势。（共3min）	考察下列几个数列的变化趋势。 例1：（1）$\{2\}$；（2）$\left\{1+\frac{(-1)^{n-1}}{n}\right\}$；（3）$\{(-1)^{n+1}\}$； （4）$\left\{\frac{1}{2^n}\right\}$。 解：（1）2，2，…，2，…，数列恒定不变趋近于2； （2）2，$\frac{1}{2}$，$\frac{4}{3}$，…，$1+\frac{(-1)^{n-1}}{n}$，…，数列从数轴左右两侧无限趋近于1； （3）1，−1，1，−1，…，$(-1)^{n+1}$，…，没有确定的变化趋势； （4）$\frac{1}{2}$，$\frac{1}{2^2}$，$\frac{1}{2^3}$，…，$\frac{1}{2^n}$，…，数列单调趋近于0。	时间：3min 板书： 用图示法等分析数列的变化趋势，进而引入数列极限的定义。
3. 数列的极限（14min）		
进一步通过具体分析引入本次课的核心内容。（共4min）	分析：把数列$\frac{1}{2}$，$\frac{1}{2^2}$，$\frac{1}{2^3}$，…，$\frac{1}{2^n}$，…用柱状图描绘出来： 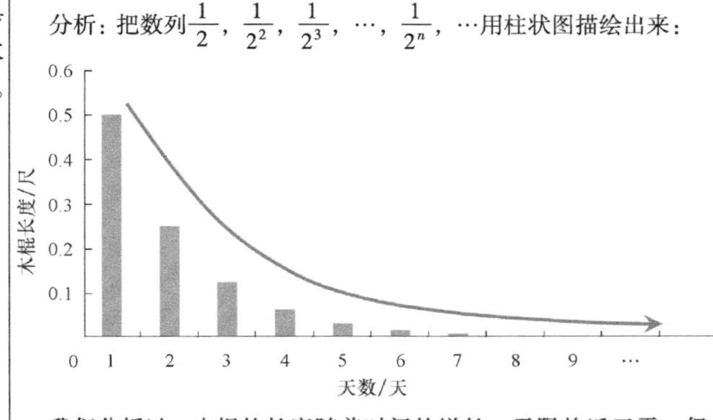	时间：4min 引导思考： 观察可知，随时间的无限增大，木棍的长度无限趋近于0。如何表示“无限增大”以及“无限趋近”这种描述性的词汇？
通过量化的距离，让学生感受“无限趋近”的含义。	我们分析过，木棍的长度随着时间的增长，无限趋近于零，但又不为零。它与零之间的距离要多小有多小。在数学里该怎样描述无限接近及要多小有多小呢？衡量距离，就要先给出一个参考物。给定一个数0.3，会发现从第二天起，每一天木棍的长度与0的距离都小于给定的数0.3，再给一个更小的数0.01，会发现，	给出三个不同量级的正数，在图中找出对应的 N，量化认识数列的极限。用图表进行分析，并提炼极限的数学概念。

（续）

<table>
<tr><th>教学意图</th><th>教学内容</th><th>教学环节设计</th></tr>
<tr><td></td><td>从第 7 天起，木棍的长度与 0 的距离就小于 0.01。再给一个更小的数，还是能找到一个时刻，使木棍的长度与 0 的距离小于所给的数。引入数学符号希腊字母 ε，表示一个想要多小就有多小的正数，对于任意给定的 ε，都可以找到一个时刻 N，从这一刻起木棍的长度与零的距离，都小于事先给定的正数 ε。这就是数列极限的定义。
<table>
<tr><th>接近程度</th><th>满足接近程度的项 a_n</th><th>接近程度</th></tr>
<tr><td>0.3</td><td>$n>1$</td><td>$|a_n-0|<0.3$</td></tr>
<tr><td>0.01</td><td>$n>6$</td><td>$|a_n-0|<0.01$</td></tr>
<tr><td>10^{-8}</td><td>$n>26$</td><td>$|a_n-0|<10^{-8}$</td></tr>
<tr><td>$\varepsilon>0$</td><td>$n>N$</td><td>$|a_n-0|<\varepsilon$</td></tr>
</table>
</td><td></td></tr>
<tr><td>给出数列极限的严格定义。（共 2min）</td><td>定义 2：给定数列 $\{a_n\}$ 和实数 a，对 $\forall\varepsilon>0$，$\exists N=N(\varepsilon)$，当 $n>N$ 时，有 $|a_n-a|<\varepsilon$，那么称 a 是数列 $\{a_n\}$ 的极限，或者称 $\{a_n\}$ 收敛于 a。记作：
$$\lim_{n\to\infty}a_n=a \text{ 或 } a_n\to a\ (n\to\infty)。$$
若数列的极限存在，则称该数列是收敛的，否则称该数列是发散的。
解释：(1) ε 的任意性；
(2) N 的相应性，N 的选取依赖于 ε，但不由 ε 唯一确定。</td><td>时间：2min
<u>板书：</u>
结合板书进一步解释极限概念的数学表述。</td></tr>
<tr><td>结合图形，讲解数列极限的几何解释。（共 2min）</td><td>数列极限的几何解释：给定 $\varepsilon>0$，就可以确定以 a 为中心，以 ε 为半径的带形区域，若数列 $\{a_n\}$ 的极限为 a，由数列极限的定义可知，一定存在 N 使得当 $n>N$ 时，所有的点都落入了 $a-\varepsilon<a_n<a+\varepsilon$ 这个带形区域内。
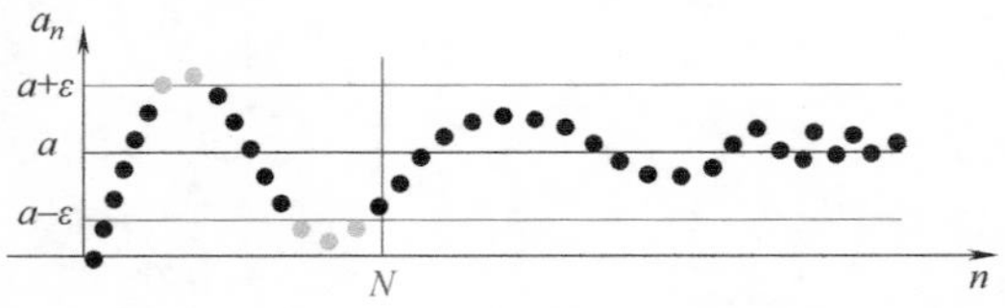

动态地看 $\varepsilon-N$ 的关系。一般来说，随着 ε 的减小，N 的取值越来越大。
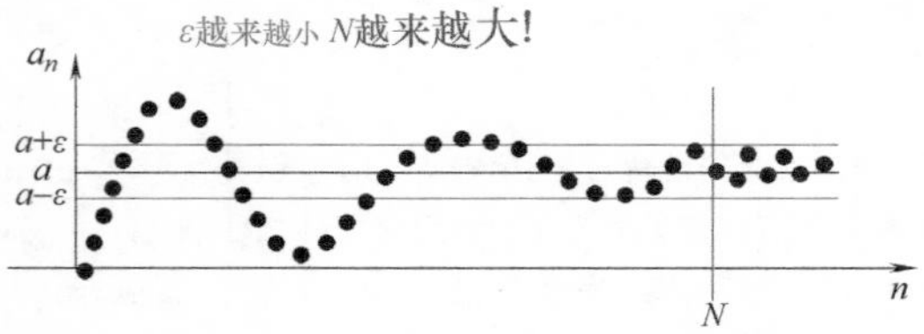

强调无论 ε 有多小，总能找到 N，使得当 $n>N$ 时，所有的点都落入了 $a-\varepsilon<a_n<a+\varepsilon$ 这个带形区域内，这就是数列极限的本质。</td><td>时间：2min

结合图形对给定的 ε 寻找 N。在此过程中，注意体会 ε 与 N 的意义。

<u>引导思考：</u>
(1) ε 与 N 的关系是否可以对换？
(2) 改变数列的有限项，是否改变数列的极限？</td></tr>
</table>

（续）

教学意图	教学内容	教学环节设计
展示动画程序。（共1min）	展示动画程序： 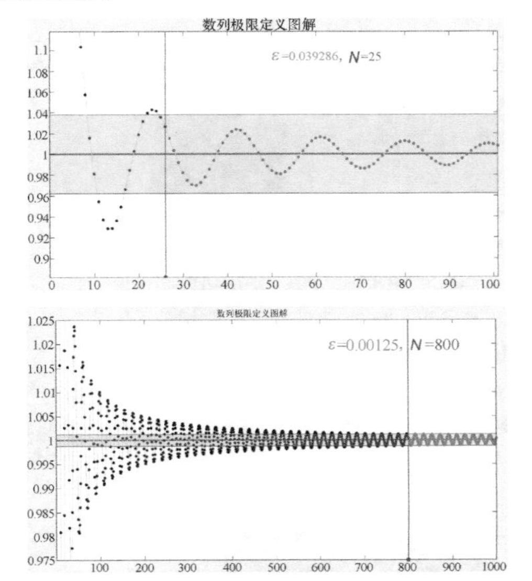 	时间：1min 动画演示： 用动画形式展示 ε 与 N 的关系。通过数值的办法寻找 N。
通过具体典型的例题进一步理解数列极限的定义，并从严格的证明中体会数学语言的美。（共4min）	数列极限的证明。 例2：利用数列极限的定义证明 $$\lim_{n\to\infty}\left[1+\frac{1}{n}\sin\left(\frac{n}{3}\right)\right]=1。$$ 证明：对 $\forall\varepsilon>0$（不防设 $\varepsilon<1$），为使 $\left\|1+\frac{1}{n}\sin\left(\frac{n}{3}\right)-1\right\|<\varepsilon$，注意到 $\left\|\frac{1}{n}\sin\left(\frac{n}{3}\right)\right\|\leqslant\frac{1}{n}$，只需 $\frac{1}{n}<\varepsilon$，即只要 $n>\frac{1}{\varepsilon}$。取 $N=\left[\frac{1}{\varepsilon}\right]$，则当 $n>N$ 时，有 $\left\|1+\frac{1}{n}\sin\left(\frac{n}{3}\right)-1\right\|<\varepsilon$。即 $\lim_{n\to\infty}\left[1+\frac{1}{n}\sin\left(\frac{n}{3}\right)\right]=1$。	时间：4min 通过用定义严格证明上述动画中的数列有极限，从而更进一步理解极限的定义。 板书： PPT演示与板书结合，引导学生回答。强调放缩的技巧。
了解极限的严格数学定义在数学史上的重要性及意义。（共1min）	微积分诞生后，由于缺少严密性，引发了数学史上的第二次数学危机。法国数学家柯西将分析学奠定在极限的概念之上，德国数学家魏尔斯特拉斯给出极限的严格数学定义。极限理论科学陈述导数和积分概念，结束微积分200年来思想上的混乱局面，从而化解了第二次数学危机。  柯西（1789—1857）  魏尔斯特拉斯（1815—1897）	时间：1min 引导思考： 介绍极限产生的历史背景，加深对极限的严格数学定义的重要性及意义的理解。

（续）

教学意图	教学内容	教学环节设计
4. 数列极限的应用（18min）		
给出科赫雪花的构造过程，分析每次变换时边长及面积的变化规律。（共9min）	（1）科赫雪花的面积与周长 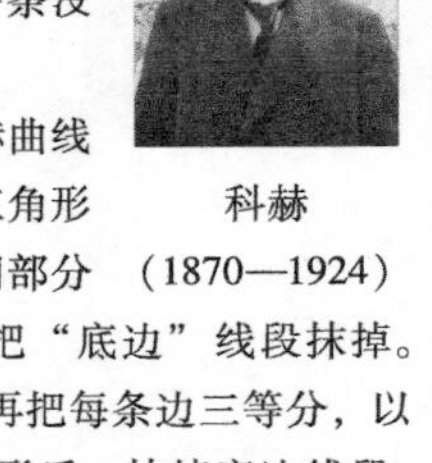 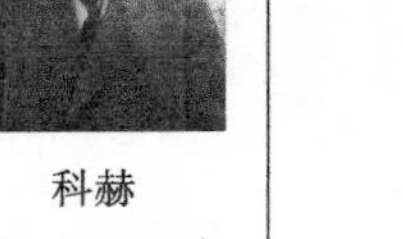 科赫 （1870—1924） 科赫（H. von Koch）是瑞典数学家，他在研究构造连续而不可微函数时，构造出科赫曲线，并于1904年发表论文《从初等几何构造的一条没有切线的连续曲线》。 科赫雪花是以等边三角形三边生成的科赫曲线组成的。科赫雪花的生成过程：从一个正三角形出发，把每条边三等分，然后以各边的中间部分的长度为底边，分别向外作正三角形，再把“底边”线段抹掉。这样就得到一个六角形，它共有12条边。再把每条边三等分，以各中间部分的长度为底边，向外作正三角形后，抹掉底边线段。反复进行这一过程，就会得到一个类似于“雪花”的图形，这个图形又被称为科赫雪花。 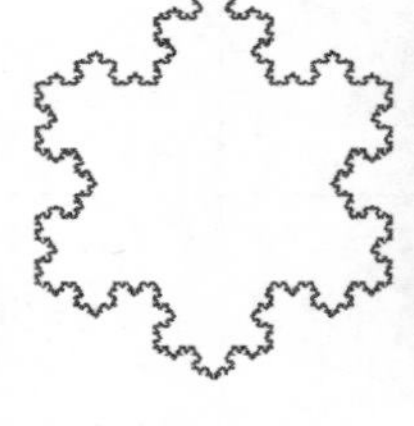 科赫雪花  大自然中的雪花 对一条边做一次变换的过程 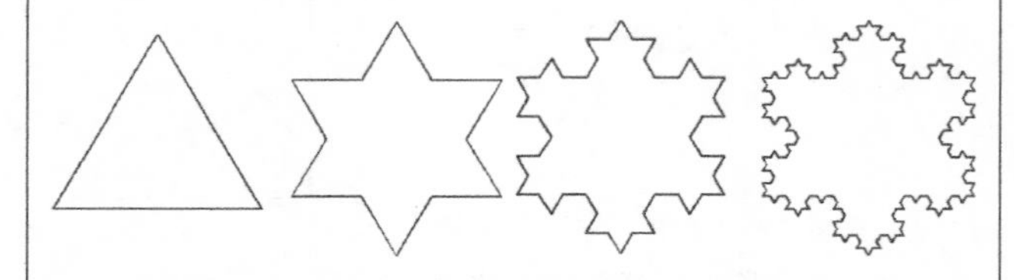 对正三角形三条边同时做变换所得图形	时间：9min 通过图片引出科赫雪花，简要介绍数学家科赫。 动画演示： 用动画演示从正三角形变换成科赫雪花的过程。 了解科赫雪花的生成过程，计算每层图形的边数。 （见下表“层数—边数”）
通过具体分析，引导学生找出面积的变化规律，推导出面积的通项公式 。	计算科赫雪花的面积：设科赫雪花第 n 层对应的面积值为 S_n，初始正三角形的面积为 $S_1=1$，对每条边经过一次变换，得到第二层图形，此时的面积值是在原有 S_1 的基础上加上3个小的正三角形的面积，而每一个小正三角形的面积是为$\frac{1}{9}$，则 $S_2=S_1+3\times\frac{1}{9}$。再由12边形经过变换得到48边形，设此时的面积为 S_3，则 $S_3=S_2+3\times4\times\left(\frac{1}{9}\right)^2$。	引导思考： 结合图形，每次增加的小三角形的面积是上一层三角形面积的$\frac{1}{9}$，增加的三角形的个数是上一层图形的总边数。逐步导出面积为1的正三角形经 $n-1$ 次变换后图形的面积 S_n 的表达式。

层数	边数
1	3
2	3×4
3	3×4^2
4	3×4^3
⋮	⋮
n	$3\times4^{n-1}$
⋮	⋮

（续）

教学意图	教学内容	教学环节设计
	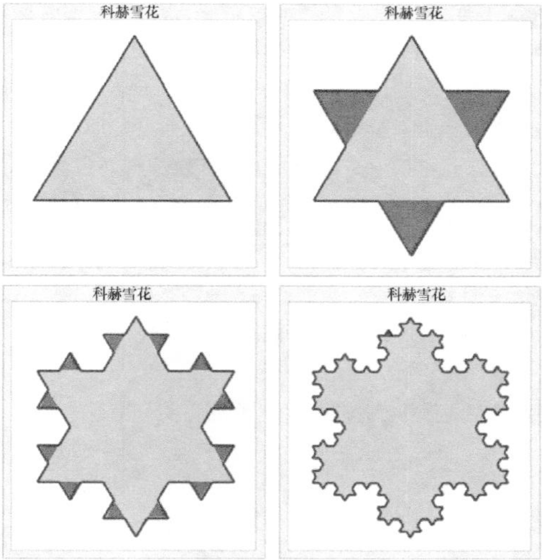 科赫雪花　科赫雪花　科赫雪花　科赫雪花 以此类推，经过 $n-1$ 次变换后的面积为 $$S_n=S_{n-1}+3\cdot 4^{n-2}\cdot\left(\frac{1}{9}\right)^{n-1}。$$	
用严格的数学语言，再次证明科赫雪花面积有限。	可以看出图形的面积 S_1，S_2，…，S_n，…形成了一个数列。经简单计算可给出 S_n 的通项公式为 $$S_n=\frac{8}{5}-\frac{3}{5}\left(\frac{4}{9}\right)^{n-1}。$$ 下面用数列极限的定义证明科赫雪花的面积为 $\frac{8}{5}$，即 $$\lim_{n\to\infty}S_n=\lim_{n\to\infty}\left[\frac{8}{5}-\frac{3}{5}\left(\frac{4}{9}\right)^{n-1}\right]=\frac{8}{5}。$$ 证明：$\forall\varepsilon>0$，取 $N=\left[\log_{\frac{4}{9}}\frac{5}{3}\varepsilon+1\right]$，当 $n>N$ 时，有 $$\left\lvert S_n-\frac{8}{5}\right\rvert=\left\lvert\frac{8}{5}-\frac{3}{5}\left(\frac{4}{9}\right)^{n-1}-\frac{8}{5}\right\rvert<\varepsilon。$$ 所以 $\lim\limits_{n\to\infty}S_n=\frac{8}{5}$。	板书： 通过板书寻找 N，强化对数列极限定义的理解。
通过分析科赫雪花的面积和周长，得出面积有限、周长无限的结论。	结论1：科赫雪花的面积是有限的。 计算科赫雪花的周长： 设初始正三角形的周长为 L_1，则此后的周长分别为 $L_2=\frac{4}{3}L_1$，$L_3=\left(\frac{4}{3}\right)^2L_1$，$L_4=\left(\frac{4}{3}\right)^3L_1$，…，$L_n=\left(\frac{4}{3}\right)^{n-1}L_1$。显然随着 n 的增加，L_n 不趋近于任何给定的常数。因此，周长所形成的数列 $\{L_n\}$ 发散。注意到，随着 n 的增加，L_n 越来越大，这时我们也称数列 $\{L_n\}$ 的极限为无穷大，记为 $$\lim_{n\to\infty}L_n=\lim_{n\to\infty}\left(\frac{4}{3}\right)^{n-1}L_1=+\infty。$$ 结论2：科赫雪花的周长是无限的。	提问： 每次变换过程中，雪花的周长是否也构成数列？此时的数列是收敛还是发散？

（续）

教学意图	教学内容	教学环节设计
给出三种以不同方式发散的数列的直观图形。（共2min） 通过观察图形，引导学生总结归纳发散的类型。	（2）种群增长的离散逻辑斯蒂模型 逻辑斯蒂模型是种群生态学的核心理论之一，种群增长的离散逻辑斯蒂模型如下： $$p_n = kp_{n-1}(1-p_{n-1}),\ n>2,$$ 其中 k 为系数，p_1 为初始值。给定 p_1 和 k，$\{p_n\}$ 构成了一个数列。下面用计算机画出当 $p_1=0.5$，k 取三种不同值时的数列的图形。 1）当 $k=3.38$ 时，随着 n 的增加，数列大致在两点之间取值，因此数列 $\{p_n\}$ 发散。 2）当 $k=3.46$ 时，随着 n 的增加，数列大致在四点之间跳跃取值，因此数列 $\{p_n\}$ 发散。 3）当 $k=3.98$ 时，数列点在无规则地跳跃，因此数列 $\{p_n\}$ 发散。 以上三种情况虽然都为数列发散，但发散的形式各不相同。	时间：2min 提问： 若数列收敛，则随着项数的增加，数列一定趋近于某一个常数。若数列发散，其发散的方式是否都一样呢？ 让学生直观地看到发散数列的三种不同发散形式。
介绍历史上著名的斐波那契数列，通过图片，让学生感受数学的美！（共4min）	（3）斐波纳契数列 观察下列一组数，1，1，2，3，5，8，13，… . 观察发现从第三项开始，每一项等于前两项之和。这个数列就是数学史上非常著名的斐波纳契数列。 斐波纳契(1170—1250) 以斐波那契数为边的正方形可拼成如图所示的长方形，在每个正方形中画四分之一个圆，连接起来就展现出螺旋状曲线。这就是著名的斐波那契螺旋线，它在大自然中散发着和谐之美！	时间：4min 介绍斐波纳契数列，动画演示斐波那契螺旋线的形成。

（续）

<table>
<tr><th>教学意图</th><th>教学内容</th><th>教学环节设计</th></tr>
<tr><td></td><td>

斐波那契螺旋线

当 n 趋向于无穷大时，斐波纳契数列前一项与后一项的比值越来越逼近黄金分割数。因此斐波纳契数列又称为黄金分割数列。

<table>
<tr><th>n</th><th>$F_n : F_{n+1}$</th><th></th></tr>
<tr><td>1</td><td>1 : 1</td><td>1.000000</td></tr>
<tr><td>2</td><td>1 : 2</td><td>0.500000</td></tr>
<tr><td>3</td><td>2 : 3</td><td>0.666667</td></tr>
<tr><td>4</td><td>3 : 5</td><td>0.600000</td></tr>
<tr><td>5</td><td>5 : 8</td><td>0.625000</td></tr>
<tr><td>6</td><td>8 : 13</td><td>0.615385</td></tr>
<tr><td>7</td><td>13 : 21</td><td>0.619048</td></tr>
<tr><td>⋮</td><td>⋮</td><td>⋮</td></tr>
<tr><td>12</td><td>144 : 233</td><td>0.618025</td></tr>
<tr><td>13</td><td>233 : 377</td><td>0.618037</td></tr>
<tr><td>14</td><td>377 : 610</td><td>0.618032</td></tr>
</table>

</td><td>逐步引导：
通过数值展示当 n 越大时，斐波纳契数列的相邻两项之比接近黄金分割数。</td></tr>
<tr><td>介绍刘徽的割圆术。（共3min）</td><td>

（4）在几何上的应用

演示魏晋时期的数学家刘徽提出的割圆术，“割之弥细，所失弥少，割之又割，以至于不可割，则与圆合体而无所失矣”。引导学生观察思考：圆的内接正 n 边形面积所构成的数列，其极限就是圆的面积。

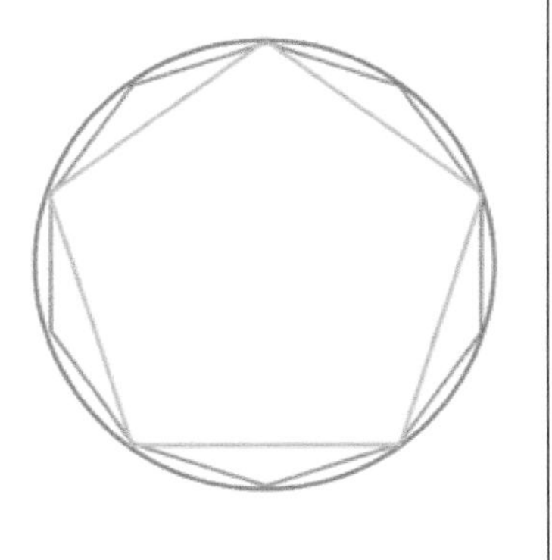

易知，半径为 R 的圆内接正 n 边形的面积为 $A_n = nR^2\sin\frac{\pi}{n}\cos\frac{\pi}{n}$，因而，$\lim\limits_{n\to\infty} A_n = \pi R^2$。

割圆术可以求圆的周长、面积和圆周率。割圆术思想集中体现了直线与曲线、已知与未知、近似与精确、有限与无限的思想。

</td><td>时间：3min
PPT 演示：
随着动画的播放，让学生直观感受正多边形逼近于圆的过程。展示近似与精确，有限与无限的关系。</td></tr>
</table>

（续）

教学意图	教学内容	教学环节设计
	5. 拓展与思考（5min）	
介绍谢尔宾斯基三角形、谢尔宾斯基四面体及谢尔宾斯基地毯。（共3min）	将一个大的等边三角形均分成4个小的等边三角形，挖去一个“中心三角形”，然后再对每个小等边三角形进行相同的操作，在剩下的小三角形中又挖去一个“中心三角形”，这样的操作不断继续下去直到无穷，最终所得的极限图形称为谢尔宾斯基三角形。   谢尔宾斯基三角形的形成过程	时间：3min PPT动画演示谢尔宾斯基三角形的形成过程。 提问： 谢尔宾斯基三角形的面积和周长分别为多少?
通过视频展示，让学生对谢尔宾斯基四面体有更形象的认识。	将上述变换推广到三维，介绍谢尔宾斯基四面体。  图片来源维基百科 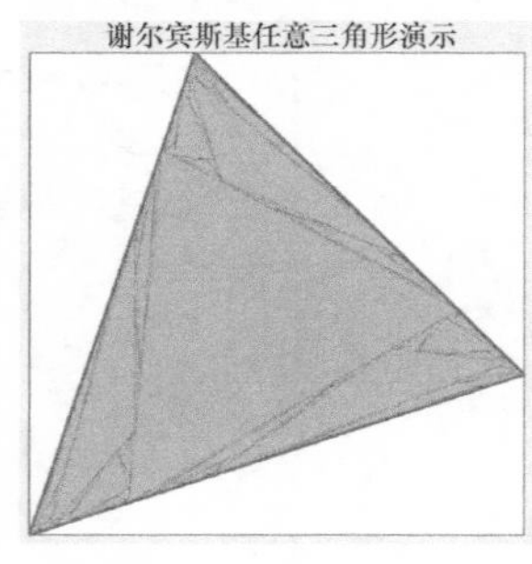 谢尔宾斯基地毯(任意四边形)演示	展示视频： 展示谢尔宾斯基四面体。 展示动画程序。
一般的谢尔宾斯基三角形和谢尔宾斯基地毯。	考虑进行分形构造的原图形不是规则图形，而是任意三角形和任意四边形，可得到谢尔宾斯基任意三角形和谢尔宾斯基地毯（任意四边形）。 科赫雪花、谢尔宾斯基三角形及谢尔宾斯基地毯等图形还有一个共同的名字——分形。分形通常被定义为“一个粗糙或零碎的几何形状，可以分成数个部分，且每一部分都（至少近似地）是整体缩小后的形状”，即具有自相似的性质。	

（续）

教学意图	教学内容	教学环节设计
通过一些优美的分形图片，展示分形的魅力。（共2min）	（1）编程实现的分形图案 （2）艺术创作中的分形 （3）自然界中的分形 通过动图展示，我们可以看到罗马花椰菜局部放大后跟整体是非常类似的，这也被称为是自相似性。自相似性是分形的一个重要特性。	时间：2min 很多分形图案可以用程序来实现。 艺术家创作优美图案的灵感也来自分形。例如地毯等图案设计。 仔细观察周围，也会发现分形的身影，如超市里的罗马花椰菜。

四、学情分析与教学评价

本教学内容的对象为理工科一年级第一学期的学生，他们具备了一定的数学思想和素养。此外，他们在高中已初步接触了数列的相关知识，为更好地理解数列极限奠定了基础。数列的极限是一个十分重要的概念。

这节课一开始就将学生引入数列，以及数列是否“趋向于”一个常数的讨论中。学生对“趋向于”并没有精确的认识，但凭借他们自身的感受，运用“观察”“分析”“概括”

可以得到数列“极限”的感性认识。进而，通过抽象概括用 $\varepsilon - N$ 语言给出数列极限的定义，并给出数列极限的几何意义。通过具体的练习题目加强学生对重点知识的掌握，将感性认知上升为理论知识。揭示数学世界中的辩证关系，引导学生从近似中认识精确，从量变中认识质变，从有限中认识无限的教学目标。

针对重难点内容，通过启发式教学给出数列和数列极限的定义，其中多媒体课件和讲授同步结合，采取提问引导、图示讲解、引例分析和提问解答等环节分析数列极限的内涵，在教学过程中注意学生的抽象概括能力和推理能力的培养。增加应用案例，拓展学生的思维并调动学习积极性。

五、预习任务与课后作业

预习　数列的性质。

作业

1. 观察下列一般项为 x_n 的数列 $\{x_n\}$ 的变化趋势，判断它们是否有极限？若存在极限，则写出它们的极限。

（1）$x_n = \cos\frac{1}{n}$　　（2）$x_n = \frac{n-1}{n+1}$　　（3）$x_n = \sin n$

2. 利用数列极限的定义证明下列各式。

（1）$\lim\limits_{n\to\infty}\frac{3n+1}{4n-1} = \frac{3}{4}$　　（2）$\lim\limits_{n\to\infty}\frac{\sqrt{n^2+1}}{n} = 1$

3. 证明：若 $\lim\limits_{n\to\infty}x_n = a$，则 $\lim\limits_{n\to\infty}|x_n| = |a|$，并举例说明：数列 $\{|x_n|\}$ 有极限，但数列 $\{x_n\}$ 未必有极限。

重要极限

一、教学目标

重要极限在整个高等数学课程学习过程中有着举足轻重的作用，它是在学生学习了函数极限的四则运算和复合函数极限的基础上开展的教学内容，它是解决极限计算问题的一个有效工具，也是今后研究初等函数求导公式的一个重要工具，是高等数学后续学习的重要基础。通过对重要极限的讲解，使学生能认识和体会到重要极限之所以重要的原因：一是简化极限计算过程；二是可以用重要极限推导出基本的求导公式，进而推导出其他的一些求导公式。本次课主要学习第二个重要极限$\lim\limits_{x\to\infty}\left(1+\frac{1}{x}\right)^x$，第二个重要极限跟第一个重要极限一样是极限中特殊的极限形式。

本次课的教学目标是：

1. 学好基础知识，了解重要极限的证明过程。

2. 掌握基本技能，熟练运用重要极限及其变形式（凑形式）解决有关数列、函数极限的计算。

3. 培养思维能力，培养学生观察、归纳、举一反三的能力，熟练使用换元法。

二、教学内容

1. 教学内容

1）利用单调有界准则证明数列$\left\{\left(1+\frac{1}{n}\right)^n\right\}$极限的存在性；

2）利用夹逼准则由数列极限$\lim\limits_{n\to+\infty}\left(1+\frac{1}{n}\right)^n=\mathrm{e}$证明函数极限$\lim\limits_{x\to\infty}\left(1+\frac{1}{x}\right)^x=\mathrm{e}$；

3）重要极限的多种变形。

2. 教学重点

1）掌握证明重要极限的思想和方法；

2）掌握重要极限的多种变形，掌握换元法的思想。

3. 教学难点

1）数列极限$\lim\limits_{n\to+\infty}\left(1+\frac{1}{n}\right)^n=\mathrm{e}$的证明；

2）利用换元法的思想求极限。

三、教学进程安排

1. 教学进程框图（45min）

环节			
问题引入（4min）	互联网金融	利率问题	重要极限数列形式
问题分析（14min）	单调性证明	有界性证明	单调有界其他证法
重要极限（14min）	e的大事年表	再论复利	对数螺线
函数极限（12min）	x趋于正无穷时的极限	x趋于负无穷时的极限	换元法
思考（1min）	思考		

2. 教学环节设计

教学意图	教学内容	教学环节设计
	1. 问题引入（4min）	
通过学生熟知的互联网金融，引入本节内容，即重要极限的数列形式。（共1min）	（1）互联网金融 现在越来越多的人使用互联网金融工具进行支付和理财，快捷方便，每天都能看到收益，我们来分析一下互联网金融工具的收益问题。	时间：1min 以学生耳熟能详的互联网金融问题引入，达到以下目的： 1）引起学生的注意，使学生尽快进入上课状态； 2）提出并解释俗称利滚利的原理。
通过提问引出下面的复利问题。	问题1　既然互联网金融是利滚利，那么相同存储时间内滚动计算利息的次数越多，最终得到本息和是不是就会越多？ 问题2　那最终得到本息和又会多到什么程度呢？	

（续）

教学意图	教学内容	教学环节设计
为了计算简单，看清本质，采用年利率100%，投入1万元的特例进行分析。（共2min）	（2）复利问题 假设某宝年利率高达100%，投入1万元，实行复利计息，计算一年后的本息和。	时间：2min 板书： 推导以半年为计息周期情况下一年后的本息和。 按年、半年、季度、月、周和天的顺序，采用列表的方式显示一年后的本息和。

计息周期	一个计息周期内的利率	一年后的本息和（单位：万元）
年	1	$1+1=2$
半年	$\frac{1}{2}$	$(1+\frac{1}{2})^2=2.25$
季度	$\frac{1}{4}$	$(1+\frac{1}{4})^4=2.44$
月	$\frac{1}{12}$	$(1+\frac{1}{12})^{12}=2.613$
周	$\frac{1}{52}$	$(1+\frac{1}{52})^{52}=2.6926$
天	$\frac{1}{365}$	$(1+\frac{1}{365})^{365}=2.7146$

教学意图	教学内容	教学环节设计
展示动画程序。	展示动画程序： 一万元在一年内连续翻倍增长的变化演示（$n=1$） 一次计息 一万元在一年内连续翻倍增长的变化演示（$n=4$） 按季度计息 一万元在一年内连续翻倍增长的变化演示（$n=12$） 按月计息 一万元在一年内连续翻倍增长的变化演示（$n=52$） 按周计息 还可以将这个问题继续下去，按照小时、分钟和秒计息，并假设计息周期可以任意小，则： 问题1　一年后的本息和会随着计息周期的减小而一直增大吗？ 问题2　如果能一直增多，一年后，我们是不是就自动成为“百万富翁”了？	动画演示： 为了加深理解，利用数学软件编程，直观演示一年后本息和随计息次数n的变化情况。 引导思考： 如果进一步缩小计息周期会怎么样？
将上述问题转化为数列极限的问题。（共1min）	（3）数列极限的问题 问题1　数列$\left\{\left(1+\frac{1}{n}\right)^n\right\}$是单调递增的吗？ 问题2　如果数列$\left\{\left(1+\frac{1}{n}\right)^n\right\}$是单调递增的，是否会有$\lim\limits_{n\to+\infty}\left(1+\frac{1}{n}\right)^n=\infty$？	时间：1min 抽象出数列极限的问题。

（续）

教学意图	教学内容	教学环节设计
2. 问题分析（14min）		
分析数列 $\left\{\left(1+\frac{1}{n}\right)^n\right\}$ 的单调性。（共3min）	（1）数列 $\left\{\left(1+\frac{1}{n}\right)^n\right\}$ 是单调递增的吗？ 回顾中学的基本不等式：$\sqrt{a_1a_2}\leqslant\frac{a_1+a_2}{2}$（$a_1>0$，$a_2>0$），即两个正实数的几何平均数小于或等于它们的算术平均数。 一般地，对 n 个正数 a_1，a_2，…，a_n，有如下均值不等式： $\sqrt[n]{a_1a_2\cdots a_n}\leqslant\frac{a_1+a_2+\cdots+a_n}{n}$（$a_1>0$，$a_2>0$，…，$a_n>0$）。 数列 $\left\{\left(1+\frac{1}{n}\right)^n\right\}$ 单调性的具体分析： 因为 $\sqrt[n+1]{\left(1+\frac{1}{n}\right)^n}=\sqrt[n+1]{\left(1+\frac{1}{n}\right)\cdots\left(1+\frac{1}{n}\right)\times 1}$ $\leqslant\frac{n\left(1+\frac{1}{n}\right)+1}{n+1}=\frac{n+2}{n+1}=1+\frac{1}{n+1}$ 所以，$\forall n$，$\left(1+\frac{1}{n}\right)^n\leqslant\left(1+\frac{1}{n+1}\right)^{n+1}$。 于是证明了数列 $\left\{\left(1+\frac{1}{n}\right)^n\right\}$ 是单调递增的。回答了问题1。	时间：3min 板书： 证明数列单调递增，只需证明 $\sqrt[n+1]{\left(1+\frac{1}{n}\right)^n}\leqslant 1+\frac{1}{n+1}$。 难点在于根号下要看成 $n+1$ 项，用1来补位。
分析数列 $\left\{\left(1+\frac{1}{n}\right)^{n+1}\right\}$ 的单调性。（共3min）	（2）数列 $\lim\limits_{n\to+\infty}\left(1+\frac{1}{n}\right)^n=\infty$？ 单调递增数列的极限是否无穷大，关键在于其有界性。而为了分析数列的有界性，先考虑另一个数列 $\left\{\left(1+\frac{1}{n}\right)^{n+1}\right\}$ 的单调性。 欲证明数列是单调递减，需要改造前面证明中使用的不等式。现考虑 n 个正数 $\frac{1}{a_1}$，$\frac{1}{a_2}$，…，$\frac{1}{a_n}$ 的几何平均数和算术平均数，则 $\frac{1}{\sqrt[n]{a_1a_2\cdots a_n}}=\sqrt[n]{\frac{1}{a_1}\frac{1}{a_2}\cdots\frac{1}{a_n}}\leqslant\frac{\frac{1}{a_1}+\frac{1}{a_2}+\cdots+\frac{1}{a_n}}{n}$， 整理得 $\sqrt[n]{a_1a_2\cdots a_n}\geqslant\frac{n}{\frac{1}{a_1}+\frac{1}{a_2}+\cdots+\frac{1}{a_n}}$。 故 $\sqrt[n+2]{\left(1+\frac{1}{n}\right)^{n+1}}\geqslant\frac{n+2}{(n+1)\left(1+\frac{1}{n}\right)+1}=\frac{n+2}{n+1}=1+\frac{1}{n+1}$， 即 $\left(1+\frac{1}{n}\right)^{n+1}\geqslant\left(1+\frac{1}{n+1}\right)^{n+2}$。 因此数列 $\left\{\left(1+\frac{1}{n}\right)^{n+1}\right\}$ 是单调递减的。 此证法的妙处在于，用同样的方法，得到了两个数列的单调性，一个数列单调递增，一个数列单调递减（尽管它们的通项仅相差 $1+\frac{1}{n}$ 倍）。	时间：3min 板书： $\left(1+\frac{1}{n}\right)^n<\left(1+\frac{1}{n}\right)^{n+1}$。 引导思考： 取 $\left\{\left(1+\frac{1}{n}\right)^{n+1}\right\}$ 的前几项找感觉，发现前几项是单调递减的，故欲证明此数列是单调递减的。 提问： 是否还可以用均值不等式证明数列是单调递减的？

（续）

教学意图	教学内容	教学环节设计
分析数列$\left\{\left(1+\frac{1}{n}\right)^n\right\}$的有界性。（共2min） 说明两个数列极限的存在性。	注意到$\left(1+\frac{1}{n}\right)^n<\left(1+\frac{1}{n}\right)^{n+1}$。由于数列$\left\{\left(1+\frac{1}{n}\right)^{n+1}\right\}$单调递减，小于首项$\left(1+\frac{1}{1}\right)^{1+1}$，从而 $$\left(1+\frac{1}{n}\right)^n<\left(1+\frac{1}{n}\right)^{n+1}\leqslant\left(1+\frac{1}{1}\right)^{1+1}=4$$ 于是顺利地得到了数列$\left\{\left(1+\frac{1}{n}\right)^n\right\}$的有界性。 于是回答了第二个问题，即使无限次计息，一年后，我们也不会成为“百万富翁”！ 图形展示了数列$\left\{\left(1+\frac{1}{n}\right)^n\right\}$和数列$\left\{\left(1+\frac{1}{n}\right)^{n+1}\right\}$的变化趋势： 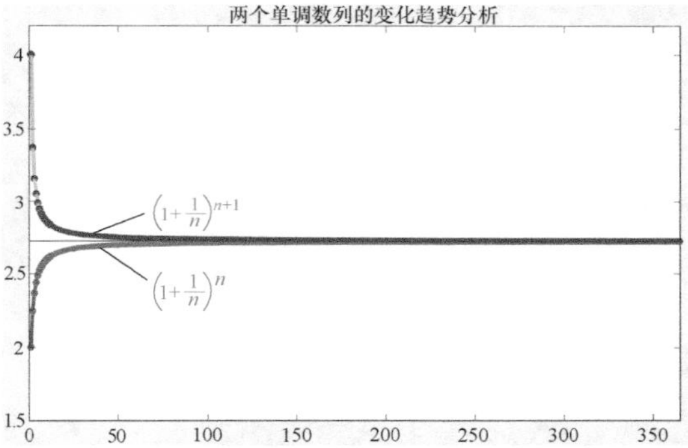 两个单调数列的变化趋势分析 由单调有界原理和极限的四则运算法则可知，这两个数列的极限存在且相等。	时间：2min 提问： 能否得到数列$\left\{\left(1+\frac{1}{n}\right)^{n+1}\right\}$的下界？ 提问： 能否得到数列$\left\{\left(1+\frac{1}{n}\right)^n\right\}$及$\left\{\left(1+\frac{1}{n}\right)^{n+1}\right\}$极限的存在性？
给出数列$\left\{\left(1+\frac{1}{n}\right)^n\right\}$的单调递增的另一种证法。（共3min）	（3）数列$\left\{\left(1+\frac{1}{n}\right)^n\right\}$单调递增的另一种证明 运用二项式展开公式，有 $$x_n=\left(1+\frac{1}{n}\right)^n=1+\frac{n}{1!}\cdot\frac{1}{n}+\frac{n(n-1)}{2!}\cdot\frac{1}{n^2}+\cdots+\frac{n(n-1)\cdots(n-n+1)}{n!}\cdot\frac{1}{n^n},$$ 整理得 $$x_n=1+1+\frac{1}{2!}\left(1-\frac{1}{n}\right)+\cdots+\frac{1}{n!}\left(1-\frac{1}{n}\right)\left(1-\frac{2}{n}\right)\cdots\left(1-\frac{n-1}{n}\right)。$$ 而 $$x_{n+1}=1+1+\frac{1}{2!}\left(1-\frac{1}{n+1}\right)+\cdots+\frac{1}{n!}\left(1-\frac{1}{n+1}\right)\left(1-\frac{2}{n+1}\right)\cdots\left(1-\frac{n-1}{n+1}\right)+\frac{1}{(n+1)!}\left(1-\frac{1}{n+1}\right)\left(1-\frac{2}{n+1}\right)\cdots\left(1-\frac{n}{n+1}\right)。$$ 对比这两项，看出x_n的各项小于x_{n+1}的前$n+1$项，而且x_{n+1}的第$n+2$项非负，故$x_n<x_{n+1}$，即数列是单调递增的。	时间：3min 引导思考： 在上述讨论数列$\left\{\left(1+\frac{1}{n}\right)^n\right\}$的单调性和有界性这两步的证明中，关键是使用初等不等式。其实证明数列的单调性和有界性还有其他方法。

（续）

<table>
<tr><th>教学意图</th><th>教学内容</th><th>教学环节设计</th></tr>
<tr>
<td>给出数列
$\left\{\left(1+\frac{1}{n}\right)^n\right\}$
有上界的另一种证法。（共3min）</td>
<td>

（4）数列$\left\{\left(1+\frac{1}{n}\right)^n\right\}$有上界的另一种证明

再次运用二项式展开公式，有

$x_n=1+1+\frac{1}{2!}\left(1-\frac{1}{n}\right)+\cdots+\frac{1}{n!}\left(1-\frac{1}{n}\right)\left(1-\frac{2}{n}\right)\cdots\left(1-\frac{n-1}{n}\right)$。

将各项放大，得

$$x_n<1+1+\frac{1}{2!}+\frac{1}{3!}+\cdots+\frac{1}{n!}<1+1+\frac{1}{2}+\frac{1}{2^2}+\cdots+\frac{1}{2^{n-1}}$$

$$<1+\frac{1-\left(\frac{1}{2}\right)^n}{1-\frac{1}{2}}=1+2-\frac{1}{2^{n-1}}<3。$$

故证得 3 是数列的一个上界。

当然还有其他证明方法，请同学们思考一下。

</td>
<td>时间：3min
<u>引导思考：</u>
运用二项式展开公式及放缩的技巧。</td>
</tr>
<tr><td colspan="3">3. 重要极限（14min）</td></tr>
<tr>
<td>关于极限值的分析。（共2min）</td>
<td>

（1）数列$\left\{\left(1+\frac{1}{n}\right)^n\right\}$的极限值是多少？

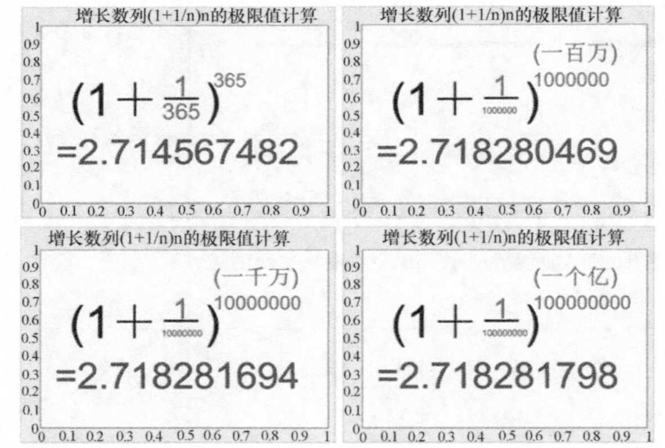

用 e 记这个极限值，e 是无理数，其小数点后 1000 位是：

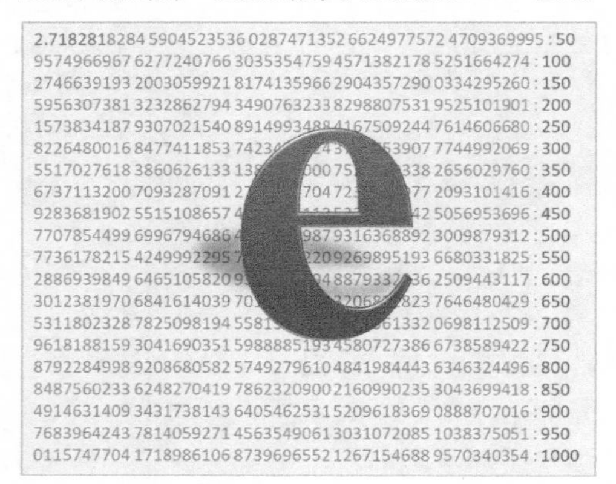
2.7182818284 5904523536 0287471352 6624977572 4709369995 : 50
9574966967 6277240766 3035354759 4571382178 5251664274 : 100
2746639193 2003059921 8174135966 2904357290 0334295260 : 150
5956307381 3232862794 3490763233 8298807531 9525101901 : 200
1573834187 9307021540 8914993488 4167509244 7614606680 : 250
8226480016 8477411853 7423[illegible]53907 7744992069 : 300
5517027618 3860626133 138[illegible]00075[illegible]338 2656029760 : 350
6737113200 7093287091 27[illegible]704 72[illegible]77 2093101416 : 400
9283681902 5515108657 4[illegible]42 5056953696 : 450
7707854499 6996794686 4[illegible]987 9316368892 3009879312 : 500
7736178215 4249992295 7[illegible]20 9269895193 6680331825 : 550
2886939849 6465105820 9[illegible]4 8879332[illegible]36 2509443117 : 600
3012381970 6841614039 70[illegible]206[illegible]823 7646480429 : 650
5311802328 7825098194 5581[illegible]61332 0698112509 : 700
9618188159 3041690351 5988885193 4580727386 6738589422 : 750
8792284998 9208680582 5749279610 4841984443 6346324496 : 800
8487560233 6248270419 7862320900 2160990235 3043699418 : 850
4914631409 3431738143 6405462531 5209618369 0888707016 : 900
7683964243 7814059271 4563549061 3031072085 1038375051 : 950
0115747704 1718986106 8739696552 1267154688 9570340354 : 1000

结合最初提出的复利问题给出 e 的意义：一个单位本金在单位时间内，持续的翻倍增长所能达到的极限值。

</td>
<td>时间：2min
<u>动画演示：</u>
利用数值计算动化演示极限值，感受一下极限值的逼近过程。

<u>提问：</u>
这个极限值是什么？</td>
</tr>
</table>

（续）

<table>
<tr><th>教学意图</th><th>教学内容</th><th>教学环节设计</th></tr>
<tr><td>常数 e 的大事年表。（共 2min）

介绍 e 的研究历史以增强课堂的趣味性。</td><td>（2）e 的大事年表

约翰·纳皮尔 (1550—1617) 找到了涉及对数的常数e
欧拉 (1707—1783) 1727年开始用e来表示这个常数 1737年证明了e是无理数 1748年将e计算到小数点后23位
罗恩·沃特金斯 e被精确计算到小数点后 5×10^{12} 位
1618年 1683年 1727—1748年 1873年 2016年
雅各布·伯努利 (1655—1705) 在研究连续复利时意识到，需以极限值 $\lim(1+\frac{1}{n})^n$ 来描述
夏尔·埃尔米特 (1822—1901) 证明了e是超越数

■ 雅各布·伯努利在研究连续复利时，意识到需以数列 $\left\{\left(1+\frac{1}{n}\right)^n\right\}$ 的极限值来描述。
■ e 也叫作纳皮尔数，约翰·纳皮尔在制作对数表时涉及常数 e。
■ e 也被称为欧拉数，欧拉做了以下三件事：
1727 年开始用 e 来表示这个常数；
1737 年证明了 e 是无理数；
1748 年将 e 计算到小数点后 23 位。
■ 夏尔·埃尔米特证明了 e 是超越数，这是重大成果。
■ 罗恩·沃特金斯（Ron Watkins）将 e 精确计算到小数点后 5×10^{12} 位。</td><td>时间：2min
介绍历史上研究过 e 的数学家，引起同学们的学习兴趣。</td></tr>
<tr><td>再论复利。（共 3min）

比较无限次计息与按年计息两种情况下，一年后的本息和。

由 e 拓展到指数函数。</td><td>（3）复利分析
假设某宝年利率为5%，投入1万元，实行复利计息。假设一年内可无限次计息，求一年后的本息和。
解：若将一年平均分成 n 个时间段，则每个时间段的利率是 $\frac{5\%}{n}$，一年后的本息和是 $\left(1+\frac{5\%}{n}\right)^n$，若考虑无限次计息，则有
$$\lim_{n\to\infty}\left(1+\frac{5\%}{n}\right)^n=\lim_{n\to\infty}\left(1+\frac{1}{20n}\right)^n=\lim_{n\to\infty}\left[\left(1+\frac{1}{20n}\right)^{20n}\right]^{\frac{1}{20}}$$
$$=\mathrm{e}^{\frac{1}{20}}=\mathrm{e}^{5\%}\approx1.05127。$$
无限次计息条件下一年后的本息和是 1.05127。
<table><tr><th>计息周期</th><th>一年后的本息和</th></tr><tr><td>年</td><td>$1+5\%=1.05$</td></tr><tr><td>天</td><td>$\left(1+\frac{5\%}{365}\right)^{365}<1.05127$</td></tr></table>
可见，在这种情况下，无限次计息与按年计息相比，一年后的本息和最多相差 12.7 元。
进一步，假设某宝年利率为 x，投入1万元，实行复利计息。若一年计息一次，则一年后的本息和为 $1+x$。若一年内可无限次计息，则一年后的本息和为 e^x。
假设某宝年利率为 a，投入1万元，实行复利计息，一年内可无限次计息，则 t 年后的本息和为 e^{at}。
若本金为 k，可无限次计息，则 t 年后的本息和为 $k\mathrm{e}^{at}$。
这样，我们就由 e 拓展到指数函数 $y=k\mathrm{e}^{at}$，由 e 的意义可知，指数函数是增长的函数，可用于任何以恒定速率 a 连续增（衰减）的事物，在经过时间 t 后的数量计算。如资本的积累、放射线性衰减、细菌的生长等。</td><td>时间：3min
承上启下，还是以银行计息为例，指出每天计息的互联网金融和每年计一次息的银行存款的差距没有想象的大，激发学生对数学的热爱。并引出以 e 为底的指数函数。

分析不断递进，由增长的极限值 e，拓展为增长的函数——指数函数。</td></tr>
</table>

（续）

教学意图	教学内容	教学环节设计
介绍对数螺线。（共5min）	（4）坐标系转换带来新发现 把直角坐标系换成极坐标系，增长的函数化为 $\rho = ke^{a\theta}$，这就是非常重要的对数螺线，也叫等角螺线、生长螺线。先看一组图：	时间：5min 换个角度看问题。由增长的函数转化为增长的螺线。
对数螺线的图形。	鹦鹉螺  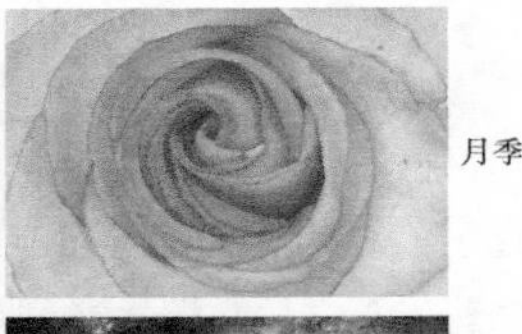 月季 漩涡  星系 无论是鹦鹉螺的外壳、花瓣的盘旋图案，还是水流漩涡，甚至星系，似乎都与对数螺线有着密切关系，这又是为什么呢？下面介绍对数螺线的两个性质。	这组图展示了自然界中螺线的身影。
对数螺线自相似性。	1）对数螺线的自相似性——动植物生长 等角螺线有一种相当特殊的性质：放大后能与自己重合，或者等角螺线之间的形状恒定，能容下一个物体一边放大一边滑动——这对大自然中的生物来说实在太有用了，尤其是对软体动物。所以不难理解，为什么等角螺线又被称为生长螺线。各种螺旋生长的生物组织，往往都会形成这种图案，就连植物顶端也能形成等角螺线的包络。 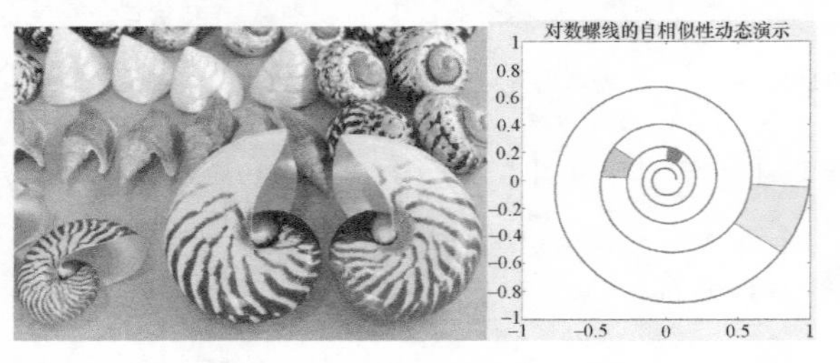	动画演示： 演示 MATLAB 程序运行结果，通过动画效果表现对数螺线的自相似性。 自相似性是一种分形性质，一些软体动物外形生长成螺旋状，说明对数螺线是一种生长螺线。
对数螺线的等角性。	2）对数螺线的等角性——飞蛾扑火 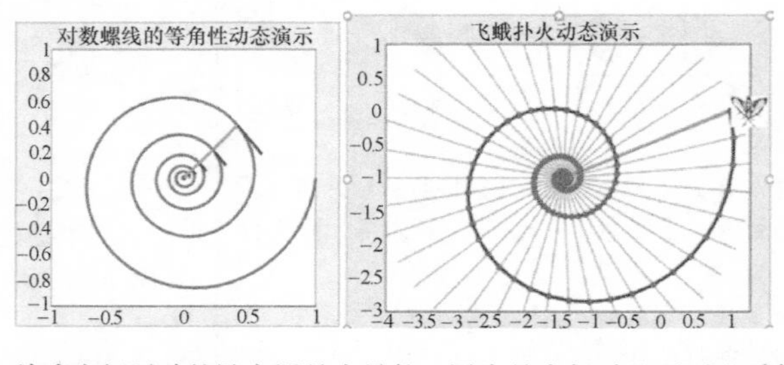 许多夜间活动的昆虫用月光导航，因为月光相对地面可以看作平行光，只要与月光保持固定的夹角，就能直线飞行了。但是在一盏烛火面前，事情就不一样了。烛光是点光源，相当于从定点发出的无数射线，当飞蛾继续与光线保持固定夹角飞行，就会沿着一条等角螺线钻进光源，这就是飞蛾扑火的原因。	动画演示： 设计两个动画程序，演示等角性和飞蛾扑火，让学生有更直观的理解。

（续）

教学意图	教学内容	教学环节设计
e的应用一览。（共2min）	（5）e的意义一览 $\lim\limits_{n\to\infty}\left(1+\frac{1}{n}\right)^n$ 增长的函数 连续复利、物体的冷却、 细胞的繁殖、放射性元素的衰变 纯数学的意义 欧拉公式 积分变换 出现在与增长 无关的地方 蒙特莫特问题 泊松分布、正态分布 增长的螺线 叶片的生长、DNA的生长 钙化外壳的生长、云层的生长 本次课介绍了重要极限，给出了e的一种定义方式，即数列的极限值，它是增长的极限，进一步将其拓展成增长的函数，以及增长的螺线。其实，e也出现在与增长无关的概率论中。此外，e对数学来说还有其他更重要的意义。比如最美的数学公式——欧拉公式，还有积分变换等都离不开e。	时间：2min 通过重要极限，让学生对e建立一个新的认识。
	4. 函数极限（12min）	
将数列极限推广到一般函数的极限，强调形式的重要性和换元法。（共3min）	考虑当$x\to\infty$时，函数$\left(1+\frac{1}{x}\right)^x$的极限 （1）$\lim\limits_{x\to+\infty}\left(1+\frac{1}{x}\right)^x=?$ 分析：当$x\geqslant 1$时，记$[x]=n$，有$n\leqslant x<n+1$，则 $\left(1+\frac{1}{n+1}\right)^n<\left(1+\frac{1}{n+1}\right)^x<\left(1+\frac{1}{x}\right)^x<\left(1+\frac{1}{n}\right)^x<\left(1+\frac{1}{n}\right)^{n+1}$， 而$\lim\limits_{n\to\infty}\left(1+\frac{1}{n}\right)^{n+1}=\lim\limits_{n\to\infty}\left(1+\frac{1}{n}\right)^n\cdot\lim\limits_{n\to\infty}\left(1+\frac{1}{n}\right)=\mathrm{e}$， $\lim\limits_{n\to\infty}\left(1+\frac{1}{n+1}\right)^n=\lim\limits_{n\to\infty}\left(1+\frac{1}{n+1}\right)^{n+1}\cdot\lim\limits_{x\to+\infty}\left(1+\frac{1}{n+1}\right)^{-1}=\mathrm{e}$， 所以由函数极限的夹逼准则，得$\lim\limits_{x\to+\infty}\left(1+\frac{1}{x}\right)^x=\mathrm{e}$。	时间：3min 引导学生先考虑$x\to+\infty$的情况。 提问： 如何借助数列的极限来证明函数的极限？
不管形式如何，让学生理解重要极限的本质。（共3min）	（2）$\lim\limits_{x\to-\infty}\left(1+\frac{1}{x}\right)^x=?$ 令$t=-x$，则当$x\to-\infty$时，$t\to+\infty$，从而 $\lim\limits_{x\to-\infty}\left(1+\frac{1}{x}\right)^x=\lim\limits_{t\to+\infty}\left(1-\frac{1}{t}\right)^{-t}=\lim\limits_{t\to+\infty}\left(\frac{t-1}{t}\right)^{-t}=\lim\limits_{t\to+\infty}\left(\frac{t}{t-1}\right)^t$ $=\lim\limits_{t\to+\infty}\left(\frac{t-1+1}{t-1}\right)^t=\lim\limits_{t\to+\infty}\left(1+\frac{1}{t-1}\right)^t$ $=\lim\limits_{t\to+\infty}\left(1+\frac{1}{t-1}\right)^{t-1}\left(1+\frac{1}{t-1}\right)=\mathrm{e}$， 所以 $\lim\limits_{x\to-\infty}\left(1+\frac{1}{x}\right)^x=\mathrm{e}$。 令$t=\frac{1}{x}$，则当$x\to\infty$时，$t\to0$，由复合函数的极限法则，有 $\lim\limits_{x\to\infty}\left(1+\frac{1}{x}\right)^x=\lim\limits_{t\to0}(1+t)^{\frac{1}{t}}=\mathrm{e}$。 总结重要极限的特点，并推广到一般形式： 若$\lim\limits_{x\to x_0}\alpha(x)=0$，且在$x_0$某去心邻域内$\alpha(x)\neq0$，则 $\lim\limits_{x\to x_0}[1+\alpha(x)]^{\frac{1}{\alpha(x)}}=\mathrm{e}$。	时间：3min 提问： 如何将$x\to-\infty$转化为$x\to+\infty$的情况？ 强调换元法的思想。 启发提问： 重要极限的形式特点？

（续）

教学意图	教学内容	教学环节设计
通过不同类型的极限让学生灵活使用重要极限。（共6min）	例1：求极限$\lim\limits_{x\to\infty}\left(1-\dfrac{1}{x}\right)^{2x}$。 解：原式$=\lim\limits_{x\to\infty}\left[\left(1+\dfrac{1}{-x}\right)^{-x}\right]^{-2}=\mathrm{e}^{-2}$。 常用的幂指函数极限结果： 若$\lim\limits_{x\to x_0}u(x)=a>0$，$\lim\limits_{x\to x_0}v(x)=b$，则$\lim\limits_{x\to x_0}(u(x))^{v(x)}=a^b$。 例2：求极限$\lim\limits_{x\to 0}(1+3\tan^2x)^{\cot^2x}$。 解：原式$=\lim\limits_{x\to 0}(1+3\tan^2x)^{\frac{1}{3\tan^2x}3}$ $=\lim\limits_{x\to 0}[(1+3\tan^2x)^{\frac{1}{3\tan^2x}}]^3=\mathrm{e}^3$。 例3：设$\lim\limits_{x\to\infty}\left(\dfrac{x+a}{x-a}\right)^x=4$，求$a$。 解：$\lim\limits_{x\to\infty}\left(\dfrac{x+a}{x-a}\right)^x=\lim\limits_{x\to\infty}\left(\dfrac{x-a+2a}{x-a}\right)^x$ $=\lim\limits_{x\to\infty}\left(1+\dfrac{2a}{x-a}\right)^x=\lim\limits_{x\to\infty}\left(1+\dfrac{2a}{x-a}\right)^{\frac{x-a}{2a}x\cdot\frac{2a}{x-a}}$ $=\lim\limits_{x\to\infty}\left[\left(1+\dfrac{2a}{x-a}\right)^{\frac{x-a}{2a}}\right]^{x\cdot\frac{2a}{x-a}}$ $=\left[\lim\limits_{x\to\infty}\left(1+\dfrac{2a}{x-a}\right)^{\frac{x-a}{2a}}\right]^{\lim\limits_{x\to\infty}\frac{2ax}{x-a}}=\mathrm{e}^{2a}=4$ 所以$a=\ln2$。 总结这些例题的形式特点，它们都属于1^∞型未定式，其极限结果各不相同。	时间：6min 给出计算极限常用的幂指函数极限结果。 观察极限特点，让学生自己尝试计算。
5. 思考（1min）		
针对本节内容给出思考。（共1min）	给出两个思考问题： ■ 重要极限有多种证明方法，找出其他证明方法； ■ 探讨其他的未定式。	时间：1min 学生可以把思考结果发到教学平台上。

四、学情分析与教学评价

本教学内容的对象为理工科一年级第一学期的学生，它是在学生学习了数列极限和函数极限的定义、函数极限的四则运算及复合函数极限的基础上开展的教学内容，通过数列和函数极限的学习，他们已经掌握了一些基本的数列和函数极限的计算方法，但能够计算的极限类型非常有限，他们无法利用已有的知识计算未定式类型的极限。这样一来学生对重要极限这种未定式类型的极限充满了好奇，这种好奇保障了学生们在学习过程中的兴趣。

而在教学过程中，我们通过学生们熟知的互联网金融入手，在每日计息的复利基础上让学生自己推出无限次计息情况下重要极限的数列形式，并采用均值不等式证明数列极限的存在性，这种证明思路不同于教材（参考文献［1］）二项式展开的证明方式，一方面简洁明了，另一方面又同时得到了另一个有趣的数列极限。在得到重要极限 e 之后，我们又将其拓展成增长的函数及增长的螺线，从连续复利、自然界动植物生长和纯数学的角度多方面介绍了 e 的重要意义，在激发学生学习兴趣的同时，让学生认识到数学的重要性。最后我们又从特殊到一般，得到了重要极限的函数形式，在推导过程和使用过程中强调重要极限形式的重要性，以此让学生认识并掌握换元法，提升他们抽象思维的能力。

整个授课过程加强课堂互动，引导学生在学习过程中发现问题、思考问题，通过启发学生自主思考、主动参与，激发学生探究新知识、新领域的兴趣，以使学生更好地掌握新的知识。

五、预习任务与课后作业

预习　无穷小的比较。

作业

1. 下列各式中正确的是（　　）

A. $\lim\limits_{x\to\infty}\left(1+\dfrac{1}{x}\right)^{x}=1$　　B. $\lim\limits_{x\to0^{+}}\left(1+\dfrac{1}{x}\right)^{x}=\mathrm{e}$

C. $\lim\limits_{x\to\infty}\left(1-\dfrac{1}{x}\right)^{x}=-\mathrm{e}$　　D. $\lim\limits_{x\to\infty}\left(1+\dfrac{1}{x}\right)^{-x}=\dfrac{1}{\mathrm{e}}$

2.（1）已知$\lim\limits_{x\to0}(1-x)^{\frac{1}{2x}}=\lim\limits_{x\to0}\dfrac{\sin kx}{x}$，则 $k=$____________.

（2）已知$\lim\limits_{x\to\infty}\left(\dfrac{2x+3}{2x+1}\right)^{x+1}=\lim\limits_{n\to\infty}n\dfrac{\sin k}{n}$，则 $k=$____________.

（3）$\lim\limits_{x\to+\infty}\left(\dfrac{\mathrm{e}^{x}+\mathrm{e}^{-x}}{\mathrm{e}^{x}-\mathrm{e}^{-x}}\right)^{\mathrm{e}^{2x}}=$____________.

3. 已知$\lim\limits_{x\to\infty}\left(\dfrac{x+2a}{x-2a}\right)^{x}=8$，求 a.

由参数方程确定的函数的导数

一、教学目标

一元函数的导数是高等数学的主要内容，学生能否掌握一元函数的求导直接影响到后续知识的学习。由参数方程所确定的函数的导数是教学中的一个重点，也是难点。前面介绍隐函数求导的两种方法：直接法和对数法。本次课将介绍由参数方程确定的函数及其一阶导数和二阶导数的计算。

本次课的教学目标是：

1. 学好基础知识，掌握由参数方程确定的函数的定义。
2. 掌握基本技能，掌握由参数方程确定的函数的求导法。
3. 培养思维能力，能够利用由参数方程确定的函数，认识生活中的一些曲线，如星形线、摆线，并能够用数学知识来证明相关性质。

二、教学内容

1. 教学内容

1）由参数方程确定的函数的定义；

2）由参数方程确定的函数的导数；

3）星形线和摆线的定义及性质；

4）了解参数式求导在生活中的应用。

2. 教学重点

1）掌握由参数方程确定的函数的定义；

2）掌握由参数方程确定的函数的求导法。

3. 教学难点

1）如何由参数方程确定函数；

2）由参数方程确定的函数的求导法；

3）星形线和摆线的性质。

三、教学进程安排

1. 教学进程框图（45min）

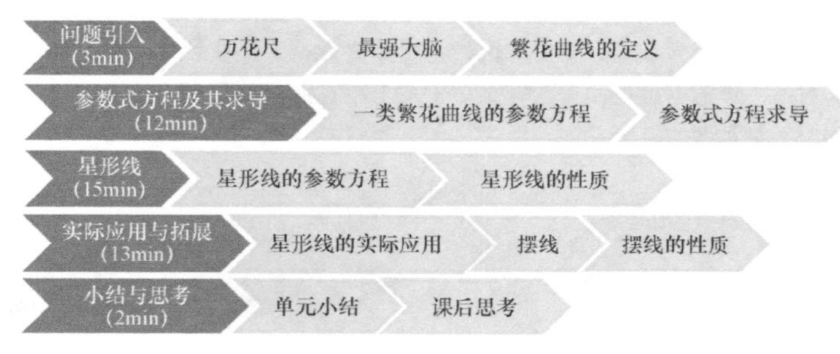

2. 教学环节设计

教学意图	教学内容	教学环节设计
1. 问题引入（3min）		
通过童年的玩具——万花尺，引入本节内容。（共3min） 介绍繁花曲线规的发明人杨秉烈先生，弘扬工匠精神。 介绍“繁花曲线规”。	“繁花曲线”登上了《最强大脑》的舞台。童年时玩过的一种玩具——万花尺（又被称为繁花曲线规），在最近一段时间内又一次回到大众的面前。 1976年，年过半百的杨秉烈先生从一款饼干的花纹中得到启发，从此致力于研究“繁花曲线”的规律，发明出“繁花曲线规”。其实杨秉烈先生在此之前就是上海工学院首批建校骨干，身为第一个获得国家发明奖的人，他的一生都奋斗在科技发明前线。而他发明的“繁花曲线规”是数学与艺术的完美结合，有一百个大小不一形态各异的繁花齿轮，每个齿轮均有不同形状不同位置的绘图孔，繁花齿轮在空心外图板的圆洞中转动，便绘制出无数种绚丽的图形。这些图案被广泛运用在各个领域，丝绸、餐具和书本等。那用笔尖一圈圈转出来的绚烂，堪称80、90后两代人心中的童年回忆。 万花尺（繁花曲线规）由母尺和子尺两部分组成。常见的母尺是内环形齿轮，子尺是带多孔的外环形齿轮。 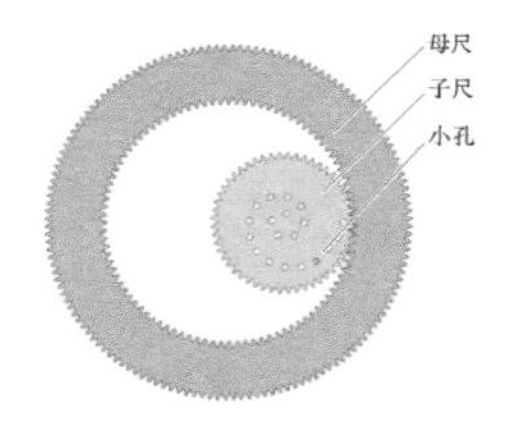 	时间：3min 播放视频： 介绍繁花曲线及繁花曲线规，吸引学生的注意力。 教具：  万花尺

（续）

教学意图	教学内容	教学环节设计
	作画时，将子尺内置于母尺内环之中，轮牙镶嵌，笔头插在子尺的小孔中，在作画过程中，固定母尺，用笔带动子尺顺着母尺的内沿齿轮反复做圆周运动，并要求内外齿要始终靠合。完成后纸上便会留下一个不可思议的美丽花朵。子尺上小孔的极小位移有时会引起图案类型的极大变化。 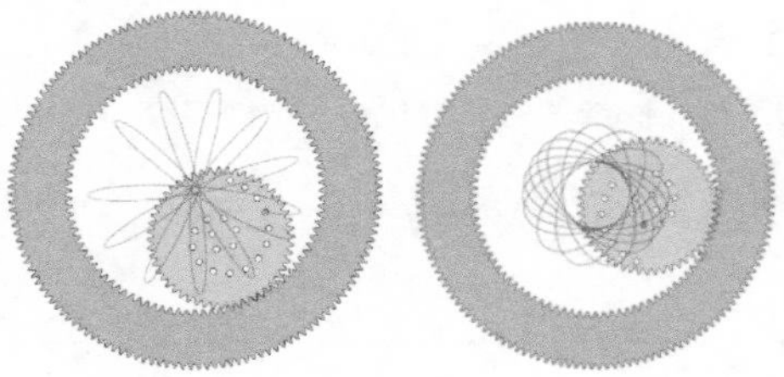 子尺形状的变化有很多，除了圆形，还有椭圆形、弧边的三角形、十字形、梅花形、方形、多边形等。母尺的变化不大，但有些母尺的外沿也带齿轮，把子尺置于母尺外沿做环绕运动，这时画出的是花形圈。母尺的内环通常是圆形和椭圆形。给出在线绘制繁花曲线的网址：http：//nathanfriend. io/inspirograph/	动画演示： 演示繁花曲线的画法。
	2. 参数式方程及其求导（12min）	
介绍一类特殊繁花曲线的形成。（共2min） 直观展示繁花曲线的形成。	母尺、子尺及绘图孔的位置将决定繁花曲线的形状。用大圆表示母尺，小圆表示子尺，并将绘图孔限定在子尺小圆的边界处，从而得到一类特殊的繁花曲线。 通过 MATLAB 软件编程，模拟繁花曲线的形成，即通过两个半径不同的大小圆的相切运动，画出小圆边界点的轨迹，得到不同的繁花曲线。 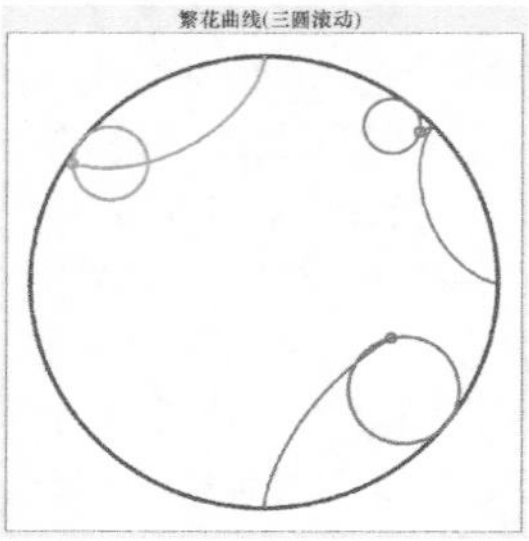 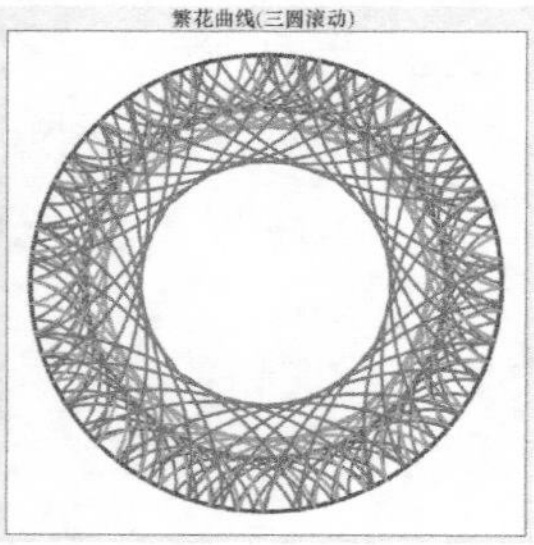 繁花曲线(三圆滚动) 繁花曲线(三圆滚动) 如何用函数来表达这类特殊的繁花曲线？这正是本次课的第一个内容——由参数方程确定的函数。	时间：2min 引导思考： 尽管繁花曲线纷繁复杂，但是有一定规律可循的。如何通过函数来表示不同的繁花曲线？ 动画演示： 演示几种繁花曲线的形成过程，激发学生的学习兴趣。

（续）

<table>
<tr><th>教学意图</th><th>教学内容</th><th>教学环节设计</th></tr>
<tr><td>用参数方程表示这类特殊的繁花曲线，并给出由参数方程确定的函数的定义。(共5min)</td><td>

（1）曲线方程的建立

考虑下图所示繁花曲线的方程，即动点 P 的轨迹。首先建立以大圆圆心为原点的直角坐标系，设图中 P 的坐标为 (x, y)。记动点 P 的初始位置为 T_1，它也是小圆与大圆的初始切点，运动到当前位置时，小圆与大圆的初始切点为 T_2。记大圆半径 $|OT_2|=R$，小圆半径 $|QT_2|=r$，$\angle T_1OT_2=t$，$\angle PQT_2=\theta$。

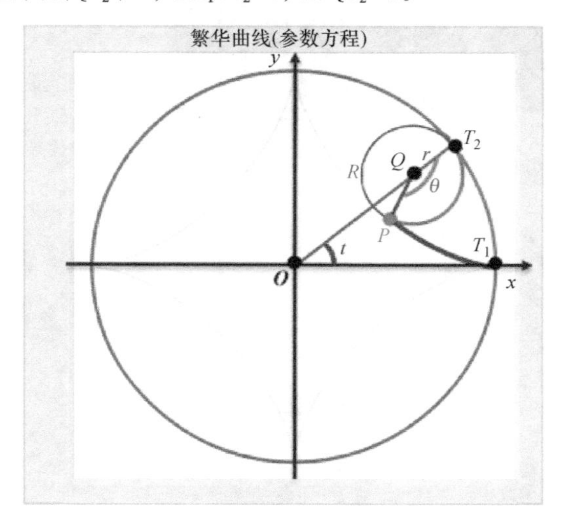

由$\overset{\frown}{PT_2}=\overset{\frown}{T_1T_2}$可知 $Rt=r\theta$，进而有 $\theta=\dfrac{R}{r}t$。

通过板书推导，可得

$$\begin{cases} x=(R-r)\cos t+r\cos\left(\dfrac{R-r}{r}t\right), \\ y=(R-r)\sin t-r\sin\left(\dfrac{R-r}{r}t\right)。\end{cases}$$

它就是这类繁花曲线的参数方程。

定义1：如果变量 x 与 y 的函数关系是由参数方程

$$\begin{cases} x=\varphi(t), \\ y=\psi(t) \end{cases}$$

所确定，那么称此函数关系式所表达的函数为由参数方程所确定的函数。

（2）通过曲线的参数方程确定曲线的特点

将方程右端的 r 提取出来，原方程可变形为

$$\begin{cases} x=r\left\{\left(\dfrac{R}{r}-1\right)\cos t+\cos\left[\left(\dfrac{R}{r}-1\right)t\right]\right\}, \\ y=r\left\{\left(\dfrac{R}{r}-1\right)\sin t-\sin\left[\left(\dfrac{R}{r}-1\right)t\right]\right\}。\end{cases}$$

由此可知，$\dfrac{R}{r}$决定了曲线的形状。通过 MATLAB 软件编程，展示不同$\dfrac{R}{r}$所对应的繁花曲线的形状。

</td><td>

时间：5min

<u>引导思考：</u>

通过动画让学生找到图形中存在的等量关系。

<u>板书：</u>

通过板书推导，给出这类繁花曲线的方程。

<u>引导思考：</u>

通过参数方程能发现图形什么特点？

</td></tr>
</table>

（续）

教学意图	教学内容	教学环节设计
通过参数方程分析曲线的特点，展示参数方程的优势。	繁花曲线(R/r变动效果演示) R/r=6.38 繁花曲线(R/r变动效果演示) R/r=3.12 如何直接由参数方程求出它所确定的函数的导数$\frac{dy}{dx}$？这正是这次课要学习的第二个内容。	<u>动画演示：</u> 展示不同$\frac{R}{r}$所对应的繁花曲线的形状，从而体现繁花曲线中的“繁”字。但这些曲线都可以由同一类参数方程描述，以此展示参数方程的优势。 <u>引导思考：</u> 如何进一步分析繁花曲线的性质？导数是分析函数特点的重要工具。
回顾学过的求导方法。	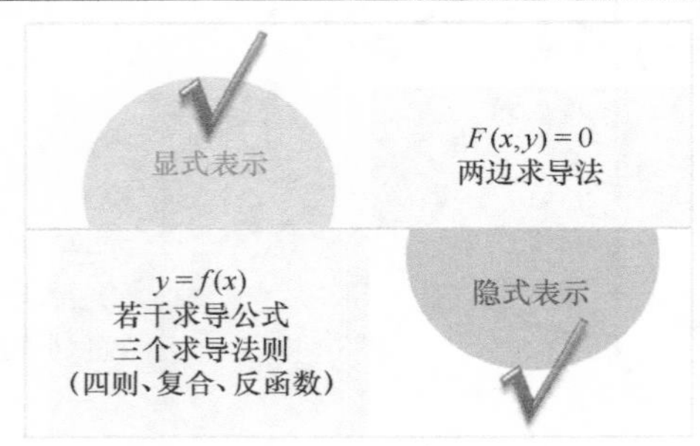	时间：5min <u>提问：</u> 我们之前学习过哪些求导方法？
推导由参数方程确定的函数的导数计算公式。（共5min）	设由参数方程确定的函数为 $$\begin{cases}x=\varphi(t),\\y=\psi(t),\end{cases}$$ 又设$\varphi(t)$，$\psi(t)$可导，$\varphi'(t)\neq0$，且函数$x=\varphi(t)$具有单调连续反函数$t=\varphi^{-1}(x)$。求$\frac{dy}{dx}$和$\frac{d^2y}{dx^2}$。 分析： $$\begin{cases}x=\varphi(t),\\y=\psi(t)\end{cases}\xrightarrow{\varphi'(t)\neq0}t=\varphi^{-1}(x)\longrightarrow y=\psi(\varphi^{-1}(x)),$$ 可见，参数t作为中间变量，连接了自变量x和因变量y的关系。 解：由复合函数求导法则和反函数求导法则可知 $$\frac{dy}{dx}=\frac{dy}{dt}\frac{dt}{dx}=\frac{dy}{dt}\frac{1}{\frac{dx}{dt}}=\frac{\frac{dy}{dt}}{\frac{dx}{dt}}=\frac{\psi'(t)}{\varphi'(t)},$$ $$\frac{d^2y}{dx^2}=\frac{d}{dx}\left(\frac{dy}{dx}\right)=\frac{\left(\frac{\psi'(t)}{\varphi'(t)}\right)'}{\varphi'(t)}。$$	<u>引导思考：</u> 如何计算由参数方程确定的函数的二阶导数？是$\frac{\psi''(t)}{\varphi''(t)}$？或是$\left(\frac{\psi'(t)}{\varphi'(t)}\right)'$？ <u>板书：</u> 推导二阶导数的计算公式，强调同学们注意对哪个变量进行求导。
总结由参数方程确定的函数的一阶、二阶导数公式。	由参数方程确定的函数的一阶、二阶导数公式为 一阶导数计算公式：$\frac{dy}{dx}=\frac{\psi'(t)}{\varphi'(t)}$； 二阶导数计算公式：$\frac{d^2y}{dx^2}=\frac{\left(\frac{\psi'(t)}{\varphi'(t)}\right)'}{\varphi'(t)}$。	

（续）

<table>
<tr><th>教学意图</th><th>教学内容</th><th>教学环节设计</th></tr>
<tr><td></td><td colspan="2">3. 星形线（15min）</td></tr>
<tr><td>介绍星形线及其参数方程。（共5min）</td><td>（1）星形线的图形
定义2：如果大圆半径是小圆半径的4倍，选取的绘图孔在小圆的边界处，固定大圆，让小圆沿着大圆滚动，此时绘出的繁花曲线又被称为星形线。
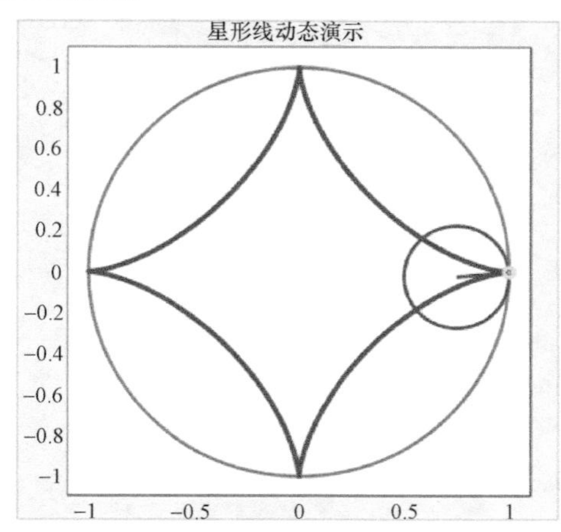

（2）推导星形线的参数方程
将$\frac{R}{r}=4$代入前面推导的公式
$$\begin{cases}x=r\left\{\left(\frac{R}{r}-1\right)\cos t+\cos\left[\left(\frac{R}{r}-1\right)t\right]\right\},\\ y=r\left\{\left(\frac{R}{r}-1\right)\sin t-\sin\left[\left(\frac{R}{r}-1\right)t\right]\right\},\end{cases}$$
得
$$\begin{cases}x=r(3\cos t+\cos(3t)),\\ y=r(3\sin t-\sin(3t))。\end{cases}$$
注意到（三倍角公式）：
$$\begin{cases}\cos(3t)=-3\cos t+4\cos^3 t,\\ \sin(3t)=3\sin t-4\sin^3 t,\end{cases}$$
整理可得曲线的参数方程：
$$\begin{cases}x=R\cos^3 t,\\ y=R\sin^3 t,\end{cases}\quad t\in[0,\ 2\pi]。$$</td><td>时间：5min
引导思考：
如果大圆半径是小圆半径的4倍，选取的绘图孔在小圆的边界处，此时会得到什么样的繁花曲线？

动画演示：
用MATLAB动态演示，向学生直观展示曲线的形状。然后再推导公式。</td></tr>
<tr><td>计算星形线的导数。（共4min）</td><td>例1：设星形线的参数方程为$\begin{cases}x=R\cos^3 t,\\ y=R\sin^3 t,\end{cases}$求由此参数方程确定的函数$y=y(x)$的一、二阶导数$\frac{\mathrm{d}y}{\mathrm{d}x}$、$\frac{\mathrm{d}^2y}{\mathrm{d}x^2}$。
解：$$\frac{\mathrm{d}y}{\mathrm{d}x}=\frac{(R\sin^3 t)'}{(R\cos^3 t)'}=\frac{R\cdot 3\sin^2 t\cdot\cos t}{R\cdot 3\cos^2 t\cdot(-\sin t)}=-\tan t;$$
$$\frac{\mathrm{d}^2y}{\mathrm{d}x^2}=\frac{(-\tan t)'}{(R\cos^3 t)'}=\frac{-\sec^2 t}{R\cdot 3\cos^2 t\cdot(-\sin t)}=\frac{1}{3R}\sec^4 t\csc t。$$</td><td>时间：4min
提问：
熟悉由参数方程确定的函数的导数计算。</td></tr>
</table>

（续）

教学意图	教学内容	教学环节设计
分析星形线的图形特点。（共6min） 展示动画程序，从动画中发现规律。	利用 MATLAB 编程，动态演示星形线各点的切线被坐标轴截得的线段（红色线段）的情况。 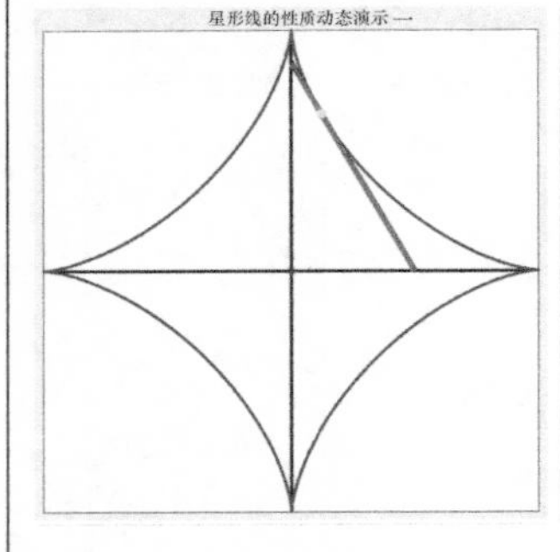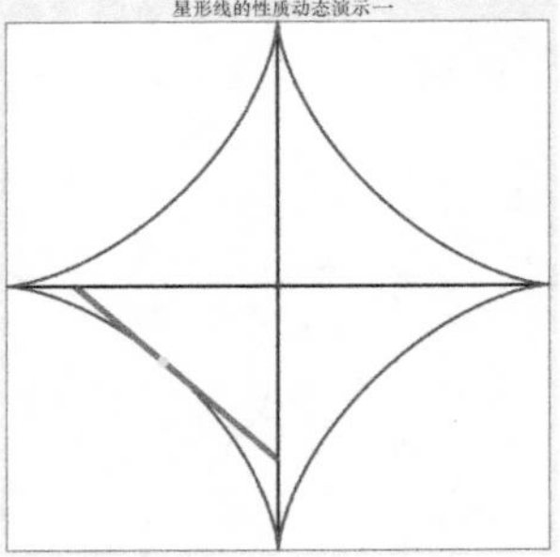 性质 1：若星形线$\begin{cases} x = R\cos^3 t, \\ y = R\sin^3 t \end{cases}$上某一点的切线分别交 x、y 轴于点 A 和点 B，则线段 AB 的长度恒为常数。 证明：设曲线上任一点为 $P(x, y)$， 过点 P 的切线斜率 $\frac{dy}{dx} = -\tan t$； 过点 P 的切线方程 $Y - R(\sin t)^3 = -\tan t(X - R(\cos t)^3)$， 化简后可得$\frac{X}{R\cos t} + \frac{Y}{R\sin t} = 1$， 求出切线在 x 轴和 y 轴的交点坐标： $A = (R\cos t, 0)$，　$B = (0, R\sin t)$， 计算出线段 AB 的长度为 $\lvert AB \rvert = \sqrt{R^2\sin^2 t + R^2\cos^2 t} = R$。	时间：6min 动画演示： 展示星形线各点的切线被坐标轴截得的线段的情况。 引导思考： 通过动画引导学生发现星形线的几何特性。图形中的什么量保持不变？
应用由参数方程确定的函数的求导公式证明星形线的性质。 进一步解读星形线的性质。 展示自制教具。	换一个角度看上述的几何性质，让定长线段的两个端点在坐标轴上滑动，并保留这些线段，则星形线就是这组线段的边界曲线，数学上又叫作包络线。利用 MATLAB 编程，动态演示这个过程。 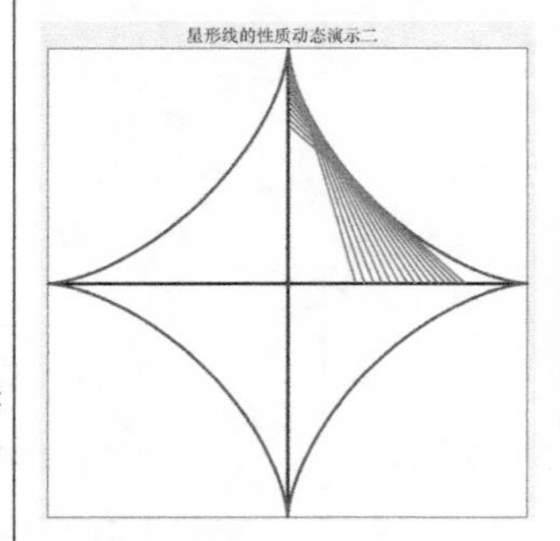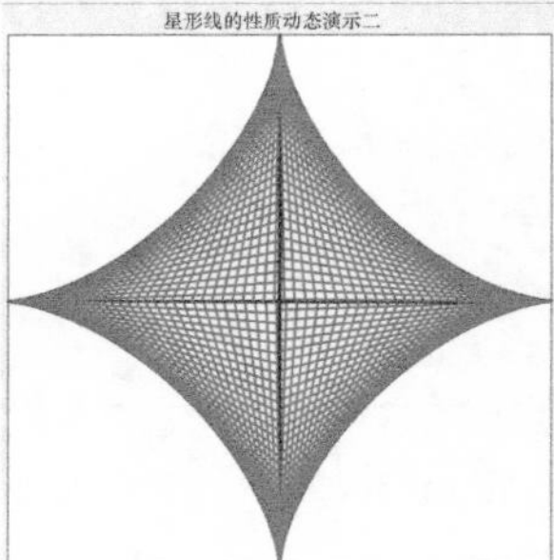	动画演示： 展示星形线各点的切线的边界曲线为星形线。 教具： 

（续）

教学意图	教学内容	教学环节设计
4. 实际应用与拓展（13min）		
介绍星形线在实际生活中的应用。（共2min）	播放公交车车门的开门视频并展示公交车车门上的星形线。 	时间：2min 提问： 大家见过生活中的星形线吗？ 引导思考： 给出公交车车门的照片，引导学生发现“隐藏”的星形线。
展示动画程序，对比不同打开方式的占地面积。	公交车门的开门模拟演示： 星形线的性质(内摆门开门动态演示) 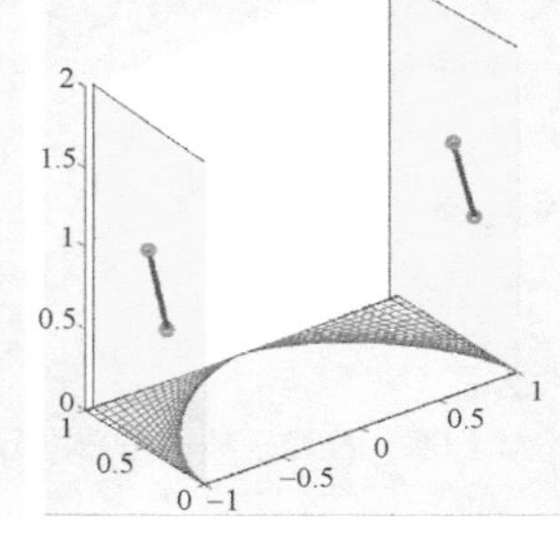 平开门的开门模拟演示： 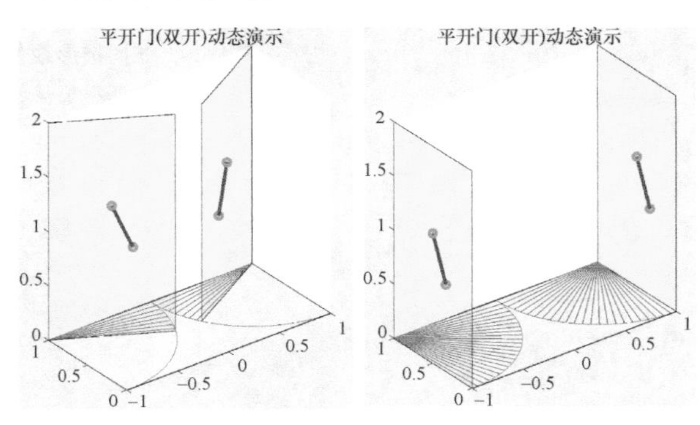 利用星形线的性质设计的门被称为“内摆门”，这样的设计既节省了开门所占用的空间，又能有效降低在开关门过程中打到乘客的风险。此外，它还具有结构简单，方便维修的优势。目前我国公交车基本上都采用内摆门。	动画演示：： 展示门打开的两种方式。公交车门这种开门方式占地面积更小。

（续）

教学意图	教学内容	教学环节设计
介绍摆线的参数方程，并计算由此确定的函数的一阶导数和二阶导数。(共3min)	（1）摆线的形状 定义3：一个圆在一条直线上运动时圆周上某定点的轨迹，这种曲线叫作“摆线”（见下图粉色曲线）。	时间：3min
展示摆线的生成过程。	摆线生成动态演示 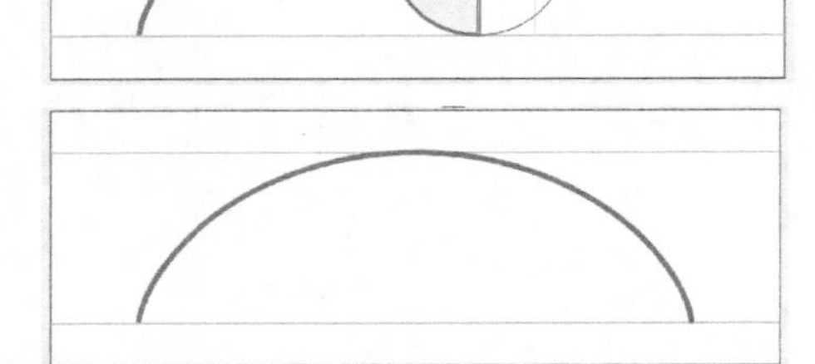	<u>动画演示：</u> 展示摆线的生成过程。
	（2）推导摆线的参数方程 设圆的半径为 a，建立坐标系，推导摆线的参数方程，即动点 P 的轨迹。 如下图所示建立坐标系：设动点 P 的坐标为（x，y）。 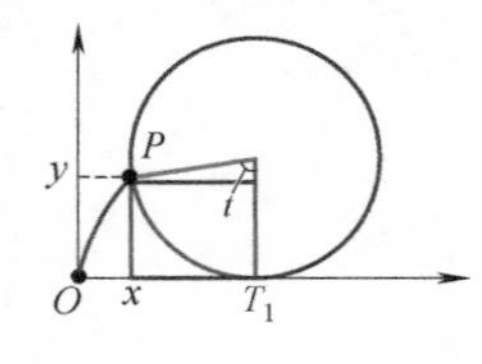 注意到 $\lvert OT_1 \rvert = \overset{\frown}{PT_1}$。引入角度 t，则点 T_1 的横坐标为 at。进而得 $$\begin{cases} x = a(t-\sin t), \\ y = a(1-\cos t) \end{cases} (0<t<2\pi)。$$ 这就是摆线的参数方程。	<u>提问：</u> 如何推导摆线的方程？图形中存在什么等量关系？
巩固由参数方程确定的函数的导数计算。	（3）推导由摆线的参数方程确定的函数的一、二阶导数 $\frac{dy}{dx}$、$\frac{d^2y}{dx^2}$。 解：$\frac{dy}{dx} = \frac{[a(1-\cos t)]'}{[a(t-\sin t)]'} = \frac{\sin t}{1-\cos t}$， $$\frac{d^2y}{dx^2} = \frac{\left(\frac{\sin t}{1-\cos t}\right)'}{[a(t-\sin t)]'} = \frac{-1}{a(1-\cos t)^2}。$$	

（续）

教学意图	教学内容	教学环节设计
介绍摆线的性质。（共6min）	性质2：摆线$\begin{cases}x=a(t-\sin t),\\y=a(1-\cos t)\end{cases}$ $(0<t<2\pi)$ 上任意点P处的法线交摆线的生成圆于一点（除点P外），则该点是动圆与x轴的交点。 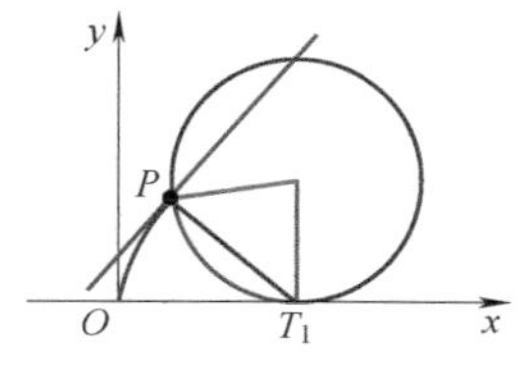 证明：设点P对应的参数为t_0，则摆线在点P处的导数为 $$\left.\frac{\mathrm{d}y}{\mathrm{d}x}\right\|_P=\frac{a\sin t_0}{a(1-\cos t_0)}=\frac{\sin t_0}{1-\cos t_0},$$ $$k_{法}\|_P=-\frac{1-\cos t_0}{\sin t_0},$$ 因此，过点P的法线方程为 $$y-a(1-\cos t_0)=\frac{\cos t_0-1}{\sin t_0}[x-a(t_0-\sin t_0)]。$$ 令$y=0$，则得法线与摆线的生成圆交点的横坐标$x=at_0$。由摆线参数方程的推导过程可知，此时动圆与x轴的交点坐标为$(at_0,0)$。 综上所述，性质2的结论成立。 性质3：设摆线上任意点P处的切线与y轴的夹角为α（取锐角或直角），则$\frac{\sin\alpha}{\sqrt{y}}=\frac{1}{\sqrt{2a}}$，其中$a$为摆线生成圆的半径。 证明：设点$P$的坐标为$(x,y)$。根据性质2，可知 $$\|PT_1\|=2a\sin\alpha,$$ $$y=\|PT_1\|\sin\alpha=2a\sin^2\alpha,$$ 所以$\frac{\sin^2\alpha}{y}=\frac{1}{2a}$，即$\frac{\sin\alpha}{\sqrt{y}}=\frac{1}{\sqrt{2a}}$。	时间：6min 引导思考： 观察摆线的形成过程，以及摆线与动圆的位置关系。 给出性质2的证明。 板书： 画图推导。
摆线在生活中的应用。（共2min）	根据摆线的性质2，即几何性质，数学家惠更斯研究发现将摆线的一拱倒转，若一质点从此段摆线任意点出发，在重力作用下沿摆线向下滑，此质点到达最低点所需的时间与出发点的位置无关。也就是说，从摆线上任意两相异点出发，它们到达最低点的时间相同。这就是摆线的等时性，从而得到具有严格等时性的钟摆。  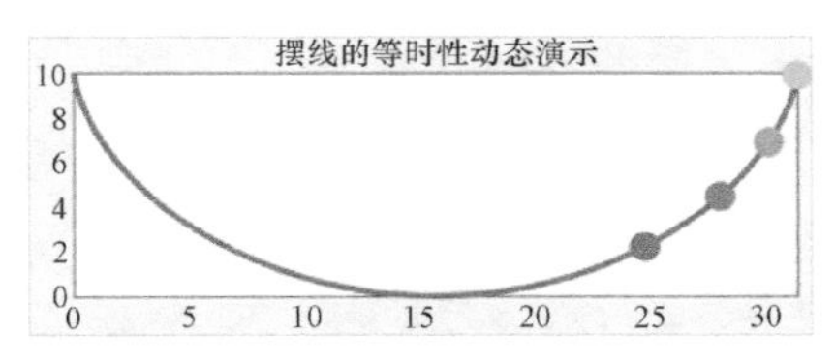 	时间：2min 引导思考： 动画展示摆线的等时性，为后续课程做铺垫。

（续）

教学意图	教学内容	教学环节设计
	5. 小结与思考（2min）	
单元小结。（共1min）	本次课介绍了由参数方程确定的函数及其导数计算，着重介绍两类特殊的参数方程：星形线和摆线，以及它们的性质和在实际生活中的应用。强调由参数方程确定的函数的求导公式。	时间：1min 单元小结，回顾本次课的主要内容。
课后思考。（共1min）	万花尺上，子尺孔的位置不在边界时，对应繁花曲线的参数方程是什么？ 由极坐标确定的函数如何求导？ $\rho=e^{a\theta}$	时间：1min 针对课上讲过的内容提出问题，留作课后思考。

四、学情分析与教学评价

本教学内容的对象为理工科一年级第一学期的学生，通过高中的学习和高等数学第一章内容的学习，他们的数学思想和素养正在初步形成。本章导数与微分的教学内容在高中阶段都有接触，学生理解和掌握起来比较容易，但是本次课的内容由参数方程确定的函数的导数理解相对有些难度。因此在教学过程中注重数学思维的培养和逻辑推理能力的训练，通过贴近生活的实际应用案例，帮助学生深刻理解相关知识，将会极大地提高他们的学习热情，培养他们学以致用的意识。

利用热播节目《最强大脑》和儿时的玩具“繁花曲线规”来吸引学生，激发学生的学习兴趣。针对重难点内容，设计动画并结合板书推导，帮助学生掌握由参数方程确定的函数的求导计算方法。加强课堂互动，引导学生在学习过程中发现问题，思考问题，主动参与，让学生体验如何确定曲线的参数方程，进而了解图形的形状，得到图形的性质。学以致用，结合现实生活中的星形线和摆线的例子，让学生更直观地接受和理解由参数方程确定的函数与平面曲线之间的联系。引导学生分析星形线和摆线的性质，发现生活中的数学，真正达到学以致用的目的，提高他们解决实际问题的能力。通过提出课后思考问题扩展学生的知识面，开阔学生视野，激发学生探究新知识、新领域的兴趣。

五、预习任务与课后作业

预习　高阶导数。

作业

1. 求下列参数方程所确定的函数的导数$\frac{dy}{dx}$。

(1) $\begin{cases}x=\theta(1-\sin\theta)\\y=\theta\cos\theta\end{cases}$；　(2) $\begin{cases}x=3e^{-t}\\y=2e^{t}\end{cases}$；　(3) $\begin{cases}x=\ln(1+t^2)+1\\y=2\arctan t-(1+t)^2\end{cases}$。

2. 设$\begin{cases}x=f(t)-\pi\\y=f(e^{3t}-1)\end{cases}$且$f'(0)\neq0$，求$\left.\dfrac{dy}{dx}\right|_{t=0}$。

3. 求对数螺线$r=e^{\theta}$在点$(r,\theta)=\left(e^{\frac{\pi}{2}},\dfrac{\pi}{2}\right)$处切线的直角坐标方程。

泰勒公式

一、教学目标

本教学内容是泰勒公式，它是在学生学习了数列和函数的极限、函数的导数微分和微分中值定理及洛必达法则之后再学习的，属于导数应用的内容。泰勒公式是高等数学中的一个重要内容，在理论研究和数值计算中具有广泛的应用，它可以应用于近似计算、极限计算、不等式的证明、级数与广义积分的敛散性判别等方面。它也是研究人员解决实际问题的常用方法。因此，对于理工科学生而言，掌握泰勒公式及其数学思想显得尤为重要。只有充分理解泰勒公式的真谛，才能得心应手地应用泰勒公式解决实际问题。

本次课的教学目标是：

1. 学好基础知识，理解并掌握泰勒公式、麦克劳林公式，熟悉两种不同余项之间的差异，掌握并熟记一些常用初等函数的泰勒公式。

2. 掌握基本技能，会用皮亚诺余项的泰勒公式求某些函数的极限；会用带拉格日型余项的泰勒公式进行近似计算并估计误差。

3. 培养思维能力，通过启发式引导培养学生独立发现、探索、获取并应用新知识的能力。

二、教学内容

1. 教学内容

1） 泰勒中值定理的证明；

2） 带有皮亚诺型余项和拉格朗日型余项的 n 阶泰勒公式；

3） 带有皮亚诺型余项和拉格朗日型余项的 n 阶麦克劳林公式；

4） 常用初等函数的泰勒公式。

2. 教学重点

1） 理解并掌握泰勒公式的实质；

2） 掌握一些常用初等函数的泰勒公式，并能熟练应用泰勒公式求函数的极限。

3. 教学难点

1） 泰勒公式的引入与证明；

2） 泰勒公式的应用。

三、教学进程安排

1. 教学进程框图（45min）

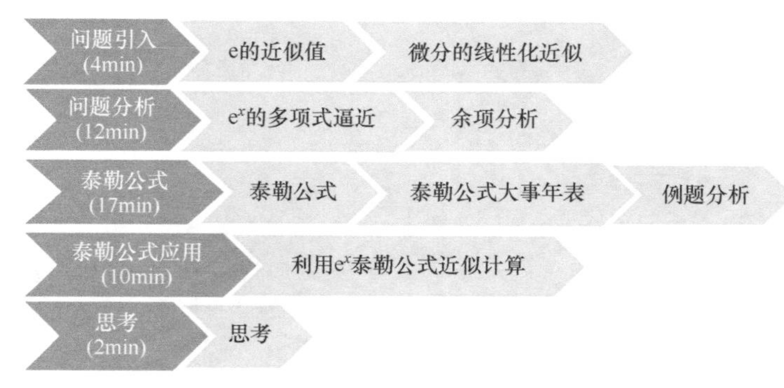

2. 教学环节设计

教学意图	教学内容	教学环节设计
	1. 问题引入（4min）	
通过 e 值的近似计算问题引出函数的近似计算。（共 1min）	（1）重要常数 e 的值 谷歌公司首次公开募股的集资额是 2 718 281 828 美元。谷歌公司为什么会选择这样一个特殊的数字？拿出手机，打开科学计算器，如果按下 e，会得到什么值？  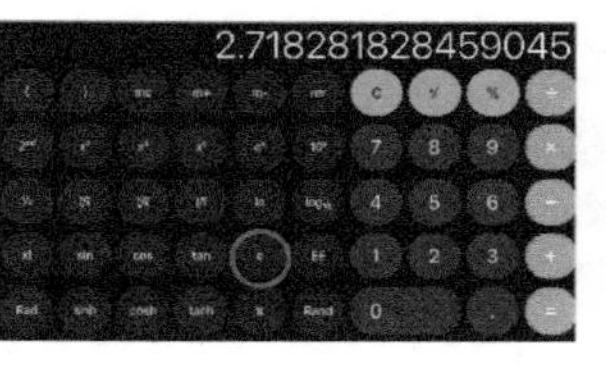 对照一下，不难发现，这个集资额恰好与 e 的前 10 个数字相同。其实，谷歌公司选择这样一个特殊的数字是向数学界的明星常数无理数 e 致敬。 问题：如何计算 e 的近似值？ 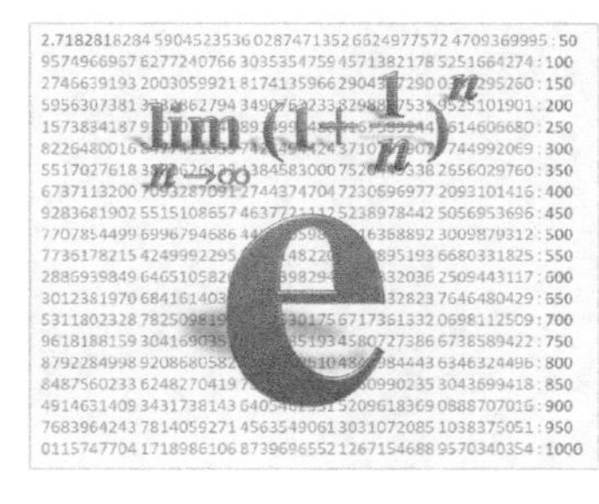 如何利用函数的逼近近似计算常数e？ 	时间：1min 从谷歌募股的集资额数值入手，引出函数的近似计算问题。 提问： e 的由来？如何计算 e 的近似值？是否可以借助函数 e^x 的近似计算得到 e 的近似值？
通过回顾微分的近似计算提出近似计算的精度和误差估计问题。（共 3min）	（2）复习微分近似 若函数 $y=f(x)$ 在 x_0 可微，则当 $\lvert\Delta x\rvert$ 很小时，有 $\Delta y\approx \mathrm{d}y=f'(x_0)\Delta x$，且 $\Delta y-\mathrm{d}y=o(\Delta x)$。 若函数 $y=f(x)$ 在 x_0 可微，则当 $\lvert x-x_0\rvert$ 很小时，有 $f(x)\approx f(x_0)+f'(x_0)(x-x_0)$。	

（续）

教学意图	教学内容	教学环节设计
对微分概念进行评价。	记 $P(x)=f(x_0)+f'(x_0)(x-x_0)$，则 $y=P(x)$ 为曲线在 x_0 的切线。 微分的意义是在局部范围内，可以用切线段近似代替曲线段，即局部线性化。在上述近似计算公式中，我们可以发现微分的一个优点，即用简单的一次多项式函数逼近较复杂的函数，逼近的误差是 $o(\Delta x)$，其中 $\Delta x=x-x_0$。在实际要求的精度不是很高时，该近似替代可行。 局部线性化的缺陷： ◆ 精度不高； ◆ 适用范围小； ◆ 误差不易定量分析。 本次课目标： ◆ 如何提高近似精度？ ◆ 如何确定误差？ 下面以指数函数 e^x 为例，分析在原点处如何提高近似精度，以及如何描述误差。	时间：3min 提问： 以微分导出的以直代曲的近似计算存在什么缺陷？ 肯定学生的回答，和学生一起进行总结。
2. 问题分析（12min）		
以具体函数为例分析多项式函数逼近的特点。（共3min） 以数值模拟让学生直观感受多项式逼近。	（1）e^x 的多项式逼近精度分析 由微分的近似计算可知：当 x 很小时，有 $f(x)=e^x\approx 1+x$。 下图中，粉色曲线是 e^x 的函数图像，蓝色直线表示 e^x 在原点处的切线。观察可知，在原点附近，切线和曲线 e^x 的误差还是很大，试着增加一个二次项来减小误差。 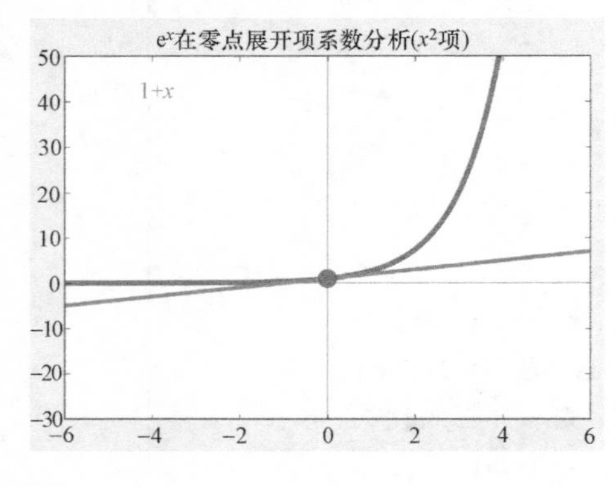	时间：3min 引导思考： 引导学生分析在近似计算中，如何找到既能保持原有优点，又能提高精确度的表达式。

（续）

教学意图	教学内容	教学环节设计
展示动画程序。 通过设计问题让学生参与讨论逼近多项式的特点。	记 $f(x)=\mathrm{e}^x\approx 1+x+c_2x^2$。 问题：如何确定二次项的系数 c_2？ 这里采用先直观后分析的方法。先任意取不同系数，观察原点附近各二次曲线与原曲线（即粉色曲线）的图形。左上图为 10 条二次曲线，其中橘黄色的二次曲线对应系数是 0.5。其实，它是最靠近原曲线的。在橘黄色曲线和粉色原曲线之间还有两条曲线（紫色曲线和绿色曲线），它们似乎更靠近原曲线。如何说明橘黄色的曲线最靠近粉色曲线呢？将原点附近的图形局部放大，由右上图可见，紫色曲线已经离开了粉色曲线。进一步将原点附近的图形局部放大，由左下图和右下图可见，绿色曲线也逐渐离开了粉色曲线，从而说明橘黄色曲线确实是最佳选择。 那么，为什么二次项的系数 c_2 取为 0.5 是最佳的呢？ 下面过渡到理论分析。	通过数值模拟来观察二次项系数。发现存在最佳系数。进一步提出问题。
对二次项系数的选取做理论分析。（共 2min）	（2）二次项系数的选取 当 x 很小时， $f(x)=\mathrm{e}^x\approx 1+x$，令 $P_1(x)=1+x$， $$\begin{cases} f(0)=P_1(0), \\ f'(0)=P_1'(0), \\ f(x)-P_1(x)=o(x), \end{cases}$$ 从而令 $$P_2(x)=1+x+c_2x^2。$$ 易知 $$f(0)=P_2(0),\ f'(0)=P_2'(0)。$$ 令 $$f''(0)=P_2''(0)\Rightarrow c_2=\frac{1}{2},$$ 就是说，二次项系数选取为 0.5，意义在于二次项在原点的二阶导数与 $f(x)$ 在原点的二阶导数一样，这样的二次项在原点处保留了 $f(x)$ 在原点处的函数值、一阶和二阶导数值。那么误差会怎样呢？由计算可知	时间：2min 设问： 既然数值模拟发现存在最佳多项式逼近，那么这个多项式如何得到呢？

（续）

教学意图	教学内容	教学环节设计
	$\lim\limits_{x\to0}\dfrac{f(x)-P_2(x)}{x^2}=\lim\limits_{x\to0}\dfrac{e^x-\left(1+x+\frac{1}{2}x^2\right)}{x^2}=0$, 即 $f(x)-P_2(x)=o(x^2)$, 所以当 x 很小时，$f(x)=e^x\approx1+x+\frac{1}{2}x^2$, 令 $P_2(x)=1+x+\frac{1}{2}x^2$，则有 $\begin{cases}f(0)=P_2(0),\\f'(0)=P_2'(0),\\f''(0)=P_2''(0),\\f(x)-P_2(x)=o(x^2)。\end{cases}$	
对三次项系数的选取做理论分析。（共2min） 展示动画程序。	（3）三次项系数的选取 为进一步减小误差，可以用三次多项式函数逼近原函数。猜想三次项系数选取也是遵循多项式函数与$f(x)$ 在原点的函数值及直到三阶导数值相同。 希望 $f(x)=e^x\approx1+x+\frac{1}{2}x^2+c_3x^3$, 记 $P_3(x)=1+x+\frac{1}{2}x^2+c_3x^3$, 令 $f'''(0)=P'''_3(0)\longrightarrow c_3=\frac{1}{6}=\frac{1}{3!}$, 故 $P_3(x)=1+x+\frac{1}{2}x^2+\frac{1}{6}x^3$。 这个分析结果，可以在几何直观上得到验证。见动画程序演示。 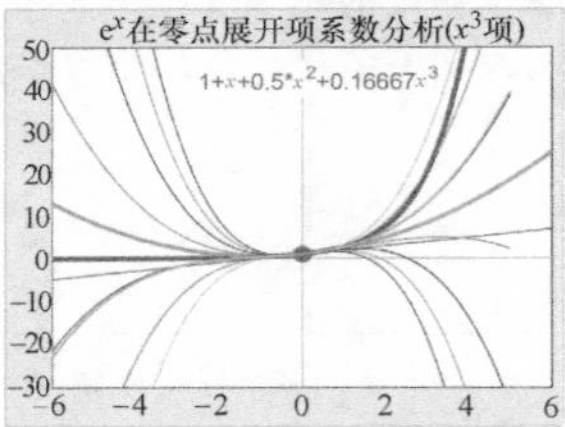 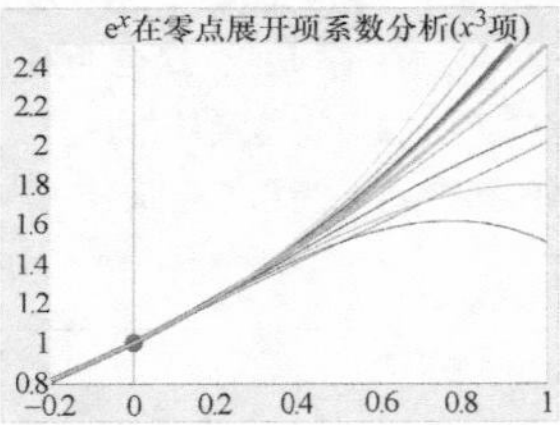 在左图中依次展示当三次项系数取不同值时 $P_3(x)$ 的函数图像，其中青色曲线对应的三次项系数为$\frac{1}{6}$。进一步将左图在原点附近局部放大，如右图所示。可见青色曲线与原曲线（红色）最为吻合。	时间：2min 继续分析： 由二次项系数的分析结果，可以猜出三次项系数，再直观验证。 通过数值模拟来观察三次项系数。发现存在最佳系数。进一步提出问题。
由三次多项式函数逼近，到 n 次多项式函数逼近。（共2min）	函数 $f(x)=e^x$ 在 $x=0$ 有任意阶导数 $f^{(n)}(0)=1,\ n=1,\ 2,\ \cdots$, 记 $P_n(x)=c_0+c_1x+c_2x^2+\cdots+c_nx^n$, 令 $\begin{cases}f(0)=P_n(0),\\f'(0)=P_n'(0),\\f''(0)=P_n''(0),\\\vdots\\f^{(n)}(0)=P_n^{(n)}(0)\end{cases}\longrightarrow\begin{cases}c_0=f(0)=1,\\c_1=f'(0)=1,\\c_2=\frac{1}{2!}f''(0)=\frac{1}{2!},\\\vdots\\c_n=\frac{1}{n!}f^{(n)}(0)=\frac{1}{n!},\end{cases}$	时间：2min 由以上分析，可以类比给出多项式逼近的结果。

（续）

教学意图	教学内容	教学环节设计
用动画手段展示近似精度随多项式项数增加而提高的效果。	有 $$f(x)=\mathrm{e}^x\approx f(0)+f'(0)x+\frac{f''(0)}{2!}x^2+\frac{f'''(0)}{3!}x^3+\cdots+\frac{f^{(n)}(0)}{n!}x^n,$$ $$f(x)=\mathrm{e}^x\approx 1+x+\frac{1}{2!}x^2+\frac{1}{3!}x^3+\cdots+\frac{1}{n!}x^n。$$ 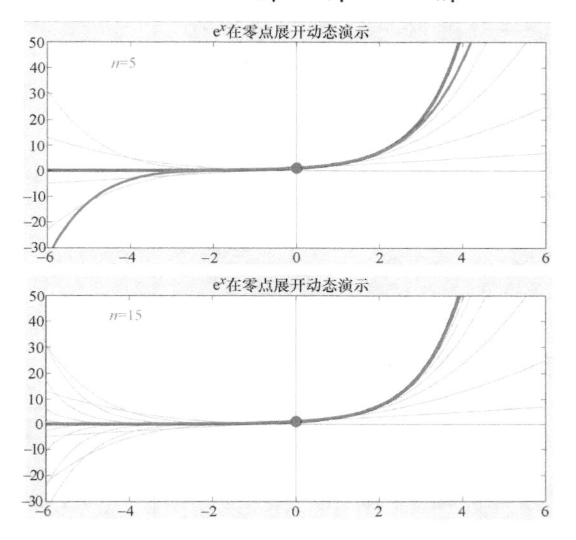	动画程序演示 随着加项的增多，多项式逼近指数函数的效果越发明显。
将分析由原点拓展到任意点。	动画程序直观演示了多项式函数 $1+x+\frac{1}{2!}x^2+\frac{1}{3!}x^3+\cdots+\frac{1}{n!}x^n$ 逼近指数函数 e^x 的过程，可见 n 越大，多项式函数近似指数函数的近似精度越高。 以上分析原点附近的逼近情况，其实函数只要在某点有各阶导数，相应得到的多项式也是可以在该点逼近函数。见如下程序演示。 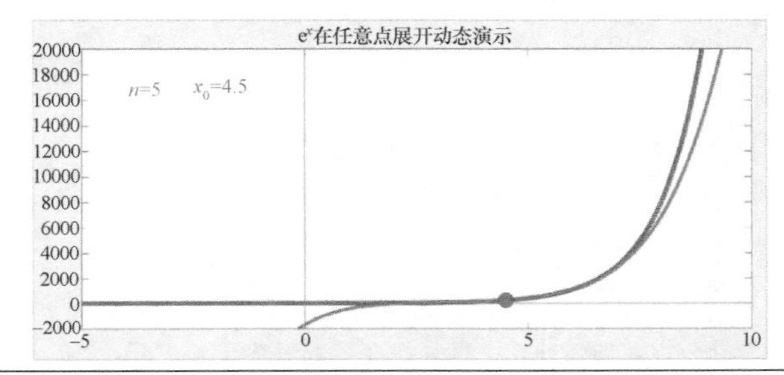	动画程序演示 固定加项为5，点不同，相应的五次函数逼近函数的情形。
余项的定性分析。（共1min）	问题：对函数 $f(0)=\mathrm{e}^x$ 逼近的误差（余项）分析。 记 $P_n(x)=f(0)+f'(0)x+\frac{f''(0)}{2!}x^2+\cdots+\frac{f^{(n)}(0)}{n!}x^n$， 令 $R_n(x)=f(x)-p_n(x)$， 有 $$R_n(0)=R_n'(0)=\cdots=R_n^{(n)}(0)=0,$$ 连续 $n-1$ 次使用洛必达法则及一次导数的定义，可证得 $$\lim_{x\to0}\frac{R_n(x)}{x^n}=0,$$ 故 $R_n(x)=o(x^n)$。	时间：1min 怎样分析余项呢？引导学生发现 $R_n(x)$ 的特点并选择使用洛必达法则研究。

（续）

教学意图	教学内容	教学环节设计
余项的定量分析。(共2min)	记 $P_n(x)=f(0)+f'(0)x+\frac{f''(0)}{2!}x^2+\cdots+\frac{f^{(n)}(0)}{n!}x^n$， 有 $R_n(0)=R_n'(0)=\cdots=R_n^{(n)}(0)=0,R_n^{(n+1)}(0)=f^{(n+1)}(0)$， 在以 x，0 为端点的区间上使用柯西定理： $\frac{R_n(x)}{x^{n+1}}=\frac{R_n(x)-R_n(0)}{x^{n+1}-0}=\frac{R_n'(\xi_1)}{(n+1)\xi_1^n}$，$\xi_1$ 介于 x，0 之间 $=\frac{R_n'(\xi_1)-R_n'(x_0)}{(n+1)(\xi_1-x_0)^n-0}$ $=\frac{R_n''(\xi_2)}{(n+1)n(\xi_2-x_0)^{n-1}}$，$\xi_2$ 介于 ξ_1，0 之间 $=\cdots$ $=\frac{R_n^{(n)}(\xi_n)-R_n^{(n)}(x_0)}{(n+1)\cdots 2(\xi_n-x_0)-0}$ $=\frac{R_n^{(n+1)}(\xi)}{(n+1)!}=\frac{f^{(n+1)}(\xi)}{(n+1)!}$，$\xi$ 介于 x，0 之间。	时间：2min 定性分析不能精确计算误差，故需要定量分析。
	3. 泰勒公式（17min）	
根据函数 e^x 的 n 次多项式的逼近形式，给泰勒公式。(共2min)	（1）皮亚诺余项泰勒公式 定理1：设函数 $f(x)$ 在 $x=0$ 处有 n 阶导数，则 $f(x)=f(0)+f'(0)x+\frac{f''(0)}{2!}x^2+\cdots+\frac{f^{(n)}(0)}{n!}x^n+R_n(x)$，(1) 其中 $R_n(x)=f(x)-P_n(x)=o(x^n)$，称为皮亚诺（Peano）型余项。 定理2：若函数 $f(x)$ 在点 x_0 存在直至 n 阶导数，则有 $f(x)=f(x_0)+f'(x_0)(x-x_0)+\frac{f''(x_0)}{2!}(x-x_0)^2+\cdots+\frac{f^{(n)}(x_0)}{n!}(x-x_0)^n+o((x-x_0)^n)$。(2) 带有皮亚诺余项的泰勒公式表明，当 $x\to x_0$ 时，n 次泰勒多项式近似表达函数 $f(x)$ 的误差是比 $(x-x_0)^n$ 高阶的无穷小，比起微分近似计算的误差 $o(x-x_0)$ 明显地提高了精确度，且精确度的提高可以通过对阶数 n 的选择来实现。	时间：2min 将 $x=0$ 改为 $x=x_0$，引导学生给出一般点处的泰勒公式。
由带皮亚诺余项的泰勒公式到带拉格朗日型余项的泰勒公式。(共2min)	问题：皮亚诺余项的泰勒公式在近似计算中尽管提高了近似精度但却无法精确估计误差，怎么才能估计误差呢？ （2）泰勒（Taylor）中值定理（拉格朗日型余项泰勒公式） 定理3：设函数 $f(x)$ 在包含 0 的某区间 I 内有直到 $n+1$ 阶导数，则对该区间内的任一点 x，有 $f(x)=f(0)+f'(0)x+\frac{f''(0)}{2!}x^2+\cdots+\frac{f^{(n)}(0)}{n!}x^n\cdots+R_n(x)$，(3) 其中 $R_n(x)=\frac{f^{(n+1)}(\xi)}{(n+1)!}x^{n+1}$，这里 ξ 在 x 与 0 之间。	时间：2min 要得到具体的余项的表达式，对函数 $f(x)$ 的条件就要加强为 $n+1$ 阶导数存在。

（续）

教学意图	教学内容	教学环节设计
在任意点处的泰勒公式。（共1min）	在一般点 x_0 处，会有下面的一般形式的泰勒公式。 定理4：设函数 $f(x)$ 在包含 x_0 的某区间 I 内有直到 $n+1$ 阶导数，则对该区间内的任一点 x，有 $f(x)=f(x_0)+f'(x_0)(x-x_0)+\frac{f''(x_0)}{2!}(x-x_0)^2+\cdots+\frac{f^{(n)}(x_0)}{n!}(x-x_0)^n+R_n(x), \quad (4)$ 其中 $R_n(x)=\frac{f^{(n+1)}(\xi)}{(n+1)!}(x-x_0)^{n+1}$，这里 ξ 在 x 与 x_0 之间。	时间：1min 定理3 给出后，引导学生自己给出定理4 的形式。
通过注记让学生进一步理解泰勒公式。（共3min） 体现出拉格朗日型余项的优势。	关于泰勒公式给出四点注释。 注1：特别地，在泰勒公式（1）和式（3）中，若 $x_0=0$，则称其为麦克劳林（Maclaurin）公式。式（3）中，ξ 在0与 x 之间，因此可令 $\xi=\theta x(0<\theta<1)$，从而泰勒公式就变成比较简单的形式，即所谓带有拉格朗日型余项的麦克劳林公式： $f(x)=f(0)+f'(0)x+\frac{f''(0)}{2!}x^2+\cdots+\frac{f^{(n)}(0)}{n!}x^n+\frac{f^{(n+1)}(\theta x)}{(n+1)!}x^{n+1}(0<\theta<1)$。 注2：当 $n=0$ 时，泰勒公式变为拉格朗日中值定理。即 $f(x)=f(x_0)+f'(\xi)(x-x_0)$。 注3：当 $n=1$ 时，泰勒公式变为 $f(x)=f(x_0)+f'(x_0)(x-x_0)+\frac{f''(\xi)}{2!}(x-x_0)^2$。 注4：泰勒公式做近似计算时的误差估计：在点 x_0 的某邻域内 $\lvert f^{(n+1)}(x)\rvert\leqslant M$，则有如下误差估计公式： $\lvert R_n(x)\rvert=\left\lvert\frac{f^{(n+1)}(\xi)}{(n+1)!}(x-x_0)^{n+1}\right\rvert\leqslant\frac{M}{(n+1)!}\lvert x-x_0\rvert^{n+1}$。	时间：3min 让学生自己观察 $n=0$，$n=1$ 时泰勒公式的特殊情况，明白泰勒中值定理的由来。
为增强课堂的趣味性，简单介绍泰勒公式的发展史。（共2min）	泰勒公式大事年表 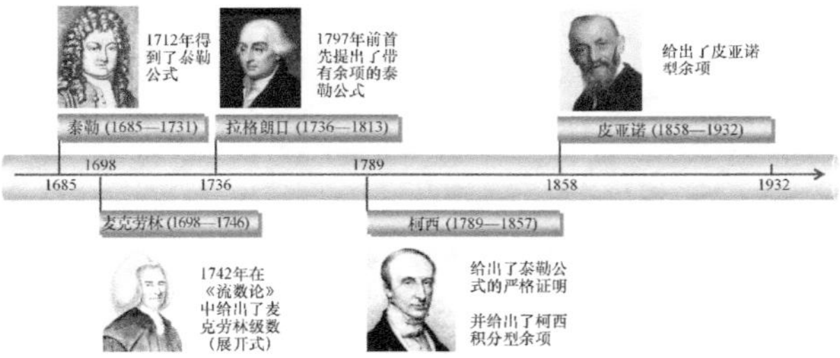 1712年得到了泰勒公式 1797年前首先提出了带有余项的泰勒公式 给出了皮亚诺型余项 泰勒（1685—1731） 拉格朗日（1736—1813） 皮亚诺（1858—1932） 1685 1698 1736 1789 1858 1932 麦克劳林（1698—1746） 柯西（1789—1857） 1742年在《流数论》中给出了麦克劳林级数（展开式） 给出了泰勒公式的严格证明 并给出了柯西积分型余项 ■ 泰勒在1712年，就得到了现代形式的泰勒公式。 ■ 麦克劳林在1742年在《流数论》中给出了麦克劳林级数（展开式）。 ■ 泰勒公式问世后半个世纪内，无人认识到其重要性，拉格朗日却在1797年前，首先提出了带有余项的泰勒公式。 ■ 泰勒公式出现一个世纪之后，柯西给出了泰勒公式的严格证明，并给出了柯西积分型余项的泰勒公式。 ■ 皮亚诺给出了皮亚诺型余项的泰勒公式。	时间：2min 先给出发展史整体的图示，让学生有个整体的概念，然后简单介绍，并布置课外阅读，让学生自己去查阅相关资料。

（续）

<table>
<tr><th>教学意图</th><th>教学内容</th><th>教学环节设计</th></tr>
<tr><td>泰勒公式的要点。（共2min）</td><td>梳理泰勒公式知识点：
函数$f(x)$的带有拉格朗日型余项和带有皮亚诺型余项的泰勒公式在应用时各有侧重。拉格朗日型余项给出了余项的具体表达式，可以定量地估计误差，而皮亚诺型余项是对余项的定性描述，没有给出定量的估计，所以应用上也有不同侧重，具体总结如下：
<table>
<tr><th>名称</th><th>拉格朗日型余项</th><th>皮亚诺型余项</th></tr>
<tr><td>公式</td><td>$R_n(x)=\frac{f^{(n+1)}(\xi)}{(n+1)!}(x-x_0)^{n+1}$</td><td>$R_n(x)=o((x-x_0)^n)$</td></tr>
<tr><td>特点</td><td>余项定量分析</td><td>余项定性分析</td></tr>
<tr><td rowspan="3">应用情形</td><td>证明不等式</td><td>近似计算函数值</td></tr>
<tr><td>证明有关中值问题</td><td>求极限</td></tr>
<tr><td>计算或估计近似误差</td><td></td></tr>
</table>
</td><td>时间：2min

对比两种余项的特点，分析应用情形。</td></tr>
<tr><td>泰勒公式例题。（共2min）</td><td>例1：证明不等式$e^x>1+x$。
分析：证明不等式需要定量，故使用拉格朗日型余项。
证明：由$e^x=1+x+\frac{1}{2!}x^2+\cdots+\frac{1}{n!}x^n+\frac{e^{\theta x}}{(n+1)!}x^{n+1}$，$0<\theta<1$，
可知$e^x=1+x+\frac{e^{\theta x}}{2!}x^2$，又因为$\frac{e^{\theta x}}{2!}x^2>0$，
所以有$e^x>1+x$。</td><td>时间：2min
<u>提问：</u>
在哪点展开，用什么类型余项？</td></tr>
<tr><td>泰勒公式例题。（共3min）</td><td>例2：求函数$f(x)=\sin x$的带有拉格朗日型余项的麦克劳林公式。
分析：根据麦克劳林展开式的特点，有
$f(x)=f(0)+f'(0)x+\frac{f''(0)}{2!}x^2+\cdots+\frac{f^{(n)}(0)}{n!}x^n+\frac{f^{(n+1)}(\theta x)}{(n+1)!}x^{n+1},0<\theta<1$
只需求出$f(0)$，$f'(0)$，…，$f^{(n)}(0)$，代入公式即可。
解：因为$f^{(k)}(x)=\sin\left(x+k\cdot\frac{\pi}{2}\right)$，$k=1,2,\cdots$，
所以$f^{(k)}(0)=\sin\left(k\cdot\frac{\pi}{2}\right)$，
故 $f^{(k)}(0)$的取值规律为1，0，−1，0，1，0，−1，0，…，
所以 $\sin x=x-\frac{x^3}{3!}+\frac{x^5}{5!}-\cdots+(-1)^{m-1}\frac{x^{2m-1}}{(2m-1)!}+R_{2m}(x)$，
其中$R_{2m}(x)=\frac{\sin\left(\theta x+(2m+1)\frac{\pi}{2}\right)}{(2m+1)!}x^{2m+1}$ $(0<\theta<1)$。</td><td>时间：3min
<u>提问：</u>
在哪点展开，用什么类型余项？</td></tr>
</table>

（续）

<table>
<tr><th>教学意图</th><th>教学内容</th><th>教学环节设计</th></tr>
<tr><td colspan="3">4. 泰勒公式应用（10min）</td></tr>
<tr><td>

用具体的例子让学生理解泰勒公式在近似计算中的应用。（共4min）

利用数值模拟让学生直观感受泰勒公式近似计算的优势。

</td><td>

回到本节的问题：如何借助指数函数的分解来近似计算常数 e？

考虑到需要定量计算误差，所以对指数函数 e^x，采用带拉格朗日型余项的麦克劳林级数，即

$$e^x = 1 + x + \frac{1}{2!}x^2 + \cdots + \frac{1}{n!}x^n + \frac{e^{\theta x}}{(n+1)!},$$

其近似公式为 $e^x \approx 1 + x + \frac{1}{2!}x^2 + \cdots + \frac{1}{n!}x^n$，

近似误差为 $\frac{e^{\theta x}}{(n+1)!}$，$0<\theta<1$，

令 $x=1$，并取 $n=10$，有

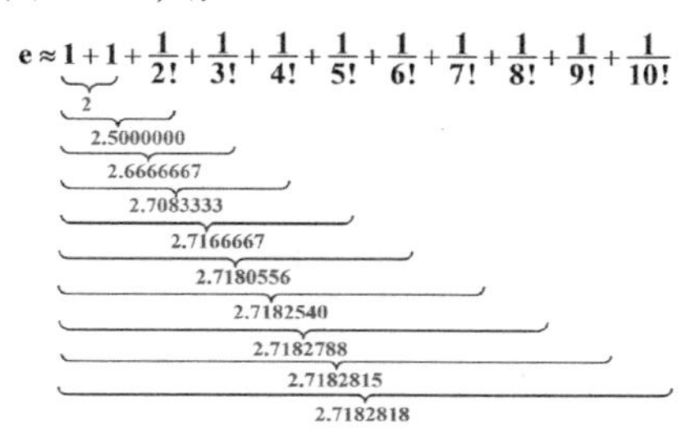

取前 10 项的计算结果是

$$e \approx 1 + 1 + \frac{1}{2!} + \frac{1}{3!} + \frac{1}{4!} + \frac{1}{5!} + \frac{1}{6!} + \frac{1}{7!} + \frac{1}{8!} + \frac{1}{9!} + \frac{1}{10!}$$
$$\approx 2.7182818,$$

小数点后 7 位都是正确结果，说明逼近速度非常快。

误差又是多少呢？

$$|R_n| = \left|\frac{1}{(n+1)!}e^{\theta}\right| < \left|\frac{e}{(n+1)!}\right| < \frac{3}{(n+1)!} = \frac{3}{11!} < 10^{-6}。$$

即这个误差已经非常小了。

</td><td>

时间：4min

数值计算前几项和作为 e 的近似值，只要 n 取到 9 就可以达到 2.718278，以直观的方式让学生体会泰勒公式在近似计算中的作用。

</td></tr>
<tr><td>

精度对比分析。（共3min）

展示动画程序。

</td><td>

近似计算精度对比分析：

使用前面学过的重要数列极限 $\lim\limits_{n\to+\infty}\left(1+\frac{1}{n}\right)^n = e$ 来计算 e 的近似值，通过自己编写的动画程序计算结果可知，当 $n=10^8$ 时，$e=2.718281798$。

即小数点后正确的只有六位。

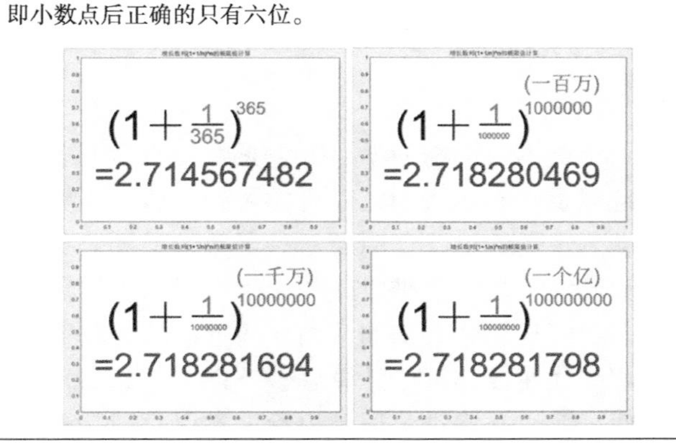

</td><td>

时间：3min

对比重要极限计算 e 值，可以发现泰勒公式收敛要快得多。

利用数值计算来动化演示极限值，感受一下极限值的逼近过程。

</td></tr>
</table>

（续）

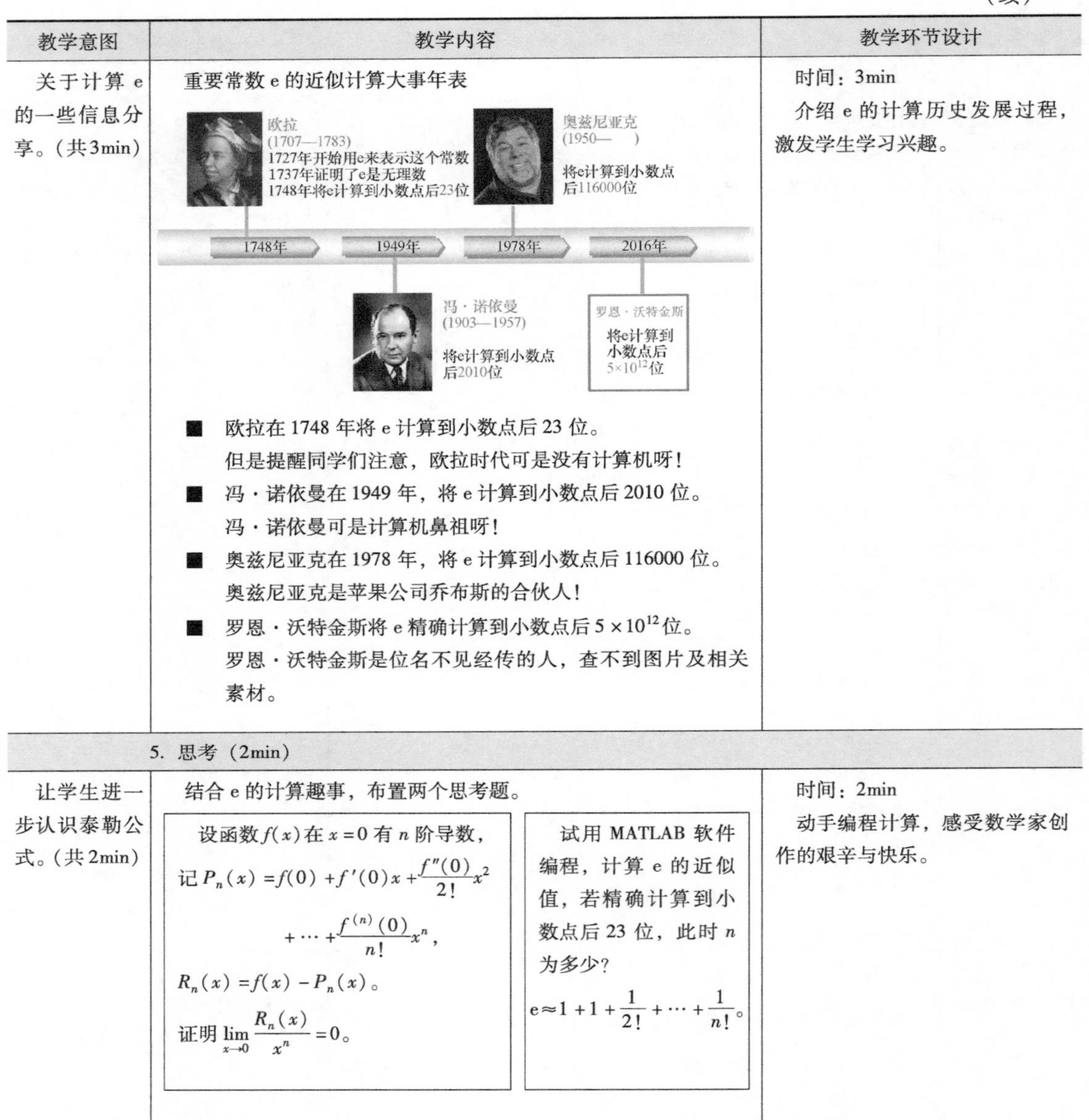

教学意图	教学内容	教学环节设计
关于计算 e 的一些信息分享。(共3min)	重要常数 e 的近似计算大事年表 ■ 欧拉在 1748 年将 e 计算到小数点后 23 位。 但是提醒同学们注意，欧拉时代可是没有计算机呀！ ■ 冯·诺依曼在 1949 年，将 e 计算到小数点后 2010 位。 冯·诺依曼可是计算机鼻祖呀！ ■ 奥兹尼亚克在 1978 年，将 e 计算到小数点后 116000 位。 奥兹尼亚克是苹果公司乔布斯的合伙人！ ■ 罗恩·沃特金斯将 e 精确计算到小数点后 5×10^{12} 位。 罗恩·沃特金斯是位名不见经传的人，查不到图片及相关素材。	时间：3min 介绍 e 的计算历史发展过程，激发学生学习兴趣。
5. 思考（2min）		
让学生进一步认识泰勒公式。(共2min)	结合 e 的计算趣事，布置两个思考题。 设函数 $f(x)$ 在 $x=0$ 有 n 阶导数，记 $P_n(x)=f(0)+f'(0)x+\frac{f''(0)}{2!}x^2+\cdots+\frac{f^{(n)}(0)}{n!}x^n$，$R_n(x)=f(x)-P_n(x)$。证明 $\lim\limits_{x\to0}\frac{R_n(x)}{x^n}=0$。 试用 MATLAB 软件编程，计算 e 的近似值，若精确计算到小数点后 23 位，此时 n 为多少？$e\approx1+1+\frac{1}{2!}+\cdots+\frac{1}{n!}$。	时间：2min 动手编程计算，感受数学家创作的艰辛与快乐。

四、学情分析与教学评价

本教学内容的对象为理工科一年级第一学期的学生，它是在学生学习了数列和函数的极限、函数的导数微分和微分中值定理及洛必达法则之后再学习的，属于导数应用的内容。泰勒公式的教学过程一般都是以泰勒公式的给出、证明及常见函数的泰勒公式为线索；这样的教法对于刚刚踏入大学，还不能适应大学数学思维方式的学生会感到很抽象、难以接受。

为此，在我们的教学过程中，我们从学生熟知的常数 e 的近似值计算入手，引出函数值的近似计算问题，再从微分的以切线代曲线的近似计算思想，以 e^x 的近似计算提出用二次多项式，三次多项式近似来提高近似程度，并通过数值模拟给学生以直观的感受，让学生自己探究思考猜出泰勒公式的形式。由于微分计算的误差是以高阶无穷小的形式给出的，所以我们先是给出了 $x=0$ 处的皮亚诺型余项形式的展开式，并用洛必达法则加以证明，然后让学生自己导出 $x=x_0$ 的展开式。然后我们又从误差估计入手，为了给出误差估计公式，给出并证明了拉格朗日型余项的泰勒公式。最后我们又利用 e^x 的展开式计算了 e 的近似值，对比重要极限计算 e 值，可以发现泰勒公式收敛要快得多。

由于泰勒公式比较难理解，应让学生多参与，多动手，所以整个授课过程加强课堂互动，从学生已知的内容入手，通过层层设问引导学生在学习过程中发现问题、分层探究、提出猜想的步骤来讲授泰勒公式。让学生在学习泰勒公式之后，能知其然并知其所以然，达到了教学目标。

五、预习任务与课后作业

预习　泰勒公式的应用。

作业

1. 求 $f(x)=\arctan x$ 的带有佩亚诺型余项的三阶麦克劳林展开式。
2. 求 $f(x)=xe^x$ 的带有拉格朗日型余项的麦克劳林展开式。
3. 利用三阶泰勒公式求下列个数的近似值并估计值并估计误差。

（1）$\sqrt{e}$　　（2）$\sqrt[5]{250}$　　（3）ln1.2

最大值和最小值问题

一、教学目标

本次课主要研究连续函数的最大值、最小值的求解及其实际应用问题。是学生在已经学习了函数极值的第一充分条件和第二充分条件的基础上进行学习的，通过这一节课的学习，学生不仅将学习求解连续函数最值的概念和步骤，还将学习求解一些科技、经济等实际问题的最优解，结合具体问题学会挖掘问题中的数学关系，从而建立数学模型并求解数学模型。给出问题的引申及拓展，激发学生的学习兴趣，培养学生的数学思维以及应用数学知识解决实际问题的能力，为今后的学习与研究奠定扎实的基础。

本次课的教学目标是：

1. 学好基础知识，学习函数最大值最小值的相关知识。

2. 掌握基本技能，掌握函数最大值最小值的求解方法和步骤。

3. 培养思维能力，能够通过分析实际问题建立对应的目标函数，并对目标函数求极值，培养学生分析问题的数学思维方法和数学建模的能力。

4. 知识拓广，激发学生兴趣，变被动学习为主动学习，能通过学生主动查阅相关资料拓广知识面。

二、教学内容

1. 教学内容

1）最大值最小值点的定义及几何意义；

2）掌握极值和最值的区别和联系；

3）掌握求函数最大值最小值的方法和步骤；

4）学习实际问题求最值的思维过程和方法。

2. 教学重点

1）掌握求函数最大值最小值的方法和步骤；

2）将实际问题中的最值问题转化为函数的最值问题。

3. 教学难点

1）如何将实际问题中的最值问题转化为函数的最值问题。

2）如何挖掘实际问题背后隐藏的数学关系。

三、教学进程安排

1. 教学进程框图（45min）

2. 教学环节设计

教学意图	教学内容	教学环节设计
	1. 问题引入（6min）	
以实例引入本次课的内容。（共3min）	（1）海岛运输问题 海岛与陆地城市之间需要运输货物，中转站 P 设置在海岸线何处才能使运输的时间最短？ 假设海岛距离海岸线垂直距离为 h_1，城市距离海岸线垂直距离为 h_2，两垂足 MN 的距离为 L，如下图所示。 关键：如何找到中转站 P?	时间：3min 由海岛的运输问题引入关于极值的应用问题。 思考：如何找中转站的位置 P? 目的： 1）吸引学生尽快进入上课状态； 2）培养学生分析问题的能力。
回顾以前学过的重要内容，是本次课学习内容的基础。（共3min）	（2）极值问题知识点复习 1）极值 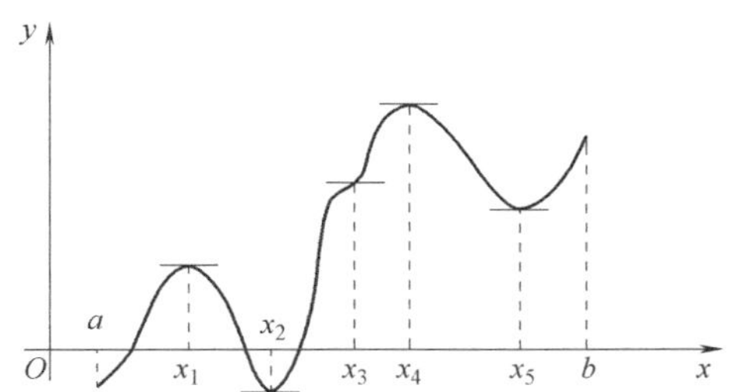 设函数 $y=f(x)$ 在 x_0 的某邻域内有定义，若对于 x_0 邻域内不同于 x_0 的所有 x，均有 $f(x)<f(x_0)$，则称 $f(x_0)$ 是函数 $f(x)$ 的一个极大值，x_0 称为极大值点；若对于 x_0 邻域内不同于 x_0 的所有 x，均有 $f(x)>f(x_0)$，则称 $f(x_0)$ 是函数 $f(x)$ 的一个极小值，x_0 称为极小值点。	时间：3min 提问： 1）考察上节课程内容的掌握情况，对学生的回答进行评述； 2）本次课应熟知此部分内容，才可以更好地学习新的内容。

（续）

教学意图	教学内容	教学环节设计
	函数的极大值与极小值统称为极值，极大值点和极小值点统称为极值点。 2）极值的第一充分条件 设函数$f(x)$ 在点x_0的邻域内可导且$f'(x_0)=0$，则 ① 如果当x取x_0左侧邻近的值时，$f'(x_0)>0$；当x取x_0右侧邻近的值时，$f'(x_0)<0$，则x_0为函数$f(x)$ 的极大值点，$f(x_0)$ 为极大值； ② 如果当x取x_0左侧邻近的值时，$f'(x_0)<0$；当x取x_0右侧邻近的值时，$f'(x_0)>0$，则x_0为函数$f(x)$ 的极小值点，$f(x_0)$ 为极小值； ③ 如果当x取x_0左右两侧邻近的值时，$f'(x_0)$ 不改变符号，则函数$f(x)$ 在x_0处没有极值。 3）极值的第二充分条件 设函数$f(x)$ 在点x_0的邻域内具有二阶导数且$f'(x_0)=0$，$f''(x_0)\neq 0$，则 ① 当$f''(x_0)<0$时，函数$f(x)$ 在x_0处取得极大值； ② 当$f''(x_0)>0$时，函数$f(x)$ 在x_0处取得极小值。	
2. 函数的最值问题（9min）		
函数的最大值最小值问题，举例说明函数在闭区间上的最值问题求解步骤；以及特殊情况下的最值问题的求解方法。（共9min）	（1）最大值最小值定义 设函数$f(x)$ 在区间I上有定义，$x_0\in I$。$\forall x\in I$，$f(x)\leqslant f(x_0)$，则称$f(x_0)$ 为$f(x)$ 在I上的最大值；$\forall x\in I$，$f(x)\geqslant f(x_0)$，则称$f(x_0)$ 为$f(x)$ 在I上的最小值；最大值最小值统称为最值；使函数取得最值的点称为最值点。 （2）极值与最值的关系 设函数$f(x)$ 在闭区间$[a,b]$ 上连续，则函数的最大值和最小值一定存在。函数的最大值和最小值有可能在区间的端点取得，如果最大值不在区间的端点取得，则必在开区间(a,b) 内取得，在这种情况下，最大值一定是函数的极大值。因此，函数在闭区间$[a,b]$ 上的最大值一定是函数的所有极大值和函数在区间端点的函数值中最大者。同理，函数在闭区间$[a,b]$ 上的最小值一定是函数的所有极小值和函数在区间端点的函数值中最小者。 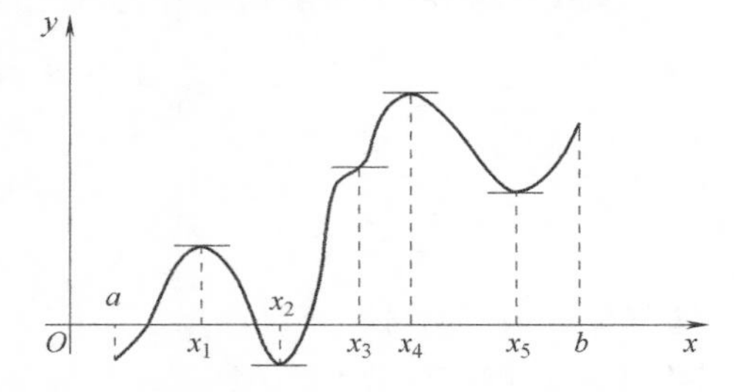 比较上图中极值点处的值得到：函数$f(x)$ 在闭区间$[a,b]$ 上，最大值为$f(x_4)$，最小值为$f(x_2)$。	时间：3min 板书： 在黑板上画出几个连续函数的图形，由学生总结出最大值最小值存在的可能位置；并且自己发现极值和最值的关系。

（续）

教学意图	教学内容	教学环节设计
给出函数在闭区间上的最值问题求解步骤；并给出例题练习和巩固此过程。 讲解特殊情况下求极值的判断原则。	（3）求连续函数$f(x)$在闭区间上最值的步骤 1）求函数$f(x)$的导数，并求所有的驻点及不可导点； 2）计算函数$f(x)$在这些点和端点处的函数值； 3）将这些值加以比较，从而确定最大值或最小值。 例1：求函数$f(x)=x^4-8x^2+2$在闭区间［-1，3］上的最大值和最小值。 解：函数$f(x)$在［-1，3］上连续，因此在［-1，3］上$f(x)$必能取得最大值和最小值，且 $$f'(x)=4x^3-16x=4x(x-2)(x+2),$$ $f(x)$有三个驻点，$x_1=-2$，$x_2=0$，$x_3=2$。其中$x_1=-2$不在区间［-1，3］上。 因此$f(0)=2$，$f(2)=-14$，$f(-1)=-5$，$f(3)=11$，比较之后可知，$f(x)$在［-1，3］上的最大值$f(3)=11$和最小值$f(2)=-14$。 （4）特殊情况下的极值求解 函数$f(x)$在一个区间内可导且只有一个驻点x_0，并且这个驻点x_0是函数$f(x)$的极值点，那么当$f(x_0)$是极大值时，$f(x_0)$就是$f(x)$在该区间上的最大值；当$f(x_0)$是极小值时，$f(x_0)$就是$f(x)$在该区间上的最小值。 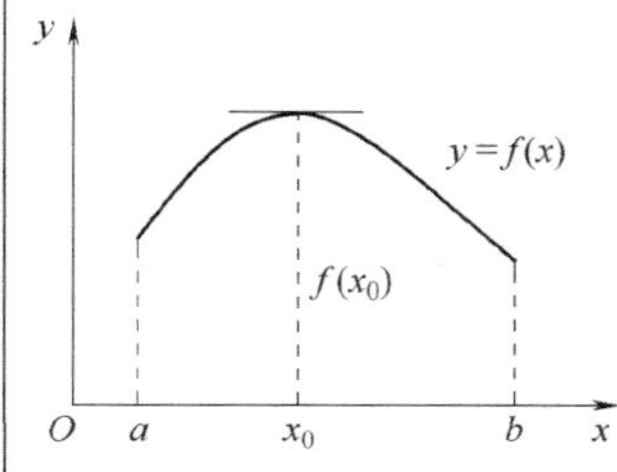 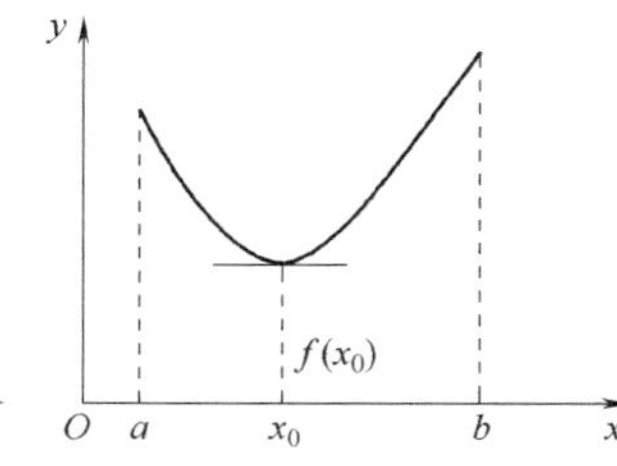 在实际问题中，根据问题的性质就可以断定函数$f(x)$确有最大（小）值，而且一定在定义区间内部取得。这时如果$f(x)$在定义区间内部只有一个驻点x_0，那么不必讨论$f(x)$是否是极值，就可以断定$f(x_0)$是最大（小）值。	时间：6min 提问： 如何求函数在闭区间上的最值？ 通过提问及引导，使同学们自己探索出函数最大值、最小值求解的方法与步骤，并优化解题过程，让学生主动地获得知识。
3. 最值问题的应用（18min）		
实际问题中最值的求解步骤。（共1min）	最值问题的求解步骤： （1）建立目标函数； （2）求解目标函数的驻点； （3）给出问题的最值解； （4）对最值解进一步分析解释。	时间：1min 使学生掌握实际问题中，最值问题的求解步骤

（续）

教学意图	教学内容	教学环节设计
通过对实际问题的分析，建立目标函数。（共3min）	应用最值问题的求解步骤对海岛运输问题进行求解： （1）建立目标函数 如下图所示，设海岛 A_1 距离海岸线垂直距离 $\|A_1M\|=h_1$，城市 A_2 距离海岸线垂直距离 $\|A_2N\|=h_2$，两垂足 MN 的距离为 L，中转站 P 距离点 M 的距离为 x，船在水中的速度为 v_1，车在陆地上的速度为 v_2，其中 $v_1<v_2$，则船在水中的运行时间为 $\frac{\sqrt{h_1^2+x^2}}{v_1}$，在陆地的运行时间为 $\frac{\sqrt{h_2^2+(L-x)^2}}{v_2}$，建立关于总时间 $T(x)$ 的目标函数：$T(x)=\frac{\sqrt{h_1^2+x^2}}{v_1}+\frac{\sqrt{h_2^2+(L-x)^2}}{v_2}$。 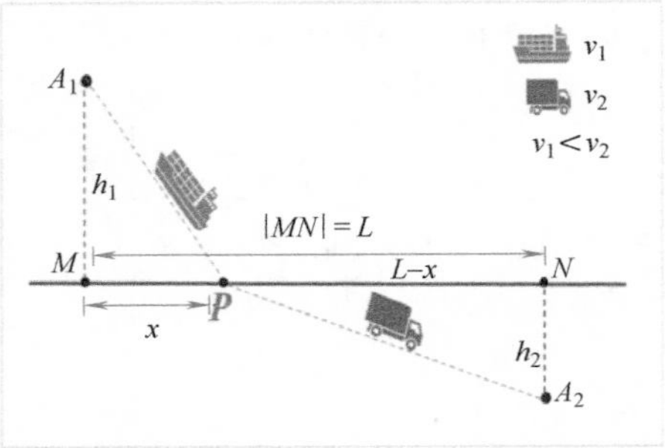 	时间：3min 提出合理的假设，分析问题，引导学生建立目标函数
求解函数驻点的详细过程。（共4min）	（2）求解目标函数的驻点： 对目标函数求一阶导数，得 $$T'(x)=\frac{x}{v_1\sqrt{h_1^2+x^2}}-\frac{L-x}{v_2\sqrt{h_2^2+(L-x)^2}},$$ 求解驻点，令 $T'(x)=0$，则 $$\frac{x}{v_1\sqrt{h_1^2+x^2}}-\frac{L-x}{v_2\sqrt{h_2^2+(L-x)^2}}=0$$ $$\Rightarrow\frac{x}{v_1\sqrt{h_1^2+x^2}}=\frac{L-x}{v_2\sqrt{h_2^2+(L-x)^2}}$$ $$\Rightarrow\frac{x^2}{v_1^2(h_1^2+x^2)}=\frac{(L-x)^2}{v_2^2[h_2^2+(L-x)^2]},$$ 上式整理后为关于 x 的一元四次方程，求不出解析解。以下理论分析驻点的存在性及唯一性。 1）证明驻点存在性： 注意到 $T'(x)=\frac{x}{v_1\sqrt{h_1^2+x^2}}-\frac{L-x}{v_2\sqrt{h_2^2+(L-x)^2}}$ 在区间 $[0,L]$ 上连续。 又 $$T'(0)=-\frac{L}{v_2\sqrt{h_2^2+L^2}}<0,$$ $$T'(L)=\frac{L}{v_1\sqrt{h_1^2+L^2}}>0,$$	时间：4min 提问： 是否存在极值点？是否是唯一极值点？ 1）通过提问引导学生思考如何去证明只有唯一的极值点。 2）证明过程也是对前面学习知识的复习巩固。

（续）

<table>
<tr><th>教学意图</th><th>教学内容</th><th>教学环节设计</th></tr>
<tr><td></td><td>

由零点定理知，$T'(x)$ 在区间 $(0, L)$ 内至少存在一个零点。

2）证明驻点唯一性：

因为

$$T''(x)=\frac{h_1^2}{v_1(h_1^2+x^2)^{3/2}}+\frac{h_2^2}{v_2[h_2^2+(L-x)^2]^{3/2}}>0,$$

故 $T'(x)$ 在区间 $(0, L)$ 内单调增加，所以 $T'(x)$ 在区间 $(0, L)$ 内至多有一个零点。

于是证得 $T(x)$ 在区间 $(0, L)$ 内存在唯一一个驻点。

</td><td>

复习：

零点定理是证明解的存在性的理论基础，也是后面要用到的数值解法的理论基础。

</td></tr>
<tr><td>

给出计算机模拟求数值解的过程并验证解的存在唯一性。（共5min）

展示动画程序。

最小值解和最小数值解的比较。

</td><td>

（3）求出最值解

计算机模拟求函数 $T'(x)=0$ 的数值解，用二分法寻找 $T'(x)=0$ 的点，计算机动态模拟

$$T'(x)=\frac{x}{v_1\sqrt{h_1^2+x^2}}-\frac{L-x}{v_2\sqrt{h_2^2+(L-x)^2}},x\in[0,L]。$$

在区间 $[0, 2]$ 上，计算两端点处 $T'(x)$ 的值，可以得到 $T'(0)<0$，$T'(2)>0$，二分法找到中点1处的函数值 $T'(1)>0$，自变量区间缩小到 $[0, 1]$ 区间内继续上述过程，计算机模拟图如下：

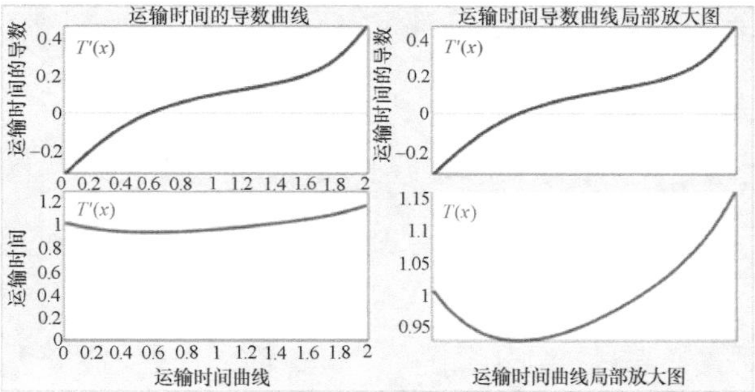

运输时间的导数曲线
运输时间的导数
T'(x)
运输时间导数曲线局部放大图
运输时间
T(x)
运输时间曲线
运输时间曲线局部放大图

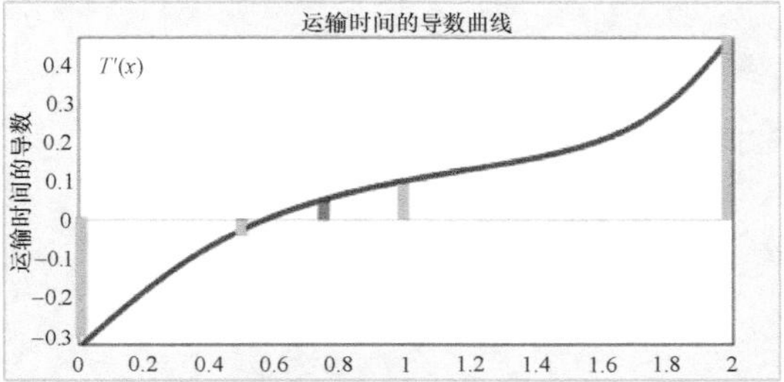

运输时间的导数曲线
运输时间的导数
T'(x)

最小值解：$T(x)$ 在区间 $(0, L)$ 内存在唯一一个驻点 ξ，由实际意义知 $T(x)$ 在区间 $(0, L)$ 内必有最小值，又有唯一驻点 ξ，故 $T(\xi)$ 为所求最小值。

最小数值解：假设 $L=2$，$v_1=2$，$v_2=3$，$h_1=0.67$，$h_2=0.33$，此时由二分法解出 $\xi=0.5691337585$，即 $|MP|=\xi$ 时，运输时间最短。

</td><td>

时间：5min

计算机模拟：

通过计算机编程使用二分法寻找数值解，通过寻找数值解，使学生直观看到此实际问题解的存在性和唯一性，与上述的证明结论相吻合。同时，在零点定理的理论支持下，给出了数值计算二分法的求解方法。

</td></tr>
</table>

（续）

<table>
<tr><th>教学意图</th><th>教学内容</th><th>教学环节设计</th></tr>
<tr><td></td><td>目标函数曲线(局部)</td><td></td></tr>
<tr><td>更深一步挖掘最值解的几何意义。（共5min）

展示动画程序。</td><td>

（4）最值解几何分析

因为 $T(\xi)$ 为所求最小值，故

$$T'(\xi)=\frac{\xi}{v_1\sqrt{h_1^2+\xi^2}}-\frac{L-\xi}{v_2\sqrt{h_2^2+(L-\xi)^2}}=0$$

$$\Rightarrow\frac{\xi}{v_1\sqrt{h_1^2+\xi^2}}=\frac{L-\xi}{v_2\sqrt{h_2^2+(L-\xi)^2}},$$

如下图所示，过点 P 引垂线，A_1P 与此垂线夹角为 θ_1，A_2P 与此垂线夹角为 θ_2，故

$$\sin\theta_1=\frac{\xi}{\sqrt{h_1^2+\xi^2}},\quad \sin\theta_2=\frac{L-\xi}{\sqrt{h_2^2+(L-\xi)^2}},$$

得到$\frac{\sin\theta_1}{v_1}=\frac{\sin\theta_2}{v_2}$。

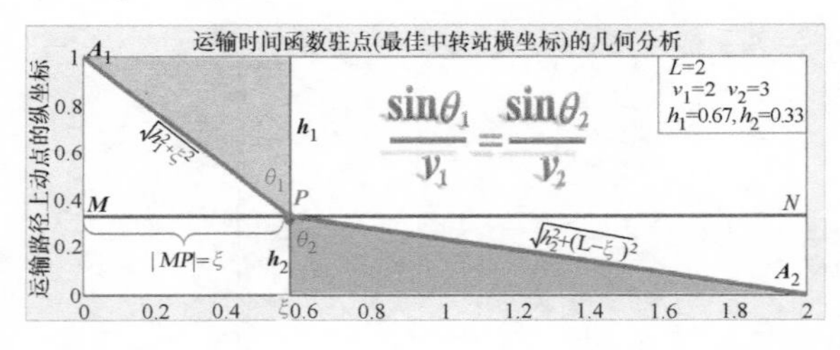

改变 P 点位置，展示相应的角度值 θ_1 及 θ_2，并画出$\frac{\sin\theta_1}{v_1}$及$\frac{\sin\theta_2}{v_2}$随 P 点变化的曲线，如下图所示，两曲线交点横坐标就是最佳中转站的位置。

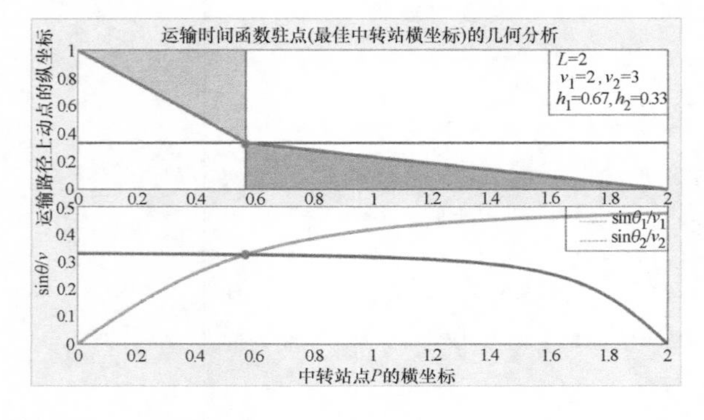

</td><td>

时间：5min

<u>思考：</u>

更深一步挖掘最值解在几何上对应的数量关系？

使同学们能学会进一步思考、发现问题背后隐藏的数量关系。

数形结合，从几何图形上找到等量关系：$\frac{\sin\theta_1}{v_1}=\frac{\sin\theta_2}{v_2}$，而此等量关系就是物理中十分著名的斯涅尔定律！

</td></tr>
</table>

（续）

教学意图	教学内容	教学环节设计
问题类比与知识拓展。	对于找到的关系式：$\frac{\sin\theta_1}{v_1}=\frac{\sin\theta_2}{v_2}$，就是著名的斯涅尔定律。由此想到了光的传播问题，由运输问题引申对比光的传播问题。 $\frac{\sin\theta_1}{v_1}=\frac{\sin\theta_2}{v_2}$ 运输问题　　光的传播 海岛与陆地城市的运输时间最短的路径　　光传播的路径是需时最短的路径（费马原理） 关于海岛与陆地城市的运输时间最短的路径问题与光在不同介质的传播路径需时最短的路径问题一样，满足费马定理，此定理最早由法国科学家皮埃尔·德·费马在1662年提出，又名“最短时间原理”：光传播的路径是需时最短的路径。 提出问题：是否还有类似问题呢？	引申： 由运输问题引申对比光的传播问题。 设计引入拓展： 由光的传播问题引出费马定理，提出问题，是否有类似问题，为下一步的拓展问题埋下伏笔。
4. 最值问题拓展（10min）		
将运输问题拓展为小球的自由落体运动。（共6min） 对实际问题的转化和具体分析过程。	由海岛运输问题转为小球自由下降问题： （1）小球仅在重力作用下沿折线下降问题 运输问题(水平平面)　　小球下降问题(垂直平面) 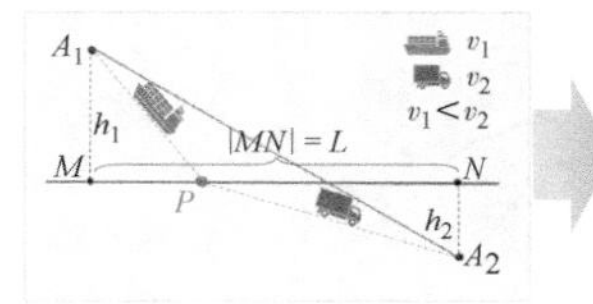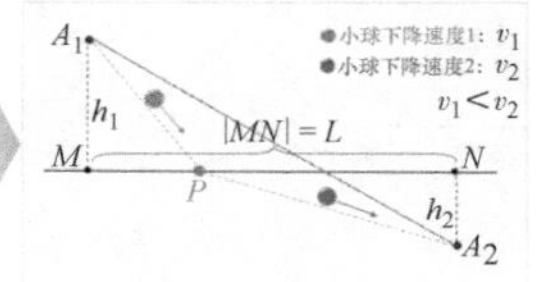设置中转站P的位置使海岛与陆地城市的运输时间最短　　设置中转站P的位置使小球仅在重力作用下沿折线下降时间最短 在我们引入的运输问题中如果将运货的载体看成一个小球，而载体的速度看成小球在 A_1P 和 PA_2 上的平均速度 v_1 和 v_2，那么小球从点 A_1 到点 A_2 的时间记作函数 $T(x)$，则 $$T(x)=\frac{\sqrt{h_1^2+x^2}}{v_1}+\frac{\sqrt{h_2^2+(L-x)^2}}{v_2}(0\leqslant x\leqslant L),$$ 设小球由静止从点 A_1 出发，经过 A_1P，PA_2 到达点 A_2。将小球在点 A_1、点 P 和点 A_2 的速度记为 v_{A_1}、v_P 和 v_{A_2}，则 $v_{A_1}=0$，$mgh_1=\frac{1}{2}mv_P^2\Rightarrow v_P=\sqrt{2gh_1}$， $mg(h_1+h_2)=\frac{1}{2}mv_{A_2}^2\Rightarrow v_{A_2}=\sqrt{2g(h_1+h_2)}$， 由此推出了在 A_1P 和 PA_2 上的平均速度 v_1 和 v_2：	时间：6min 提问： 小球从点 A_1 下降到点 A_2，如何在 MN 上找一点，使所用时间最短？ 目的： 让学生学会举一反三，可以类比运输问题，思考新提出的问题，培养学生的发散性思维。 反馈： 肯定学生的正确回答，并给予鼓励。

（续）

教学意图	教学内容	教学环节设计
中转点横坐标的几何分析过程。 展示动画程序。	$v_1=\frac{v_{A_1}+v_P}{2}=\frac{1}{2}\sqrt{2gh_1}$， $v_2=\frac{v_P+v_{A_2}}{2}=\frac{1}{2}\left[\sqrt{2gh_1}+\sqrt{2g(h_1+h_2)}\right]$。 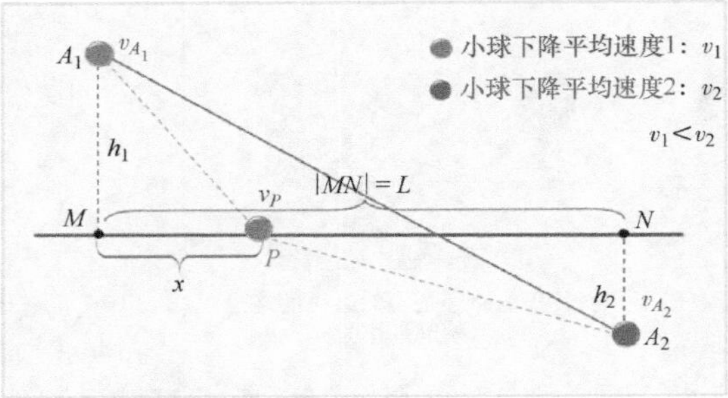 下面将给出动态数值模拟，假设：$L=2$，$g=10$，$h_1=0.67$，$h_2=0.33$，计算得 $v_1=1.83$，$v_2=4.06$。 为了更清晰地看到小球下降时间与中转点 P 的横坐标之间的关系，用 MATLAB 编程动态模拟演示，并对小球下降时间函数的驻点，即最佳中转点横坐标进行几何分析： 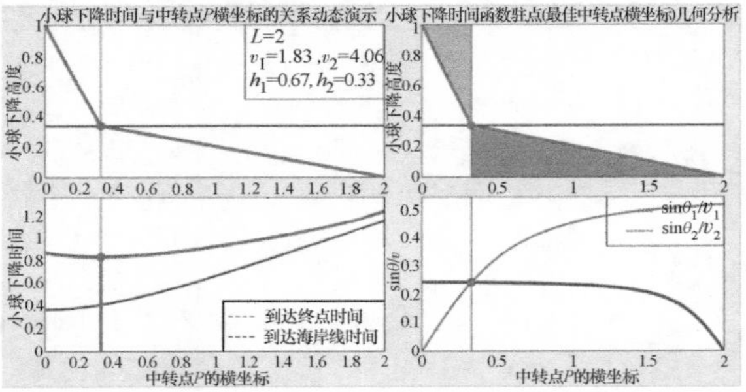 上图是左边两个子图是小球下降时间与中转点横坐标关系的图形，可以看到在横坐标为 0.32 附近达到中转点的最佳位置，而右侧的两个子图也恰恰是在几何上验证橘色线和绿色线相交的位置也大概是 0.32 附近，而这一位置就是满足 $\frac{\sin\theta_1}{v_1}=\frac{\sin\theta_2}{v_2}$ 等式关系得到的交点，即用时最短的点。	互动： 师生互动，引导学生计算小球下降的速度及寻找用时最短的点。 动态模拟： 提高同学们的兴趣，吸引同学们的注意力，激发同学们的求知欲。同时使同学们清晰直观地看到用时最短的点的位置。
增加中转点的个数，使小球下降用时更短，引出最速降线。(共4min)	（2）如何让小球的下降时间更短？ 我们将增加中转点的个数，为了清晰地显示增加多个中转点的情况，假设 $L=50$，$h=35$，$g=10$。 将以上（1）中的分析看成为一个中转点的情况，模拟图形如下： 此时，$\frac{\sin\theta_1}{v_1}=\frac{\sin\theta_2}{v_2}$，增加一个中转点，那么两个中转点就有以下情形：	时间：4min 提问： 如何让小球的下降时间更短？

（续）

<table>
<tr><th>教学意图</th><th>教学内容</th><th>教学环节设计</th></tr>
<tr><td>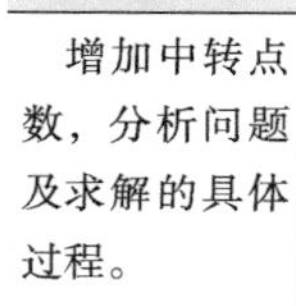
增加中转点数，分析问题及求解的具体过程。

展示动画程序。</td><td>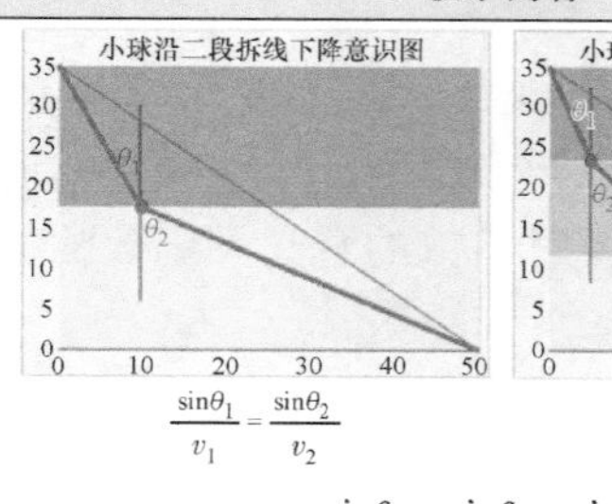

$\frac{\sin\theta_1}{v_1}=\frac{\sin\theta_2}{v_2}$　　$\frac{\sin\theta_1}{v_1}=\frac{\sin\theta_2}{v_2}=\frac{\sin\theta_3}{v_3}$
$$\frac{\sin\theta_1}{v_1}=\frac{\sin\theta_2}{v_2}=\frac{\sin\theta_3}{v_3}。$$
如果中转点个数无限增多时，我们可以得到一条光滑的曲线，就是最速降线！下图给出计算机动态模拟，其中在动态模拟过程中产生的紫色曲线即为最速降线。也就是小球下降的用时最短的路径，也就是下降最快的路径。
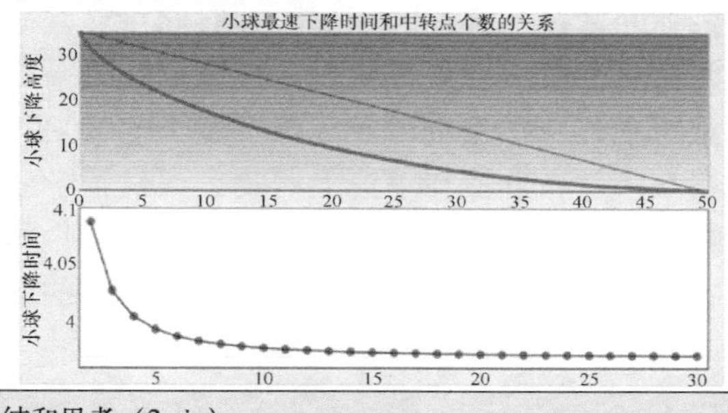
</td><td>

不断增加中转点的个数，最终得到最速降线。</td></tr>
<tr><td colspan="3">5. 小结和思考（2min）</td></tr>
<tr><td>最大值最小值知识小结。（共1min）</td><td>小结本次课内容
1）最大值最小值的定义及几何意义；
2）函数的最值求解方法及步骤；
3）实际问题中最值的求解方法及步骤；
4）本节课的引申及拓展内容。</td><td>时间：1min
小结本节课的主要内容。</td></tr>
<tr><td>给出课后思考。（共1min）</td><td>思考：
1）最速降线是什么样的曲线？
2）最速降线有何应用？

Eur. J. Phys. 20 (1999) 299–304. Printed in the UK
Johann Bernoulli's bra[c…]
solution using Fermat's
least time
Herman Erlichson
1. Introduction

42　数学通报　2006年　第45卷　第5期
“最速降线”问题
——数学史上最激动人心的一次公开挑战
1　问题的起源与挑战的提出
2　问题的解决</td><td>时间：1min
<u>思考：</u>
给出课后思考，培养学以致用的思想，同时培养学生查阅相关资料，整理扩充知识的能力。</td></tr>
</table>

四、学情分析与教学评价

本教学内容的对象为理工科一年级第一学期的学生，通过第 1、2 章的学习，学生对导数的求解及意义已经有了一定的理解，进入第 3 章微分中值定理与导数的应用以来，本次课是学生第一次将导数应用到实际问题中，所以需要对导数的意义及函数的极值与判断有比较深入的理解。

本次课的教学，以实例引发思考，有利于学生领悟到数学在实际生活中的应用，从而培养学生应用数学知识解决问题的意识，同时营造出宽松且积极主动的课堂氛围，激发学生的探究热情。

本次课的教学重点，一是学生要掌握求解函数的最值问题方法及步骤；二是要求学生可以通过分析思考，把实际问题转化为数学问题，进而用求解函数最值问题的方法和步骤对实际问题进行求解，并分析求出的解的实际意义。教学的难点就是教学重点中的第二点，如何使学生学会分析实际问题，解决实际问题是本次课的难点。针对此难点，在教学中我们不仅对问题设计了理论分析的过程，而且充分使用计算机模拟，MATLAB 编写程序，对问题进行动态模拟，给学生一个直观的视觉感受，让学生在理论上掌握解的存在唯一性证明的同时，也能用数值解的方式证明解的存在唯一性，数值与理论上的吻合激发了学生对实际问题进行更深一步的挖掘，引导学生发现隐含的数量或者函数关系，达到培养学生的探究意识和创新精神，使学生能联系相似或者相关问题，提高学生分析问题和解决问题的能力。

五、预习任务与课后作业

预习　曲线的凹凸性及拐点。

作业

1. 求下列函数的最大值和最小值

（1）$y=x^2-4x+6$，$-3\leqslant x\leqslant 10$　　（2）$y=|x^2-3x+2|$，$-10\leqslant x\leqslant 10$

2. 求 $f(x)=x^2\sqrt{b^2-x^2}\ (0\leqslant x\leqslant b)$ 的最大值和最小值。

3. 求椭圆 $\frac{x^2}{a^2}+\frac{y^2}{b^2}=1$ 的内接矩形中面积最大的矩形的面积。

4. 要做一个圆锥形漏斗，其母线长 20cm，要使其体积最大，其高应为多少？

5. 将半径为 R 的圆铁片上剪去一个扇形做成一个漏斗，问留下的扇形的中心角 φ 取多大时，做成的漏斗的容积最大？

曲　率

一、教学目标

平面曲线的曲率是高等数学的重要内容，它一方面是一元函数导数的应用，另一方面也是微分几何的重要结果。

本次课通过几何直观给出平均曲率的定义，再类比一元函数导数的概念引出曲率的概念；应用导数的相关计算技巧，推导出直角坐标系下曲率的一般计算公式和曲率中心的坐标公式，同时也展示了一元函数的导数在具体问题中的应用；在给出渐屈线的定义之后，通过计算机动画模拟渐屈线的生成过程；最后，通过铁轨的过渡曲线、齿轮的齿廓设计以及惠更斯等时摆钟等例子来体现曲率、渐屈线及渐伸线的广泛应用。

本次课的教学目标是：

1. 学好基础知识，掌握曲率、曲率圆、曲率半径、曲率中心、渐屈线的概念及其直角坐标系下的计算公式。

2. 掌握基本技能，能够计算常见平面曲线的曲率、曲率半径、曲率中心和渐屈线。

3. 培养思维能力，能够发现曲率在生活中的其他应用，并利用所学知识解释实际生活中的一些现象。

二、教学内容

1. 教学内容

1）掌握曲率的概念及其计算公式；

2）掌握曲率圆、曲率半径和曲率中心的概念和计算公式；

3）了解渐屈线和渐伸线的概念和例子；

4）了解曲率、渐屈线及渐伸线在生活中的应用。

2. 教学重点

1）曲率的概念和计算；

2）渐屈线方程的推导；

3）摆线的曲率和渐屈线。

3. 教学难点

1）利用曲率解决实际问题；

2）理解渐屈线和渐伸线的概念和图形。

三、教学进程安排

1. 教学进程框图（45min）

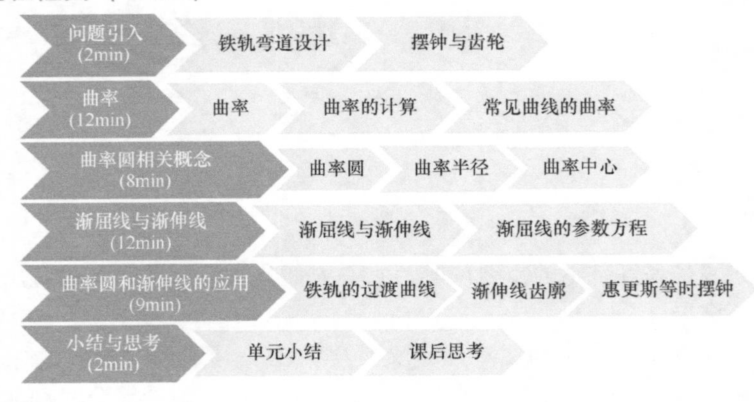

2. 教学环节设计

教学意图	教学内容	教学环节设计
	1. 问题引入（2min）	
从生活中常见的事物引入课程内容。（共2min）	（1）如何设计铁轨以保证火车安全经过弯道 铺设铁路弯道时，直线段铁轨和弧线段铁轨应以何种曲线过渡才能保证安全？直接使弧线段铁轨与直线段铁轨相切连接是否可以？ （2）摆钟与齿轮的设计 摆钟是一种古老时钟，发明于1657年。齿轮是一种机械元件，利用轮缘的齿连续啮合传递动力。	时间：2min 以生活中常见的事物引入课程，引起学生的兴趣，使学生尽快进入上课状态。铁轨、摆钟与齿轮齿廓的设计都与本次课的内容（曲率）有关。
	2. 曲率（12min）	
介绍平均曲率、曲率的概念。（共4min）	（1）平均曲率的定义 曲线与直线的不同之处在于曲线的“弯曲”，在一条无重点的、无奇点的曲线弧的每一点上作一条切线，由于曲线的弯曲，切线将随切点的变动而旋转。表现曲线变化特征的重要因素就是这个在其各点上的“弯曲程度”。而“曲率”就是用来描述曲线弯曲程度的一个量值。 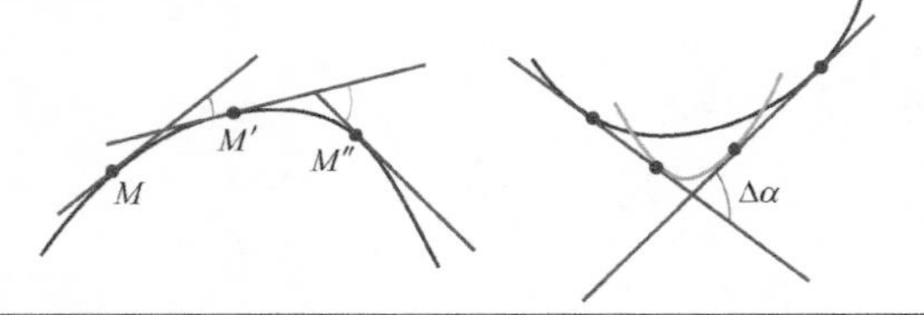	时间：3min 提问： 曲线的弯曲程度与什么有关？ 引导思考： 相同弧长的曲线，切线旋转角度越大，曲线弯曲程度越大；相同的切线旋转角度，弧长越小，曲线的弯曲程度越大。可用这两者的比值表示曲线的平均弯曲程度。

（续）

教学意图	教学内容	教学环节设计
	直观上，曲线的弯曲程度与切线的转角有关，与曲线的弧长也有关。自然地想到可以用单位弧上切线旋转的角度来表示曲线的平均弯曲程度。 定义1：在光滑弧上自点 M 开始取弧段 $\overset{\frown}{MP}$，其弧长为 Δs，对应切线转角为 $\Delta\alpha$。定义曲线段$\overset{\frown}{MP}$的平均曲率为 $$\overline{K}=\left\|\frac{\Delta\alpha}{\Delta s}\right\|。$$	
	（2）曲率的定义 平均曲率只能反映曲线弧段弯曲的大致情况，一般地，曲线在各点的弯曲程度往往不同，因此平均曲率不能准确地刻画曲线在各点处的弯曲程度。类比导数的定义，利用平均曲率的极限定义曲线在一点处的曲率。 定义2：当点 P 沿着曲线趋于点 M 时，即 $\Delta s\to0$ 时，如果平均曲率的极限$\lim\limits_{\Delta s\to0}\left\|\frac{\Delta\alpha}{\Delta s}\right\|$存在，那么称这个极限值为曲线在点 M 处的曲率 $$K=\lim_{\Delta s\to0}\left\|\frac{\Delta\alpha}{\Delta s}\right\|=\left\|\frac{d\alpha}{ds}\right\|。$$	时间：1min 引导思考： 联想运动点的平均速度与瞬时速度的概念，对平均曲率取极限。
介绍简单曲线的曲率计算，即按照定义可以很快得到曲率计算结果。（共3min）	（3）利用定义计算曲率 例1：求直线上任意点处的曲率。 对于直线而言，其上任意点处的切线都与直线本身重合，当点沿直线移动时，切线的倾角不变，于是 $\Delta\alpha=0$，从而 $$K=\lim_{\Delta s\to0}\left\|\frac{\Delta\alpha}{\Delta s}\right\|=0。$$ 因此，直线上任意点处的曲率为0。 这与我们的直观认识是一致的，即直线不弯曲。 例2：求半径为 R 的圆上任意点处的曲率。 解：如图所示，$\Delta s=R\Delta\alpha$。 因此 $$K=\lim_{\Delta s\to0}\left\|\frac{\Delta\alpha}{R\Delta\alpha}\right\|=\frac{1}{R}。$$ 可以看出： 1）同一圆上的各点处的曲率相同，弯曲程度都一样，都等于半径的倒数。 2）圆的半径 R 越小，各点处的曲率 K 越大，圆弧弯曲得越厉害。这也与我们的认识一致。	时间：3min 引导思考： 显然直线不弯曲，其曲率应为零。 圆是旋转对称的，其上任意点处的曲率应是相同的。 提问： 圆的曲率与其半径应有何关系？ 反馈： 肯定学生的正确回答，并给予鼓励。
推导曲率的计算公式。（共2min） 引导学生利用求导法则和弧微分公式推导曲率的一般计算公式。	（4）曲率计算公式的推导 设曲线弧 $y=f(x)$ 二阶可导，由 $\tan\alpha=y'$，设 $-\frac{\pi}{2}<\alpha<\frac{\pi}{2}$ 得 $\alpha=\arctan y'$。 于是 $$d\alpha=(\arctan y')'dx=\frac{y''}{1+y'^2}dx。$$ 另一方面，弧微分 $ds=\sqrt{1+y'^2}dx$。 于是得到曲率计算公式 $$K=\frac{\|y''\|}{(1+y'^2)^{3/2}}。$$	时间：2min 引导思考： 除了直线与圆，一般曲线的曲率怎样计算？

（续）

教学意图	教学内容	教学环节设计
应用曲率计算公式计算摆线的曲率。（共3min）	例3：求摆线$\begin{cases}x=a(t-\sin t),\\ y=a(1-\cos t)\end{cases}$ $(0<t<2\pi)$ 在任意点处的曲率。 解：利用求导法则得 $$\frac{dy}{dx}=\frac{\frac{dy}{dt}}{\frac{dx}{dt}}=\frac{[a(1-\cos t)]'}{[a(t-\sin t)]'}=\frac{\sin t}{1-\cos t}。$$ 再次求导得	时间：3min 提问： 已知曲线参数方程，如何求$\frac{dy}{dx}$，$\frac{d^2y}{dx^2}$？
展示自制教具。	$$\frac{d^2y}{dx^2}=\frac{d}{dx}\left(\frac{dy}{dx}\right)=\frac{\frac{d}{dt}\left(\frac{dy}{dx}\right)}{\frac{dx}{dt}}=\frac{\left(\frac{\sin t}{1-\cos t}\right)'}{[a(t-\sin t)]'}=\frac{-1}{a(1-\cos t)^2},$$ 将上述结果代入曲率计算公式，得到摆线的曲率为 $$K=\frac{\lvert y''\rvert}{(1+y'^2)^{3/2}}=\frac{1}{2\sqrt{2}a\sqrt{1-\cos t}}。$$ 摆线生成动态演示 摆线的曲率曲线	
展示动画程序。	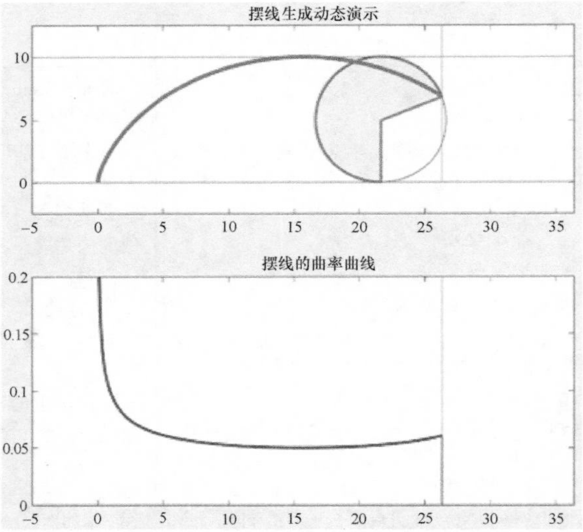 摆线可以通过下面的方式生成：由半径为a的圆周沿直线无滑动地匀速滚动，圆上定点的轨迹即为摆线（上图粉色曲线）。 再根据摆线曲率的计算结果，做出摆线各点处曲率对应的函数图形（上图蓝色曲线）。 可以看出：如图所示，一个周期的摆线两边曲率值大，曲线弯曲程度高；中间曲率值小，曲线弯曲程度低。	动画演示： 演示 MATLAB 程序运行结果，通过动画效果，直观感受摆线的形成过程和曲率的变化。

（续）

教学意图	教学内容	教学环节设计
	3. 曲率圆相关概念（8min）	
介绍曲率圆、曲率半径与曲率中心的定义。（共3min）	（1）曲率圆与曲率中心的定义 例5：设 M 为曲线 C 上任一点，C 在 M 处的曲率为 K（$K\neq 0$），在曲线 C 的凹向一侧法线上取点 D 使 $$\lvert DM\rvert=R=\frac{1}{K},$$ 以 D 为圆心，R 为半径作圆，这个圆叫作曲线 C 在 M 处的曲率圆，曲率圆的圆心 D 叫作曲线 C 在 M 处的曲率中心，曲率圆的半径 R 叫作曲线 C 在 M 处的曲率半径。 注：当 $K=0$ 时，认为曲率半径为无穷大。 曲率圆与曲线在点 M 处具有： 1）相同的切线； 2）相同的凹向； 3）相同的曲率。 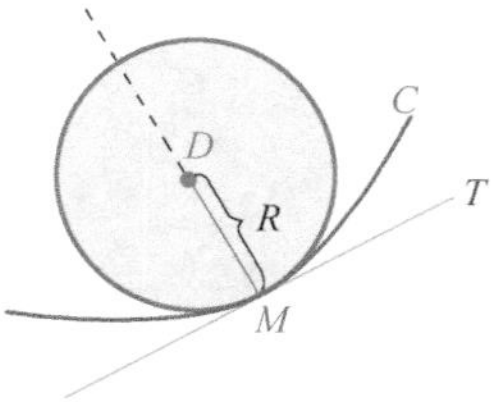 在实际问题中，常用曲率圆在点 M 邻近的一段圆弧来近似代替曲线弧来简化问题。	时间：3min 引导思考： 已知曲线方程，利用曲率公式能求出曲率。反过来，已知曲线在一点处的曲率，能想象出曲线在该点附近的大致形状和弯曲程度吗？如果曲线是圆的话，这是不是就容易想象了。如何确定圆的半径和圆心？
计算摆线的曲率半径。（共2min） 展示动画程序。	例4：求摆线 $\begin{cases}x=a(t-\sin t),\\ y=a(1-\cos t)\end{cases}$（$0<t<2\pi$）在任意点处的曲率半径。 解：摆线在任意点的曲率为 $$K=\frac{\lvert y''\rvert}{(1+y'^2)^{3/2}}=\frac{1}{2\sqrt{2}a\sqrt{1-\cos t}},$$ 于是摆线在任意点的曲率半径为 $$R=\frac{1}{K}=2\sqrt{2}a\sqrt{1-\cos t}。$$ 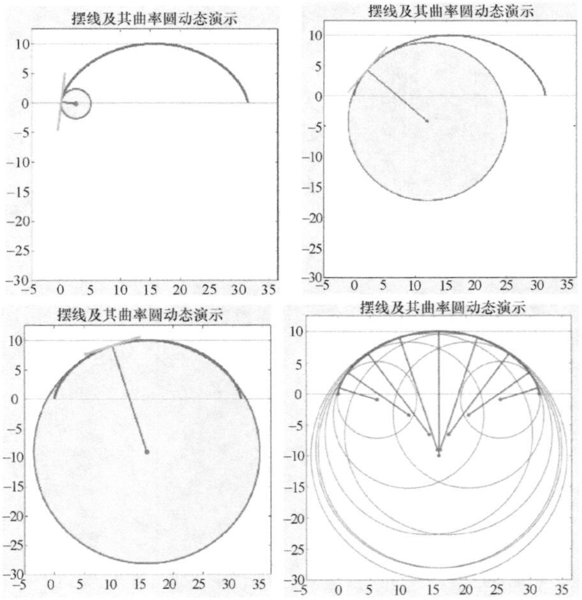	时间：2min 动画演示： 演示 MATLAB 程序运行结果，通过动画效果展示摆线对应点处曲率半径的变化。 引导思考： 观察曲率中心的运动。如何用公式表示曲率中心？

（续）

教学意图	教学内容	教学环节设计
介绍曲率中心的公式。（共3min）	（2）曲率中心公式 例5：求曲线 $y=f(x)$ 在点 $M(x, y)$ 处的曲率中心坐标 $D(\alpha, \beta)$。 解：仅对 $f'(x)>0$，$f''(x)>0$ 进行讨论，其余情况可类似讨论。引入角度 θ，如下图所示。 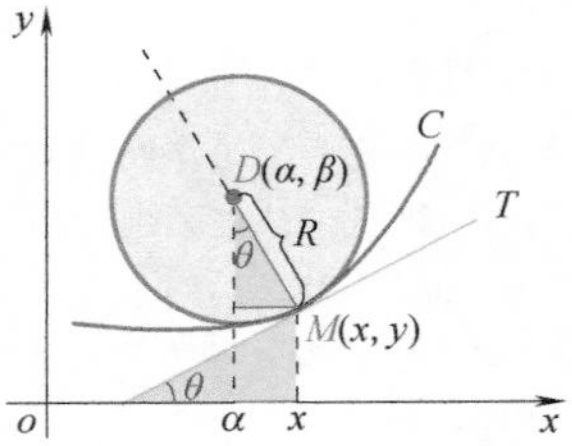 由图可知 $\begin{cases}\alpha = x - R\sin\theta,\\ \beta = y + R\cos\theta,\end{cases}$ 其中 曲率半径 $$R=\frac{1}{K}=\frac{(1+y'^2)^{3/2}}{y''},$$ 由曲线切线的斜率和导数的关系知 $\tan\theta = y'$，因此 $$\sin\theta=\frac{y'}{\sqrt{1+y'^2}},\quad \cos\theta=\frac{1}{\sqrt{1+y'^2}}。$$ 整理得曲率中心 $$\begin{cases}\alpha = x-\dfrac{y'(1+y'^2)}{y''},\\ \beta = y+\dfrac{1+y'^2}{y''}。\end{cases}$$	时间：3min 引导思考： 观察图形，根据导数的几何意义和曲率半径，求出曲率中心的坐标。 板书： 曲线的曲率中心坐标。
4. 渐屈线与渐伸线（12min）		
介绍渐屈线与渐伸线的定义。（共3min） 展示动画程序。	（1）曲线的渐屈线与渐伸线的定义 曲线 C 的曲率中心 D 的轨迹曲线 G 称为曲线 C 的渐屈线。同时曲线 C 称为曲线 G 的渐伸（开）线。 根据曲率中心的计算公式知曲线 $y=f(x)$ 的渐屈线的参数方程为 $$\begin{cases}\alpha = x-\dfrac{y'(1+y'^2)}{y''},\\ \beta = y+\dfrac{1+y'^2}{y''}。\end{cases}$$ 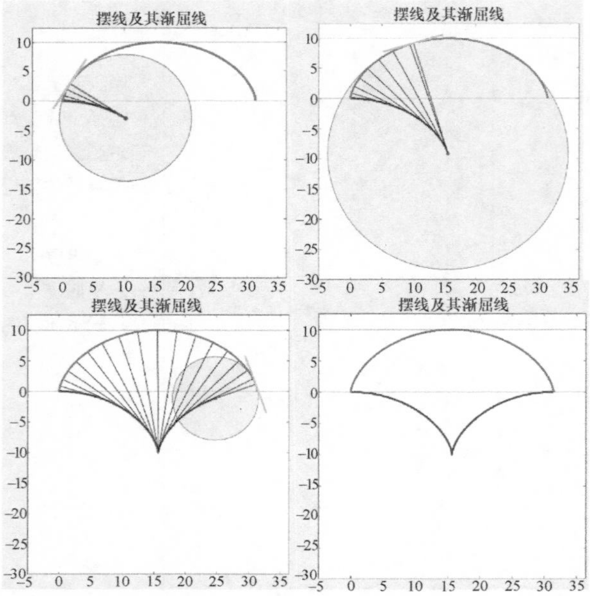	时间：3min 渐屈线和渐伸线两者的关系，有些类似正数与负数之间的关系：正数的相反数是负数，该负数的相反数就是原先那个正数。 动画演示： 展示摆线的渐屈线。 提问： 猜一猜摆线的渐屈线是什么曲线？

（续）

教学意图	教学内容	教学环节设计
计算摆线的渐屈线方程。（共4min） 通过两次变量代换将摆线的渐屈线方程改写为标准的摆线方程。 展示动画程序。	（2）摆线的渐屈线方程 例6：求摆线$\begin{cases}x=a(t-\sin t),\\y=a(1-\cos t)\end{cases}$（$0<t<2\pi$）的渐屈线方程。 解：注意到$\dfrac{dy}{dx}=\dfrac{\sin t}{1-\cos t}$，$\dfrac{d^2y}{dx^2}=\dfrac{-1}{a(1-\cos t)^2}$， 代入得摆线的渐屈线参数方程为 $\begin{cases}\alpha=x-\dfrac{y'(1+y'^2)}{y''}=a(t+\sin t),\\\beta=y+\dfrac{1+y'^2}{y''}=a(\cos t-1)。\end{cases}$ 通过变量代换$t=\pi+\theta$改写上述方程，整理得 $\begin{cases}\alpha=a\pi+a(\theta-\sin\theta),\\\beta=-2a+a(1-\cos\theta),\end{cases}$ 再令$\xi=\alpha-a\pi$，$\eta=\beta+2a$， 得摆线的渐屈线方程为 $\begin{cases}\xi=a(\theta-\sin\theta),\\\eta=a(1-\cos\theta)\end{cases}$（$-\pi<\theta<\pi$）。 这仍是摆线，因此摆线的渐屈线还是摆线。 摆线的渐屈线的渐屈线　摆线的渐屈线的渐屈线 摆线的渐屈线 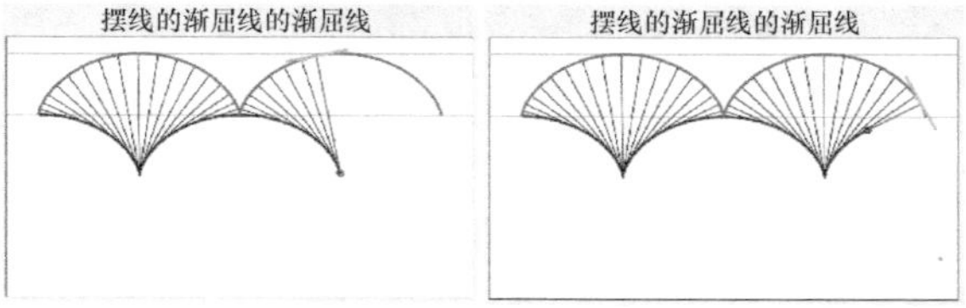 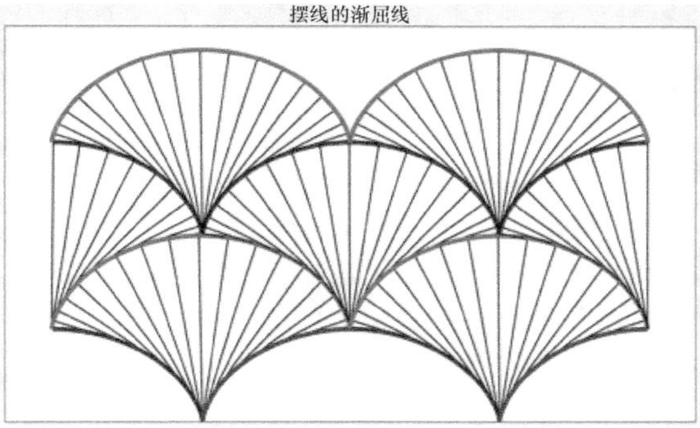	时间：4min 引导思考： 这个参数方程对应的曲线是摆线吗？如何将其改写成摆线的标准方程。 动画演示： 展示摆线的渐屈线，强调摆线的渐屈线依然是摆线。
展示常见初等函数的渐屈线。（共2min） 展示动画程序及数学的美。	（3）常见函数的渐屈线 利用渐屈线的参数方程，可以计算得到常见函数的渐屈线。 观察下图展示的常见的几种初等函数的渐屈线，其中粉色曲线为原曲线，蓝色曲线为粉色曲线的渐屈线。 左上：抛物线的渐屈线； 右上：心形线的渐屈线，从图中可以看出，心形线的渐屈线还是心形线； 左下：椭圆的渐屈线为近似的星形线； 右下：对数螺线的渐屈线，仍是对数螺线。	时间：2min 引导思考： 其他常见曲线的渐屈线还会和曲线本身一样吗？ 动画演示： 动态展示抛物线、心形线、椭圆及对数螺线的渐屈线。

（续）

教学意图	教学内容	教学环节设计
	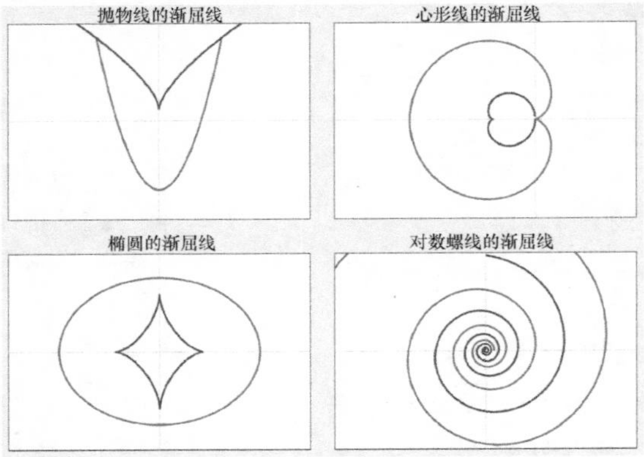 抛物线的渐屈线　心形线的渐屈线　椭圆的渐屈线　对数螺线的渐屈线	
介绍渐伸线的等价描述。（共2min）	（4）渐伸线的等价描述 渐屈线的性质：曲线 C 的法线与曲线 C 的渐屈线 G 相切。 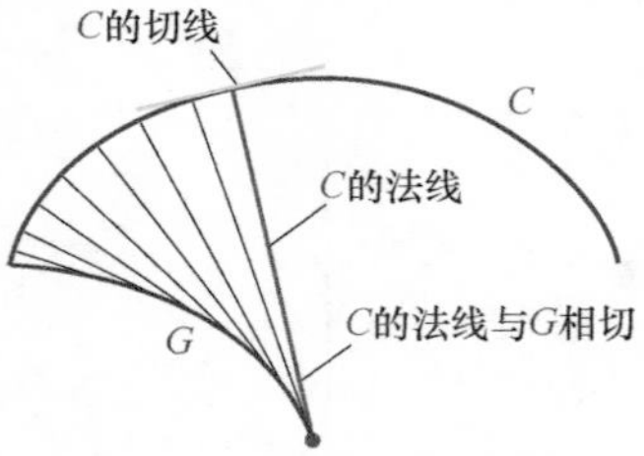 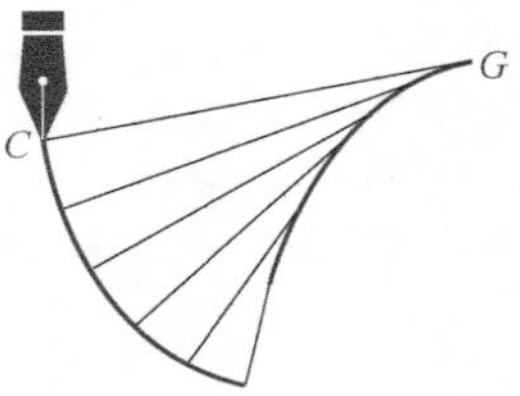 C的切线　C　C的法线　G　C的法线与G相切　C　G 该性质重新叙述成渐伸线的性质为：曲线 G 的渐伸线 C 上任一点的法线与曲线 G 相切。 渐伸线的等价描述：与一条曲线 G 的所有切线相交成直角的曲线 C，就是曲线 G 的渐伸线。	时间：2min 提问： 这条性质能否说明渐伸线满足什么性质？ 提问： 如何画出已知曲线的渐伸线？
模拟圆的渐伸线的生成过程。（共1min） 展示动画程序。	（5）圆的渐伸线 根据渐伸线的两条性质，可以用如下的方式画出渐伸线：把一条没有弹性的细绳绕在一个固定的圆周上，将铅笔系在绳的外端，把绳拉紧逐渐展开，这时细绳拉紧的部分和圆保持相切，铅笔画出的曲线就是圆的渐伸线。下图中红色曲线是蓝色圆的渐伸线。 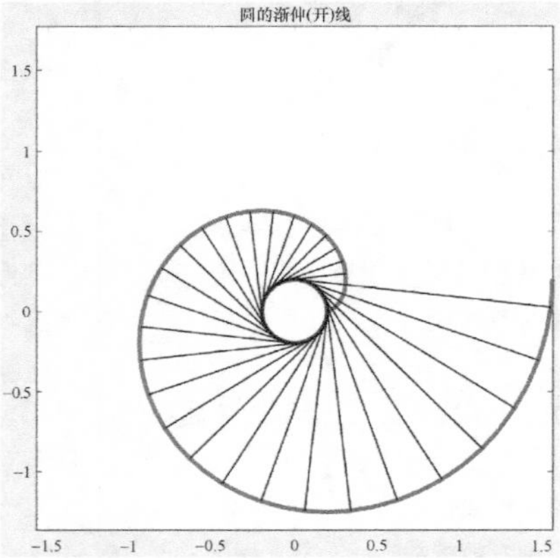 圆的渐伸(开)线 1.5　1　0.5　0　−0.5　−1 −1.5　−1　−0.5　0　0.5　1　1.5	时间：1min 动画演示： 演示渐伸线的生成过程，帮助学生直观地感受渐伸线。

（续）

教学意图	教学内容	教学环节设计
5. 曲率圆和渐伸线的应用（9min）		
介绍曲率圆在铁轨设计中的应用。（共3min） 介绍铁轨过渡曲线的一种构造方式。	应用一：铺设铁路弯道时所用的过渡曲线 力学知识告诉我们，一个质点沿曲线运动时产生的离心力，其大小由公式 $F=\frac{mv^2}{R}$ 所决定。这里 m 是质点的质量，v 是它的速度，R 是曲线在该点的曲率半径。  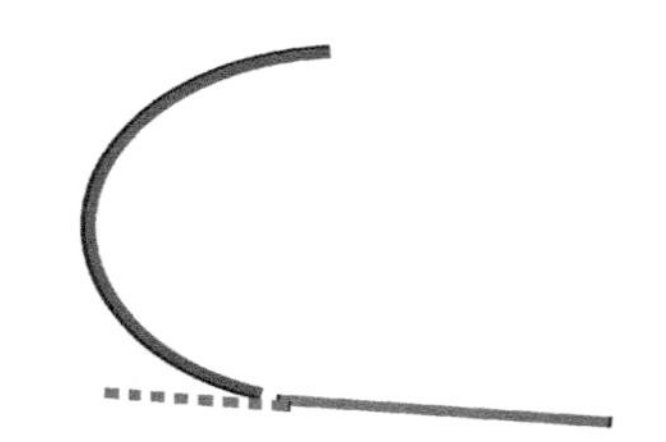 如果铁路的直线部分直接连接到圆弧形弯道，则在过渡到这条弯道上瞬时间一下子产生了离心力，从而引起强烈的冲撞。这对于火车车厢和铁轨结构都是有损害的。为了避免这种情况，铁轨的直线部分与圆弯道之间借助某种过渡曲线来连接。沿着该曲线的曲率半径由与直线衔接部分的无穷大逐渐减至与圆弧段衔接部分的该圆弧半径，从而保证离心力逐渐慢慢增长。 过渡曲线可以采用三次抛物线 $y=\frac{x^3}{6q}$。直接计算有 $y'=\frac{x^2}{2q}$，$y''=\frac{x}{q}$，由此得到曲率半径为 $R=\frac{q}{x}\left(1+\frac{x^4}{4q^2}\right)^{\frac{3}{2}}$。在 $x=0$ 处有 $y'=0$，$R=\infty$，因此该曲线在坐标原点与 x 轴相切且曲率为0。实际问题中，选择合适的参数 q 使过渡曲线与圆弧段铁轨的衔接部分曲率半径等于圆弧的半径即可。	时间：3min 引导思考： 利用本次课介绍的曲率相关结论分析能否将直线部分铁轨与圆弧段弯道直接相切衔接？
介绍渐伸线在齿轮的齿廓设计中的应用。(共2min) 展示自制教具。	应用二：齿轮的渐伸线齿廓 渐伸线被用来设计齿轮的齿廓。当齿轮的齿廓为圆的渐伸线时，齿轮在旋转过程中，齿与齿之间没有切向力，只有法向的压力。从而可以减小摩擦，保证运转平稳，减小振动，延长齿轮的使用寿命。 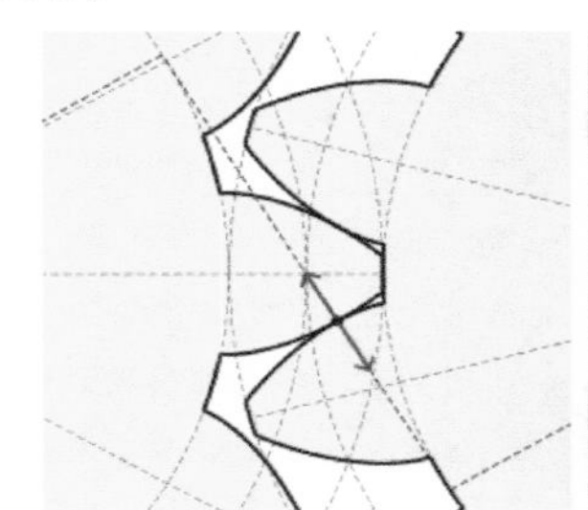 	时间：2min 动画演示： 观察齿轮传动过程，注意渐伸线的应用。 教具： 齿轮传动教具 

（续）

教学意图	教学内容	教学环节设计
介绍渐伸线在惠更斯等时摆中的应用。(共4min)	应用三：惠更斯等时摆 当时钟的钟摆为单摆，且单摆的摆角 θ 很小（小于5°）时，单摆具有近似等时性，但依然有误差。最早发现这个问题的是数学家惠更斯，他是历史上第一个研究钟摆出现误差的人。 通过不断研究，惠更斯发现将摆线的一拱倒转，若一质点从此段摆线任意点出发，在重力作用下沿摆线向下滑，此质点到达最低点所需的时间与出发点的位置无关。也就是说，从摆线上任意两相异点出发，它们到达最低点的时间相同。这就是摆线的等时性。 为了使摆锤在一条摆线弧上荡动，惠更斯利用摆线的渐伸线仍是摆线本身这一特性，在单摆的顶端加上摆线形状的钳口，使得摆锤的运动轨迹也是摆线，从而得到具有严格等时性的钟摆。事实上，在惠更斯寻找等时钟摆的过程中才有了渐屈线的定义。  以下图示了摆线的钳口,这是惠更斯为了使摆能在一条摆线弧上荡动而设置的 惠更斯(1629—1695) 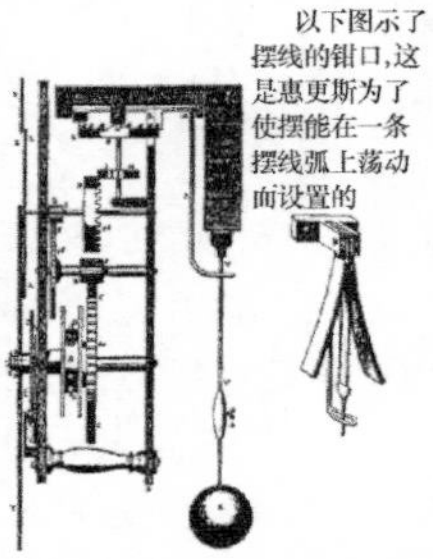　　以上摆的图解引自惠更斯1673年的著作	时间：4min 引导思考： 利用摆线的等时性，能否让钟摆摆锤沿摆线运动？ 本次课已经计算得到了摆线的渐屈线仍是摆线。利用该性质，如何设计出具有等时性的摆钟？
展示动画程序。	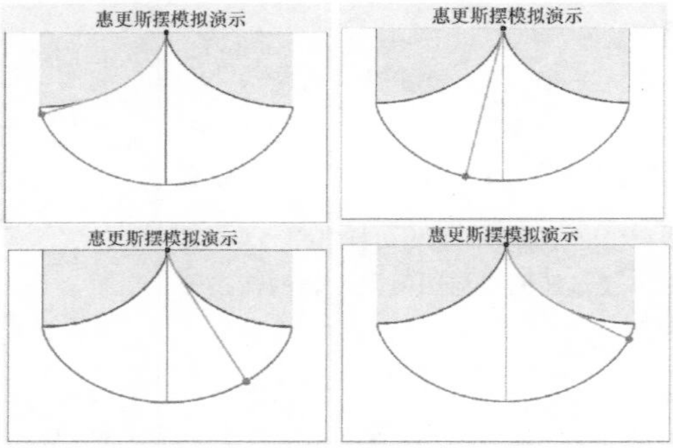 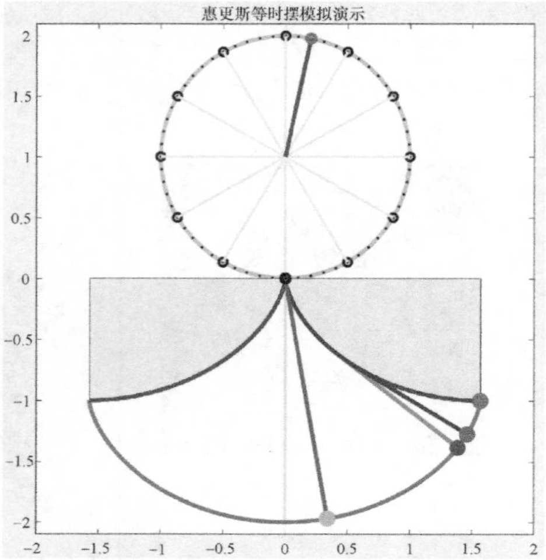 惠更斯摆模拟演示 惠更斯摆模拟演示 惠更斯摆模拟演示 惠更斯摆模拟演示 惠更斯等时摆模拟演示	动画演示： 动态展示摆锤的运动轨迹也是摆线。 动画演示： 模拟钟摆的摆锤运动和秒针运动，让学生看到数学在生活中的具体应用。

（续）

<table>
<tr><th>教学意图</th><th>教学内容</th><th>教学环节设计</th></tr>
<tr><td colspan="3">6. 小结与思考（2min）</td></tr>
<tr><td>曲率小结。
（共1min）</td><td>本次课主要内容包括：
（1）曲率的概念和曲率的计算公式
$$曲率\ K=\lim_{\Delta s\to 0}\left|\frac{\Delta\alpha}{\Delta s}\right|=\left|\frac{\mathrm{d}\alpha}{\mathrm{d}s}\right|,$$
曲线弧 $y=f(x)$ 的曲率为
$$K=\frac{|y''|}{(1+y'^2)^{3/2}}。$$
（2）曲率圆的定义、曲率半径和曲率中心的计算公式
曲率半径为 $R=\frac{1}{K}=\frac{(1+y'^2)^{3/2}}{y''}$，
曲率中心坐标为 $\begin{cases}\alpha=x-\dfrac{y'(1+y'^2)}{y''},\\ \beta=y+\dfrac{1+y'^2}{y''}。\end{cases}$
C T D R M
（3）渐屈线和渐伸线的概念及渐屈线的计算公式
渐屈线的参数方程为 $\begin{cases}\alpha=x-\dfrac{y'(1+y'^2)}{y''},\\ \beta=y+\dfrac{1+y'^2}{y''}。\end{cases}$</td><td>时间：1min

单元小结，回顾本次课的主要内容。</td></tr>
<tr><td>课后思考。
（共1min）</td><td>证明曲线C的法线与曲线C的渐屈线G相切。
证明对数螺线的渐屈线还是对数螺线。</td><td>时间：1min</td></tr>
</table>

四、学情分析与教学评价

本教学内容的对象为理工科一年级第一学期的学生，通过高等数学前几章内容的学习，他们的数学思想和素养正在初步形成。此外，他们在高中经过平面解析几何的训练，熟悉常见平面曲线的方程及其图形。

刚刚进入大学学习阶段，学生正在逐步适应大学生活，养成学习习惯，因此在教学过程中注重数学思维的培养和逻辑推理能力的训练，并且通过贴近生活的实际应用案例，激发学生的学习兴趣，帮助学生深刻理解相关知识，提高他们的学习热情，培养他们学以致用的意识。

针对重难点内容，通过对曲率概念的分析和曲率计算公式的推导，启发学生自主思考，锻炼逻辑思维的能力，帮助学生掌握曲率的概念和计算方法。通过曲率中心坐标的计算和渐屈线方程的建立，让学生体验如何应用所学到的数学知识，解决一些平面几何问题，进而利用数学工具解决实际问题。围绕曲率和渐伸线扩展学生的知识面，开阔学生视野，激发学生探究新知识、新领域的兴趣。

五、预习任务与课后作业

预习　定积分的概念。

作业

1. 求曲线 $y=\ln x$ 的最大曲率。

2. 求椭圆$\frac{x^2}{a^2}+\frac{y^2}{b^2}=1$ 在(x, y)处的曲率和曲率半径。

3. 求心形线$\rho=a(1+\cos\theta)$的曲率半径。

4. 三次抛物线 $y=\frac{kx^3}{6}(0\leqslant x<+\infty, k>0)$的最大曲率等于$\frac{1}{1000}$，求达到此最大曲率的点 x。

5. 求对数螺线$\rho=a\mathrm{e}^{k\theta}$的渐屈线。

定积分的元素法

一、教学目标

定积分的元素法是在前几节已经学过的定积分理论的基础上，分析和解决一些几何、物理等实际问题的重要方法。这一节课的讲解是定积分应用的基础，在此学习的基础上，学生将在本节后续的学习过程中掌握如何应用该方法求解平面图形的面积、旋转体的体积、平面曲线的弧长等几何问题；以及求解变力沿直线所做的功、水压力、引力等物理问题。

这一节课在回顾之前学过的定积分的定义后引出某一几何或物理量的积分表达式，在引出表达式的过程中，关键是建立典型小区间上部分量的近似值，即元素，进而提炼出元素法。元素法可以求解很多几何和物理问题，尤其是当所求量在一区间非均匀分布时，采用元素法可以大大简化建立定积分表达式的步骤。本节回顾了定积分的定义，引入元素法，熟练地掌握该方法对求解实际问题会起到很好的帮助作用。

本次课的教学目标是：

1. 学好基础知识，加深对定积分概念的理解，在此基础上理解元素法。

2. 掌握基本技能，掌握运用元素法将一个量表达成为定积分的分析方法。

3. 培养思维能力，能够对几何、物理中的问题进行抽象处理，熟练运用元素法建立计算这些几何、物理量的积分表达式，然后求解。

二、教学内容

1. 教学内容

1）熟悉由定积分的概念引申出的定积分元素法；

2）理解等时性这一概念；

3）了解定积分元素法在物理、几何实例中的应用。

2. 教学重点

1）掌握定积分的元素法；

2）定积分元素法在几何量、物理量积分表达式中的用途。

3. 教学难点

1）理解与掌握定积分元素法；

2）了解实例中等时性这一概念。

三、教学进程安排

1. 教学进程框图（45min）

2. 教学环节设计

教学意图	教学内容	教学环节设计
	1. 问题引入（3min）	
从一个文学作品开始，引入本节内容。（共1min）	（1）《白鲸记》及作者简介 《白鲸记》（Moby Dick）是19世纪美国小说家赫尔曼·梅尔维尔（Herman Melville，1819—1891）于1851年发表的一篇海洋题材的长篇小说。在这本小说中，作者描述了人类之所以捕鲸，是因为其商业价值，尤其是鲸油，极其名贵。   《白鲸记》电影海报　　赫尔曼·梅尔维尔	时间：1min 用文学作品做引入，可以达到以下目的： 1）引起学生的注意，使学生尽快进入上课状态； 2）激发学生的学习兴趣。
对炼鲸油锅建模并探讨等时性的概念。 展示动画程序。	（2）等时性 在这本小说中，引起我们极大兴趣的是炼鲸油的锅，当用滑石打磨锅壁时，滑石由静止出发，无论从锅的哪里开始，都会以相同的时间滑落到锅底。这一性质称为等时性。 这种等时性很令人好奇吧？能在数学上严格证明吗？  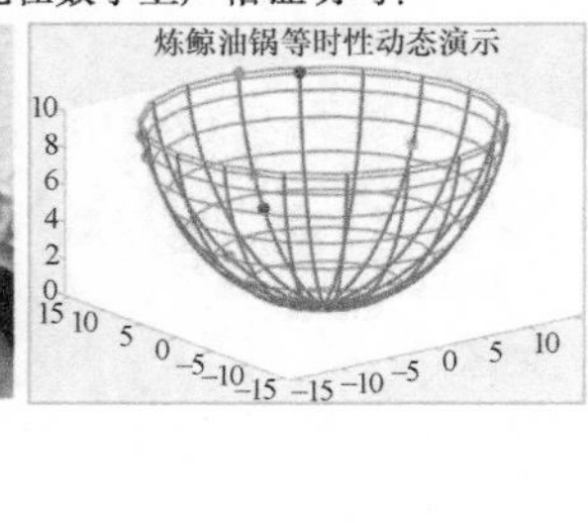	利用MATLAB软件进行等时性的动态演示，展示不同位置小球会同时落到最低点。从而吸引学生的注意力。

（续）

教学意图	教学内容	教学环节设计
由等时锅过渡到等时线。（共2min） 展示动画程序。 展示自制教具。	（3）炼鲸油锅截面方程 对炼鲸油锅作一截面，则截面为一摆线。摆线参数方程为 $\begin{cases} x = a(\theta - \sin\theta), \\ y = a(1 - \cos\theta) \end{cases} (0 < \theta < 2\pi)$。 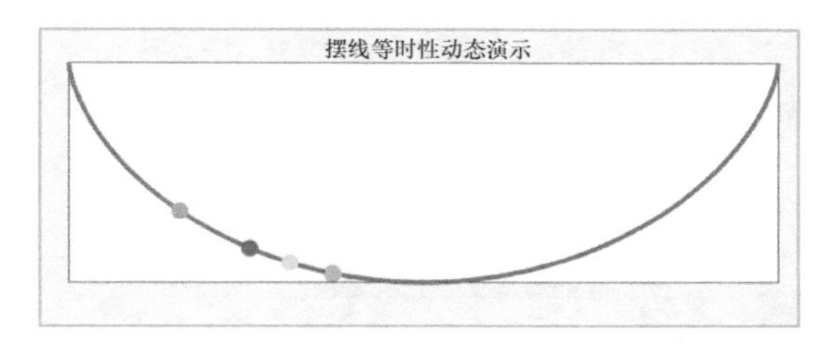 为方便理解，做了一个教具，演示摆线的等时性。 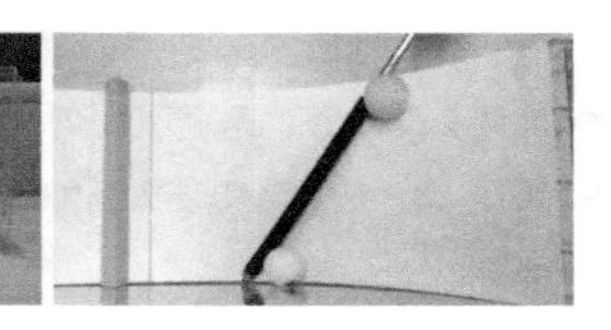	时间：2min 简单叙述一下摆线方程中 θ 的几何意义。 在摆线形成的面上，同时放下两个不同高度的乒乓球，可以观察到它们同时落到最低处。
  分析下落时间 T 的特点。	（4）等时性的数学描述 如下图所示，记 θ_0 为摆线上任意点 P 对应的参数，小球在 P 点处由静止出发，T 为小球沿摆线滑落到最低点 D 的时间，如果 T 与点 P 参数无关，则等时性便可得证。所以原问题转化为如何计算小球沿摆线下落的时间的问题。 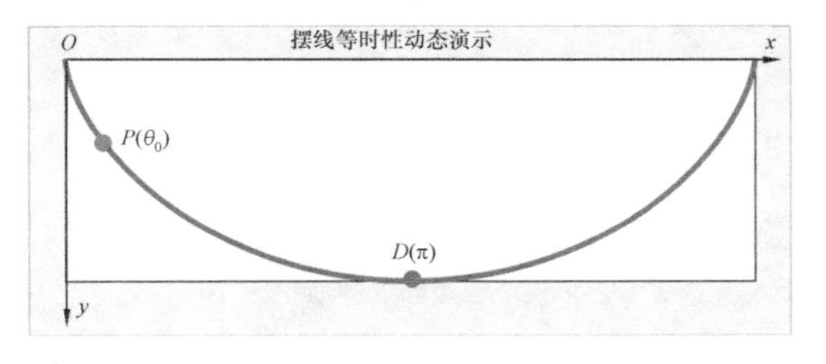 在计算 T 之前，可以分析一下时间 T 的特点，该参数具有下列三个特点： T 与一个变量 θ 及其范围 $[\theta_0, \pi]$ 有关； T 在区间 $[\theta_0, \pi]$ 上非均匀分布； T 在区间 $[\theta_0, \pi]$ 上具有可加性。	引导思考： 如何证明摆线具有等时性？

（续）

<table>
<tr><th>教学意图</th><th>教学内容</th><th>教学环节设计</th></tr>
<tr><td></td><td>2. 定积分元素法（14min）</td><td></td></tr>
<tr><td>比较下落时间 T 与曲边梯形面积 A 的共性。（共2min）</td><td>

（1）等时性问题中时间 T 的三个特点分析

考虑到时间 T 的三个特点，很自然想到前面所学过的知识点，即如何求曲边梯形的面积。

与时间 T 类似，曲边梯形的面积 A 也有三个特点：

A 与一个变量 x 及其范围 $[a, b]$ 有关；

A 在区间 $[a, b]$ 上非均匀分布；

A 在区间 $[a, b]$ 上具有可加性。

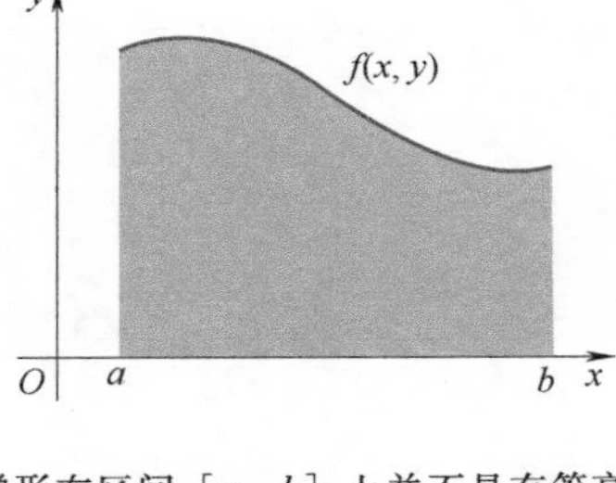

我们可以看到，由于曲边梯形在区间 $[a, b]$ 上并不具有等高性，因此面积分布不均匀，学习过的基本图形的求面积法因此失效。同样地，对于摆线问题来说，由于速度不均匀，在区间 $[\theta_0, \pi]$ 上时间 T 分布就不均匀，这一特点使得新方法的登场迫在眉睫。

</td><td>

时间：2min

<u>引导思考：</u>

引导学生回忆如何求曲边梯形的面积 A，并比较 A 和 T 的共同特点。

</td></tr>
<tr><td>复习知识点（定积分的定义）。列出定积分定义的四个详细步骤。（共3min）</td><td>

（2）复习——曲边梯形的面积

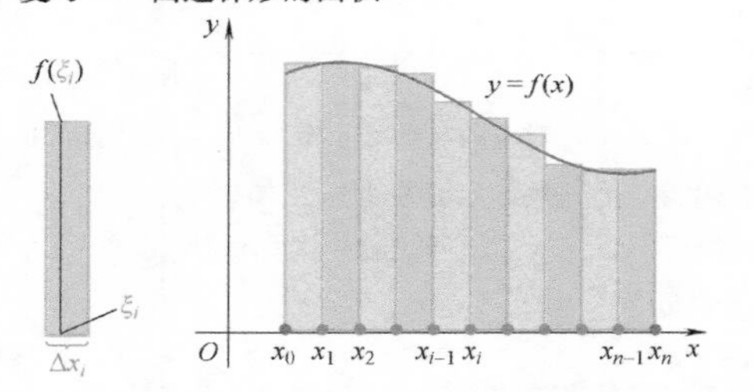

设 $f(x)$ 在区间 $[a, b]$ 上有界，求曲边梯形面积 A 采取下列步骤：

1）分割：在 $[a, b]$ 中任意插入 $n-1$ 个分点，即

$$a=x_0<x_1<x_2<\cdots<x_{n-1}<x_n=b,$$

把 $[a, b]$ 分成 n 个小区间，记第 i 个小区间的长度为 Δx_i。

此时化整为零，整体量变为部分量，求整个曲边梯形的面积便转化成求若干个小曲边梯型的面积之和。

2）近似：每个小区间足够小，可以视面积在小区间上均匀分布。第 i 个小区间的宽度为 Δx_i，任意取点 ξ_i，小曲边梯型的面积近似值为 $f(\xi_i)\Delta x_i (i=1, 2, \cdots, n)$。

3）作和：整个曲边梯形的近似值为 $\sum\limits_{i=1}^{n} f(\xi_i)\Delta x_i$。

4）取极限：为减少误差，需要加密划分，令各小区间长度最大值 $\lambda \to 0$，若此时和总趋于确定的极限值 I，则称此极限值 I 为函数 $f(x)$ 在 $[a, b]$ 上的定积分，记作 $\int_a^b f(x)\,\mathrm{d}x$。即

$$\lim_{\lambda \to 0}\sum_{i=1}^{n} f(\xi_i)\Delta x_i \overset{记}{=} \int_a^b f(x)\,\mathrm{d}x。$$

</td><td>

时间：3min

<u>强调：</u>

第一步对范围的划分实际上就是对量的划分。

<u>强调：</u>

第一步和第二步都有一个任意（任意划分和任意取点），求和与这两个动作密切相关。

<u>提问：</u>

求和只是一个近似，如何控制误差？

</td></tr>
</table>

（续）

教学意图	教学内容	教学环节设计
定积分定义简化。（共3min） 将定积分定义的四步化为两步。	（3）步骤化简 上面步骤烦琐冗长，将其化简为两步： 1）确定积分变量 x 及积分区间 $[a, b]$，对积分区间 $[a, b]$ 划分后，选取一典型小区间 $(x, x+\mathrm{d}x)$，求出所求量在该区间上的部分量的近似值： 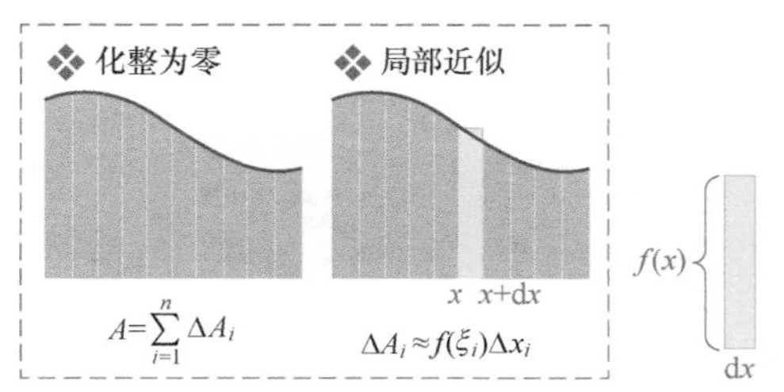 典型小区间具有代表性，因此下标中的 i 可以去掉，由于典型小区间长度为 $\mathrm{d}x$，此时典型小区间所对应的曲边梯形的面积为 $\Delta A \approx f(\xi)\mathrm{d}x$。 由于定义中认为 ξ 可以取小区间内任意一点，所以 ξ 可以取为 x。此时典型小区间面积的近似值为 $\Delta A \approx f(x)\mathrm{d}x$。这便是面积元素。 2）以面积元素 $f(x)\mathrm{d}x$ 为被积表达式，在区间 $[a, b]$ 上作定积分，得所求曲面梯形的面积为 $A = \int_a^b f(x)\mathrm{d}x$。 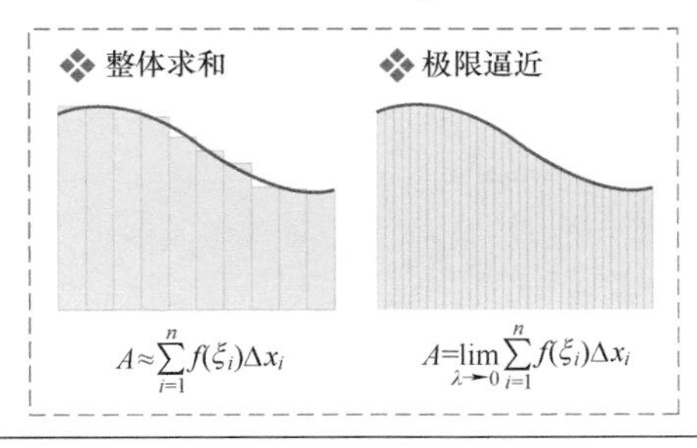 	时间：3min 为了方便使用，剖析其意义，简化其形式。 强调： 第一步就在求元素，元素就是局部量的一个近似结果。 引导思考： 这一步就是求和以及加密的过程。
总结定积分定义简化版的两个步骤。（共2min）	（4）步骤总结 1）求面积元素：在区间 $[a, b]$ 内任取一小区间，并记为 $[x, x+\mathrm{d}x]$，该小区间上面积部分量 ΔA 近似表示为 $\Delta A \approx f(x)\mathrm{d}x$，称 $f(x)\mathrm{d}x$ 为面积元素，记为 $\mathrm{d}A$，即 $\mathrm{d}A \approx f(x)\mathrm{d}x$。 2）积分求面积 $A = \int_a^b \mathrm{d}A = \int_a^b f(x)\mathrm{d}x$。 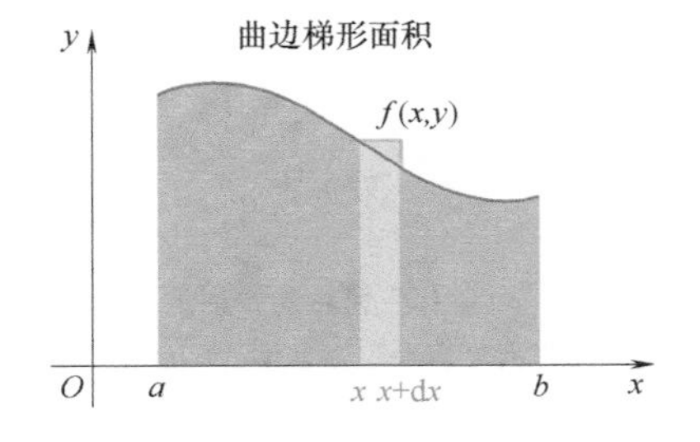 	时间：2min 总结： 从上述过程便可以得出定积分定义的简化版。

（续）

<table>
<tr><th>教学意图</th><th>教学内容</th><th>教学环节设计</th></tr>
<tr><td>元素法的一般叙述。（共2min）</td><td>（5）定积分元素法
把上述求曲边梯形面积的方法拓展到求一般量的方法，就称为元素法。
设某问题中的所求量 U 满足下述条件：
• U 是一个与变量 x 的变化区间 $[a,b]$ 有关的量，即 $U \sim x \in [a,b]$；
• U 在区间 $[a,b]$ 上非均匀分布；
• U 在区间 $[a,b]$ 上具有可加性。
1）求元素：在区间 $[a,b]$ 内任取一小区间 $[x,x+\mathrm{d}x]$，求该小区间的部分量 ΔU 的近似值；若 ΔU 能近似地表示为区间 $[a,b]$ 上的一个连续函数在 x 处的值 $f(x)$ 与 $\mathrm{d}x$ 的乘积，就把 $f(x)\mathrm{d}x$ 称为量 U 的元素，且记作 $\mathrm{d}U$，即 $\mathrm{d}U=f(x)\mathrm{d}x$。
2）做积分 $U=\int_a^b \mathrm{d}U=\int_a^b f(x)\mathrm{d}x$。</td><td>时间：2min

元素法的使用条件。

元素法的使用步骤。</td></tr>
<tr><td>介绍定积分元素法的应用范围。（共2min）</td><td>（6）定积分元素法的应用
<u>几何学中的应用</u>
■ 平面图形的面积（平面直角坐标系、极坐标系）；
■ 体积（截面面积已知的立体体积、旋转体的体积）；
■ 平面曲线的弧长。
<u>物理学中的应用</u>
■ 变力沿直线做功（弹簧做功问题，抽液体做功问题）；
■ 液体静压力；
■ 引力。</td><td>时间：2min
<u>列举：</u>
简单列举元素法的一些应用，激发学生学习的兴趣。</td></tr>
<tr><td colspan="3">3. 摆线等时性证明（8min）</td></tr>
<tr><td>应用元素法证明摆线的等时性（共8min）</td><td>（1）应用元素法证明摆线的等时性
下面我们来计算小球在摆线上任一点处落在最低处的时间 T，用元素法来小试牛刀。
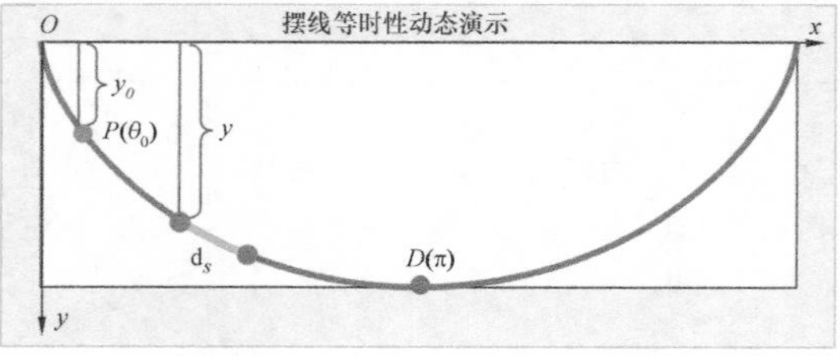

已知摆线方程为
$$\begin{cases} x=a(\theta-\sin\theta), \\ y=a(1-\cos\theta) \end{cases} (0<\theta<2\pi)。$$
其中 T 是 θ 的函数，并且 θ 的取值范围为 $\theta\in[\theta_0,\pi]$。
（2）采用元素法计算 T
时间元素 $\mathrm{d}T$：小球滑落小区间 $[\theta,\theta+\mathrm{d}\theta]$ 相应路程所需时间近似值，路程元素 $\mathrm{d}s$：小球滑落上述小区间相应路程近似值，
$$\mathrm{d}s=\sqrt{(\mathrm{d}x)^2+(\mathrm{d}y)^2}=\sqrt{2}a\sqrt{1-\cos\theta}\mathrm{d}\theta,$$</td><td>时间：8min
<u>提问：</u>
计算摆线等时性这个例子是否满足元素法的要求？
<u>反馈：</u>
鼓励学生思考如何采用元素法来求解实例。</td></tr>
</table>

（续）

教学意图	教学内容	教学环节设计
	取端点速度：$v=\sqrt{2g(y-y_0)}=\sqrt{2ga(\cos\theta_0-\cos\theta)}$， 则时间元素 $\mathrm{d}T=\frac{\mathrm{d}s}{v}=\sqrt{\frac{a}{g}}\frac{\sqrt{1-\cos\theta}}{\sqrt{\cos\theta_0-\cos\theta}}\mathrm{d}\theta$， 求积分：$T=\int_{\theta_0}^{\pi}\mathrm{d}T=\int_{\theta_0}^{\pi}\sqrt{\frac{a}{g}}\frac{\sqrt{1-\cos\theta}}{\sqrt{\cos\theta_0-\cos\theta}}\mathrm{d}\theta$ $=-2\sqrt{\frac{a}{g}}\int_{\theta_0}^{\pi}\frac{\mathrm{d}\left(\cos\frac{\theta}{2}\right)}{\sqrt{\cos^2\frac{\theta_0}{2}-\cos^2\frac{\theta}{2}}}$ $=-2\sqrt{\frac{a}{g}}\left[\arcsin\frac{\cos\frac{\theta}{2}}{\cos\frac{\theta_0}{2}}\right]_{\theta_0}^{\pi}=\pi\sqrt{\frac{a}{g}}$， 因为 T 与点 P 参数无关，故摆线等时性得证。	用半角公式： $\cos\frac{\theta}{2}=\pm\sqrt{\frac{1+\cos\theta}{2}}$。 采用下式来求解定积分： $\int\frac{\mathrm{d}x}{\sqrt{a^2-x^2}}=\arcsin\frac{x}{a}+C$。
4. 元素法实例（15min）		
元素法例题分析。（共7min）	下面通过两个直角坐标系中求图形面积的实例，我们来更好地认识元素法及其使用范围。 例1：计算由曲线 $y=x^3-6x$ 和 $y=x^2$ 所围图形的面积。 解：先求出两曲线的交点， $\begin{cases}y=x^3-6x,\\y=x^2,\end{cases}$ 求解该方程组可得交点为（0，0），（−2，4），（3，9）。 选 x 为积分变量，x 的取值范围为 $x\in[-2,3]$。 把蓝色区域分成两个部分，在两个区域上分别求出面积元素 $\mathrm{d}A$， 当 $x\in[-2,0]$ 时，$\mathrm{d}A_1=(x^3-6x-x^2)\mathrm{d}x$， 当 $x\in[0,3]$ 时，$\mathrm{d}A_2=(x^2-x^3+6x)\mathrm{d}x$， 所求面积便可以写成两部分相加：$A=A_1+A_2$， 定积分计算可得 $A=\int_{-2}^{0}(x^3-6x-x^2)\mathrm{d}x+\int_{0}^{3}(x^2-x^3+6x)\mathrm{d}x=\frac{253}{12}$。	时间：7min 采用元素法，求解一个不规则图形面积。 思考： 如果选 y 作为积分变量呢？
元素法实例2。（共8min）	一般地，当曲边梯形的曲边由下列参数方程给出时： $\begin{cases}x=\varphi(t),\\y=\psi(t),\end{cases}$ 按顺时针方向规定起点和终点的参数值 t_1，t_2，如下面示意图所示：	时间：8min 分析： 下面用元素法求解直角坐标系下参数方程描述的图形面积问题。

（续）

教学意图	教学内容	教学环节设计
以计算代替复习。	左图 t_1 对应 $x=a$，右图 t_1 对应 $x=b$。 例 2：求由摆线 $x=a(t-\sin t)$，$y=a(1-\cos t)$ $(a>0)$ 的一拱与 x 轴所围平面图形的面积。 y　O　$2\pi a$　x 解：先求面积元素 $\mathrm{d}A$： $\mathrm{d}A=y\mathrm{d}x=a(1-\cos t)(a(t-\sin t))'_t\mathrm{d}t$ $=a(1-\cos t)\cdot a(1-\cos t)\mathrm{d}t$ 所以面积 $A=a^2\int_0^{2\pi}(1-\cos t)^2\mathrm{d}t=4a^2\int_0^{2\pi}\sin^4\frac{t}{2}\mathrm{d}t$， 令 $u=\frac{t}{2}$，则 $A=8a^2\int_0^{\frac{\pi}{2}}\sin^4u\mathrm{d}u+8a^2\int_{\frac{\pi}{2}}^{\pi}\sin^4u\mathrm{d}u$ $=16a^2\int_0^{\frac{\pi}{2}}\sin^4u\mathrm{d}u$ $=16a^2\times\frac{3}{4}\times\frac{1}{2}\times\frac{\pi}{2}=3\pi a^2$。	使用半角公式化简。 使用学过的三角函数积分公式。
5. 拓展与思考（5min）		
圆弧摆的等时性讨论。（共3min）	（1）拓展——单摆等时性分析 设单摆摆长 l，一端固定，另一端系一个质量为 m 的小球，它在垂直于地面的平面上沿圆周运动，最大摆角是 θ_0。计算此单摆的运动周期（仅考虑重力作用）。 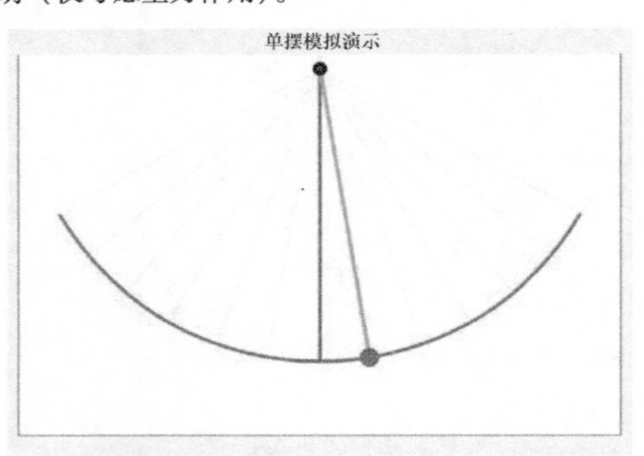 用元素法可求得小球由最高点运动到最低点的时间 $T=\int_0^{\theta_0}\frac{l}{\sqrt{2gl(\cos\theta-\cos\theta_0)}}\mathrm{d}\theta$。 应用泰勒级数，上式可以化为 $\frac{\pi}{2}\sqrt{\frac{l}{g}}\left(1+\frac{1^2}{2^2}k^2+\frac{1^2\times3^2}{2^2\times4^2}k^4+\cdots\right)\left(k=\sin\frac{\theta_0}{2}\right)$。 结果与 θ_0 有关，因此单摆不具有等时性。如果我们近似把结果用泰勒级数第一项表示为 $\frac{\pi}{2}\sqrt{\frac{l}{g}}$。此时结果与 θ_0 无关，我们称其为近似等时性。	时间：3min 提问： 是否有不等时的例子？ 思考： 单摆只是具有近似等时性，是否能够把前面具有严格等时性的摆线引入，使其具有严格等时性。

（续）

教学意图	教学内容	教学环节设计
等时性的应用。（共1min） 展示两个动画程序。	（2）拓展——惠更斯等时摆 惠更斯于1656年发明了世界上第一个用摆线的等时性来计时的时钟。惠更斯正是在研究圆弧摆时，发现其不具有绝对意义上的等时性，才研究出摆线，以及摆线是等时曲线。 惠更斯（1629—1695）	时间：1min 演示MATLAB程序运行结果，展示惠更斯摆，让学生看到等时性的具体应用。这部分拓展内容与之前讲解的曲率的一节相呼应。
课后思考。（共1min）	下面两个问题留给学生思考： 1）是否有其他方法可以证明摆线的等时性？ 2）自己动手做试验验证摆线的等时性。	时间：1min 提出问题，拓展思考。

四、学情分析与教学评价

本次课的教学对象为理工科一年级第一学期的学生，通过前一段时间高等数学的学习，他们已经掌握了建立在极限理论基础上定积分概念、定积分存在条件和定积分性质，并具备了一定的数学思想和素养。通过本次定积分元素法课程的学习，让学生理解和掌握化整为零、以不变代变的数学思想，使学生能够分析和处理一些几何、物理中的定积分问题，为后续定积分应用的讲解打下了扎实的基础。

目前大学学习已经开始了一个阶段，学生已经慢慢适应了大学生活，逐步由高中的“被动”学习模式转变为“主动”学习模式。因此，教师在教学过程中需要进一步培养学生独立学习、独立思考的习惯，激发他们学习的自觉性，提高学生的学习热情。为此本次课引入两个生动的实际应用案例，旨在扩展学生知识面，开阔学生视野，激发学生探究新知识、新领域的兴趣，培养学生学以致用的能力，达到能应用所学的数学思想和方法真正去解决实际问题。

五、预习任务与课后作业

预习　定积分在物理学中的应用。

作业

求由下列各曲线所围成平面图形的面积：

（1）抛物线 $y=\frac{1}{4}x^2$ 与直线 $3x-2y-4=0$；

（2）曲线 $\sqrt{x}+\sqrt{y}=\sqrt{a}$（$a>0$）与坐标轴；

（3）曲线 $y=|\ln x|$ 与直线 $x=\frac{1}{10}$，$x=10$，$y=0$；

（4）闭曲线 $y^2=x^2-x^4$；

（5）星形线 $\begin{cases}x=a\cos^3 t\\ y=a\sin^3 t\end{cases}$（$a>0$）所围图形的面积。

无穷限的反常积分

一、教学目标

无穷限的反常积分作为定积分的一种推广，研究的是无穷区间上的积分。

极限的思想是近代数学的一种重要思想，高等数学中一系列重要概念，如函数的连续性、导数以及定积分等都是借助于极限来定义的。极限思想在现代数学乃至物理学等学科中，有着广泛的应用。极限思想揭示了变量与常量、无限与有限的对立统一关系，是唯物辩证法的对立统一规律在数学领域中的应用；定积分是高等数学中的核心概念，研究有界函数在有限区间上的积分和式的极限，在很多领域都有广泛的应用，借助元素法，可用定积分求解曲边图形的面积问题、计算变速直线运动的路程、变力做功以及数列求和的极限等。本次课通过将无穷区间上的积分表示成定积分的极限，引入无穷限反常积分的概念，通过对具体例题的讲解分析使得同学们掌握无穷限反常积分的计算，以及展示无穷限反常积分的广泛应用，特别是在物理、几何问题中的应用。

本次课的教学目标是：

1. 学好基础知识，掌握无穷限反常积分的定义。

2. 掌握基本技能，掌握无穷限反常积分的计算，能够判断其收敛或发散。

3. 提高应用能力，通过对具体问题的分析，用元素法给出无穷限反常积分的表达式，通过计算，解决问题，深化认识。

二、教学内容

1. 教学内容

1）无穷限反常积分的定义；

2）无穷限反常积分的计算及其敛散性判断；

3）了解无穷限反常积分在物理和几何问题中的应用。

2. 教学重点

1）掌握无穷限反常积分与定积分的关系；

2）掌握无穷限反常积分的计算方法。

3. 教学难点

1）无穷限反常积分的敛散性判断；

2）应用无穷限反常积分解决实际问题。

三、教学进程安排

1. 教学进程框图（45min）

2. 教学环节设计

教学意图	教学内容	教学环节设计
	1. 问题引入（3min）	
从中国航天的重要事件引入课程内容。（共3min）	（1）嫦娥三号月球探测器 嫦娥三号月球探测器是中国第一个月球软着陆的无人登月探测器。自2013年12月14日在月球表面软着陆，至2016年8月4日正式退役，嫦娥三号探测器创造了全世界在月球工作最长纪录。   嫦娥三号月球探测器与月球车 为使探测器达到指定运行轨道，需由运载火箭将探测器直接发射到地月转移轨道。嫦娥三号月球探测器是由长征三号乙增强型遥23号运载火箭发射的，其发射速度达10.9km/s。  长征三号乙增强型遥23号	时间：3min 以嫦娥三号登月、火星探测计划等激动人心的大事引入课程内容，激发学生学习的兴趣，尽快进入上课状态。 提问： 火箭发射速度要达到多大，火箭才能逃离地球引力束缚？ 在高中物理中，同学们就知道，这一速度应该是第二宇宙速度，又称逃逸速度，它的大小为11.2km/s。

（续）

教学意图	教学内容	教学环节设计
	（2）火星探测计划 中国预计在2020年前后发射首颗火星探测卫星，主要探索火星的生命活动信息。  火星探测器外观和火星车外观设计构型图 火星距离地球最近5500万km，最远距离超过4亿km。火星探测器要发射成功，需要彻底摆脱地球引力束缚，其运载火箭的发射速度至少是多少呢？ 这一速度应该是第二宇宙速度，又称逃逸速度，它的大小为11.2km/s。那么这个速度是怎么求出来的呢？ 要回答这个问题涉及本次课的内容——无穷限的反常积分。	反馈： 肯定学生的正确回答，并给予鼓励。
	2. 第二宇宙速度（11min）	
分析火箭发射速度与变力做功之间的关系。（共3min）	（1）功的计算 为了求出火箭逃离地球时的发射速度，由能量守恒定律，可知火箭的初始动能要大于等于克服地球引力需做的功。因此，需先求出火箭上升过程中克服地球引力所需要做的功 W。 此处地球的图像选取风云四号A星用多通道扫描成像辐射计合成的第一幅地球多通道彩色合成图像，图像生成时间是北京时间2017年2月20日13：50。 风云四号A星是中国新一代静止气象卫星的首发星。在全球首次实现静止轨道上三维大气的立体监测。风云四号卫星寿命更长，信息获取速度更快，功能更强大。直观来看，新获取的卫星云图相比上一代细节更多，色彩更真实、更丰富。	时间：3min 引导思考： 火箭的发射速度要满足什么条件，火箭才可以脱离地球引力？ 风云四号卫星展示我国气象卫星领域的最新突破，激发同学们的民族自豪感和爱国热情。
引入无穷区间上的变力做功问题。（共3min）	（2）为求出火箭发射过程中克服地球引力所做的功，需要建立坐标系对此加以分析。 取原点 O 在地球球心，x 轴铅直向上。记地球的半径为 R，质量为 M，火箭质量为 m。由万有引力定律可知，火箭在高度 x 处所受的万有引力为 $\frac{GMm}{x^2}$，因此在火箭上升过程中所受到的力是变化的。 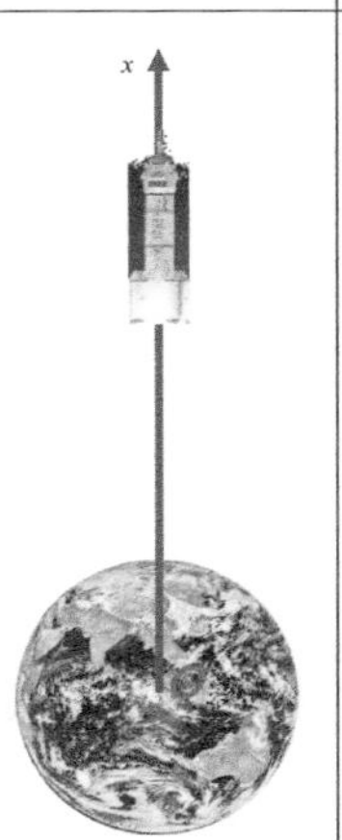 要使火箭脱离地球的引力范围，可以理解为使火箭上升到无穷远处，应考虑 W 的自变量取值范围为 $x\in[R,+\infty)$。因此，为了计算火箭的发射速度，需要计算无穷区间上的变力做功问题。 采用有限逼近无限、元素法解决上述问题。	时间：3min 提问： 任意两个物体之间都存在万有引力。火箭上升过程中受到的万有引力是变力还是常力？

（续）

教学意图	教学内容	教学环节设计
回顾有限区间上的变力做功问题是如何解决的。（共3min）	（3）元素法 在定积分的应用部分，解决有限区间上的变力做功用的是元素法。 首先考虑火箭上升至距地心 r 处克服地球引力所需要做的功。这是一个典型的有限区间上变力做功问题。由元素法，可任取 $[x,\ x+\mathrm{d}x]\subset[R,\ r]$，则功元素 $\mathrm{d}W=\dfrac{GMm}{x^2}\mathrm{d}x$。 因此，火箭上升到距地心 r 处克服地球引力所需要做的功为 $\int_R^r \mathrm{d}W=\int_R^r \dfrac{GMm}{x^2}\mathrm{d}x=GMm\left(\dfrac{1}{R}-\dfrac{1}{r}\right)$。	时间：3min 提问： 火箭从地面上升到距地心 r 处克服地球引力所需要做的功要怎么求？
借助极限思想，实现有限到无限矛盾的转化。（共2min）	（4）有限逼近无限 上面讨论了火箭从地面上升至距地心 r 处克服地球引力所需要做的功。现在要计算无穷区间 $[R,\ +\infty)$ 上的万有引力对火箭做的功，由极限思想可知，极限运算可实现有限与无限之间的矛盾转化。因此对 $\int_R^r \dfrac{GMm}{x^2}\mathrm{d}x$ 中的积分上限 r 取极限，便得到无穷区间上的功 W，即 $$W=\lim_{r\to+\infty}\int_R^r \mathrm{d}W=\lim_{r\to+\infty}\int_R^r \frac{GMm}{x^2}\mathrm{d}x=\lim_{r\to+\infty}GMm\left(\frac{1}{R}-\frac{1}{r}\right)=\frac{GMm}{R}。$$	时间：2min 引导思考： 在数列极限的学习中，是怎么引入和处理∞的？
3. 无穷限的反常积分（7min）		
介绍无穷限的反常积分。（共4min）	（1）无穷限的反常积分及其敛散性的定义 定义：设 $f(x)\in C[a,\ +\infty)$，取 $b>a$，称 $\lim\limits_{b\to+\infty}\int_a^b f(x)\mathrm{d}x$ 为 $f(x)$ 定义在区间 $[a,\ +\infty)$ 上的无穷限反常积分，记作 $$\int_a^{+\infty} f(x)\mathrm{d}x。$$ 若上述极限存在，则称反常积分 $\int_a^{+\infty} f(x)\mathrm{d}x$ 收敛，反之，称反常积分 $\int_a^{+\infty} f(x)\mathrm{d}x$ 发散。 类似地，若 $f(x)\in C(-\infty,\ b]$，则定义 $$\int_{-\infty}^b f(x)\mathrm{d}x=\lim_{a\to-\infty}\int_a^b f(x)\mathrm{d}x。$$ 如果 $f(x)\in C(-\infty,\ +\infty)$，则定义 $$\int_{-\infty}^{+\infty} f(x)\mathrm{d}x=\int_{-\infty}^{c} f(x)\mathrm{d}x+\int_c^{+\infty} f(x)\mathrm{d}x,\ \forall c\in\mathbf{R}。$$ 上式右侧两个无穷限积分中只要有一个极限不存在，就称 $\int_{-\infty}^{+\infty} f(x)\mathrm{d}x$ 发散。 几何意义：若 $f(x)\in C[a,\ +\infty)$，$\int_a^{+\infty} f(x)\mathrm{d}x$ 收敛，则曲线 $y=f(x)$，直线 $x=a$ 以及 x 轴之间那部分向右无限延伸的阴影区域有有限面积。	时间：4min 引导思考： 定义在 $(-\infty,\ b]$ 和 $(-\infty,\ +\infty)$ 上的函数的无穷限积分怎么定义？

（续）

教学意图	教学内容	教学环节设计
介绍无穷限反常积分的计算表达式，简化计算过程。（共3min）	（2）无穷限反常积分的牛顿-莱布尼茨公式 若 $F(x)$ 是 $f(x)$ 在相应无穷区间上的原函数，记 $F(+\infty)=\lim\limits_{x\to+\infty}F(x)$，$F(-\infty)=\lim\limits_{x\to-\infty}F(x)$， 则可得到无穷限反常积分的类似牛顿-莱布尼茨公式的计算表达式： $\int_a^{+\infty}f(x)\mathrm{d}x=F(x)\Big\|_a^{+\infty}=F(+\infty)-F(a)$， $\int_{-\infty}^{b}f(x)\mathrm{d}x=F(x)\Big\|_{-\infty}^{b}=F(b)-F(-\infty)$， $\int_{-\infty}^{+\infty}f(x)\mathrm{d}x=F(x)\Big\|_{-\infty}^{+\infty}=F(+\infty)-F(-\infty)$。	时间：3min 提问： 牛顿-莱布尼茨公式，是求解定积分的著名公式，对无穷限的反常积分是否成立？如何表达？
	4. 无穷限反常积分例子计算（9min）	
应用无穷限反常积分的定义计算第一类 p 积分。（共4min）	例1：证明第一类 p 积分 $\int_a^{+\infty}\frac{\mathrm{d}x}{x^p}$ 当 $p>1$ 时收敛；当 $p\leqslant1$ 时发散，其中 $a>0$。 证明：当 $p=1$ 时，有 $\int_a^{+\infty}\frac{\mathrm{d}x}{x}=\lim\limits_{b\to+\infty}\int_a^b\frac{\mathrm{d}x}{x}=\lim\limits_{b\to+\infty}\left(\ln x\Big\|_a^b\right)=\lim\limits_{b\to+\infty}(\ln b-\ln a)=+\infty$。 当 $p\neq1$ 时，有 $\int_a^{+\infty}\frac{\mathrm{d}x}{x}=\lim\limits_{b\to+\infty}\int_a^b\frac{\mathrm{d}x}{x^p}=\lim\limits_{b\to+\infty}\left(\frac{x^{1-p}}{1-p}\Big\|_a^b\right)=\lim\limits_{b\to+\infty}\left(\frac{b^{1-p}}{1-p}-\frac{a^{1-p}}{1-p}\right)$ $=\begin{cases}+\infty, & p<1,\\ \frac{a^{1-p}}{p-1}, & p>1。\end{cases}$ 因此，当 $p>1$ 时反常积分收敛，其值为 $\frac{a^{1-p}}{p-1}$；当 $p\leqslant1$ 时反常积分发散。 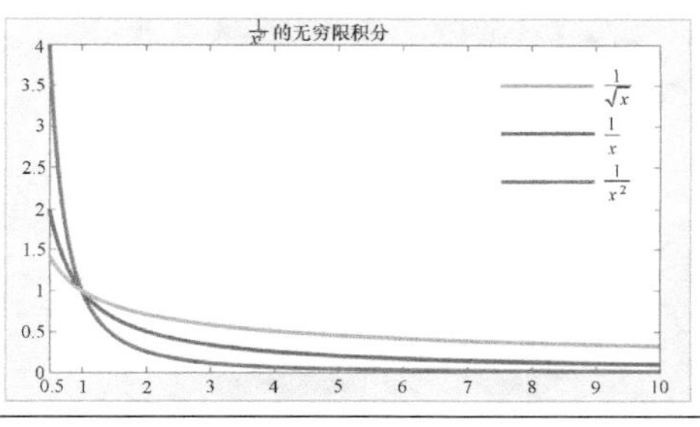 	时间：4min 通过MATLAB画图，给出三个不同的 p 值所对应的曲线形状。通过思考无穷限反常积分的几何意义对这里的敛散性有个直观感受。
展示直接用牛顿-莱布尼茨公式求解无穷限反常积分的例子。（共2min）	例2：计算无穷限反常积分 $\int_{-\infty}^{+\infty}\frac{\mathrm{d}x}{1+x^2}$。 解：由无穷限反常积分的牛顿-莱布尼茨公式可知 $\int_{-\infty}^{+\infty}\frac{\mathrm{d}x}{1+x^2}=\arctan x\Big\|_{-\infty}^{+\infty}=\frac{\pi}{2}-\left(-\frac{\pi}{2}\right)=\pi$。 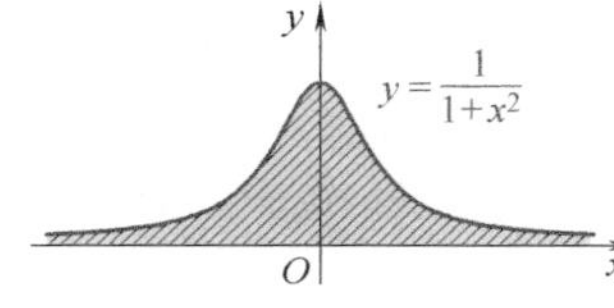 注：$\frac{1}{1+x^2}$ 与 x 轴所围成的图形面积为有限值 π。	时间：2min 提问： 若按无穷限反常积分的定义，应该如何计算本例？

（续）

教学意图	教学内容	教学环节设计
介绍利用变量代换和分部积分来计算无穷限反常积分的例子，与定积分的计算法进行比较。（共3min）	例3：计算无穷限反常积分 $\int_{\frac{2}{\pi}}^{+\infty}\frac{1}{x^2}\sin\frac{1}{x}\mathrm{d}x$。 解：$\int_{\frac{2}{\pi}}^{+\infty}\frac{1}{x^2}\sin\frac{1}{x}\mathrm{d}x=-\int_{\frac{2}{\pi}}^{+\infty}\sin\frac{1}{x}\mathrm{d}\left(\frac{1}{x}\right)$ $=-\lim\limits_{b\to+\infty}\int_{\frac{2}{\pi}}^{b}\sin\frac{1}{x}\mathrm{d}\left(\frac{1}{x}\right)=\lim\limits_{b\to+\infty}\cos\frac{1}{x}\Big\|_{\frac{2}{\pi}}^{b}$ $=\lim\limits_{b\to+\infty}\left(\cos\frac{1}{b}-\cos\frac{\pi}{2}\right)$ $=1$。 例4：计算无穷限反常积分 $\int_0^{+\infty}te^{-pt}\mathrm{d}t(p>0)$。 解：$\int_0^{+\infty}te^{-pt}\mathrm{d}t(p>0)=-\frac{t}{p}e^{-pt}\Big\|_0^{+\infty}+\frac{1}{p}\int_0^{+\infty}e^{-pt}\mathrm{d}t$ $=-\frac{1}{p^2}e^{-pt}\Big\|_0^{+\infty}=\frac{1}{p^2}$。	时间：3min 引导思考： 定积分计算的性质和技巧对无穷限反常积分都适用吗？ 反馈： 肯定学生的正确的回答，并给予鼓励。
5. 无穷限反常积分的应用（12min）		
应用无穷限上的反常积分计算地球和其他星球的逃逸速度。（共3min）	（1）逃逸速度 火箭从地面上升到无穷远处，克服万有引力需做的功 $\int_R^{+\infty}\frac{GMm}{x^2}\mathrm{d}x=\lim\limits_{r\to+\infty}\int_R^{r}\frac{GMm}{x^2}\mathrm{d}x=\frac{GMm}{R}$。 要使火箭脱离地球引力范围，火箭的初始动能满足 $\frac{1}{2}mv_0^2\geqslant\frac{GMm}{R}\Rightarrow v_0\geqslant\sqrt{\frac{2GM}{R}}$。 将 $G=6.67\times10^{-11}\mathrm{N}\cdot\mathrm{m}^2/\mathrm{kg}^2$，$R=6.371\times10^6\mathrm{m}$ 和 $M=5.965\times10^{24}\mathrm{kg}$ 代入，得到 $v_{逸}=\sqrt{\frac{2GM}{R}}\approx11.2\mathrm{km/s}$ 这就是著名的第二宇宙速度，也称逃逸速度。 用上面逃逸速度的公式，还可以计算其他星体的逃逸速度。具体数值如下： 火星 5.06km/s　月球 2.4km/s　金星 10.4km/s　水星 4.3km/s	时间：3min 引导思考： 上面计算火箭从地球逃逸速度的分析可否用于计算其他星体的逃逸速度？
介绍黑洞相关知识。（共2min）	追问：如果地球的引力常数以及地球质量保持不变，将地球无限压缩，即 $R\to0$，脱离地球所需要的初速度将趋于无穷大，即 $\lim\limits_{R\to0}v_{逸}=\lim\limits_{R\to0}\sqrt{\frac{2GM}{R}}=+\infty$。 当地球半径 R 被压缩到一定程度后，脱离地球引力所需初速度将超过光速 $c=3.0\times10^8\mathrm{m/s}$，根据爱因斯坦相对论原理，当地球被压缩到一个很小体积时，任何物体都不可能从中逃逸出来，包括光线，这时地球就变成了一个可怕的黑洞，求此时地球的半径。 解：由 $\sqrt{\frac{2GM}{R}}\geqslant c$，可推出 $R\leqslant\frac{2GM}{c^2}\approx0.884\mathrm{cm}$。 此时地球约为一颗葡萄大小。	时间：2min 教学互动： 从逃逸速度的下界表达式，分析 $v_{逸}$ 与 R 的依赖关系，当 R 不断变小时，$v_{逸}$ 怎么变化？

（续）

教学意图	教学内容	教学环节设计
介绍托里拆利小号。（共4min）	（2）托里拆利小号 托里拆利小号是由意大利物理学家、数学家托里拆利（Torricelli）发明的三维立体图形。  托里拆利 （1608—1647） 将 $y=\frac{1}{x}$ 中 $x\geqslant 1$ 的部分绕 x 轴旋转一圈，得到了小号状图形，它被称为托里拆利小号，又被称为加百利号角。 为了加深印象，利用MATLAB软件做了一个动画程序，将曲线绕 x 轴旋转一周，之后再顺时针旋转360°。注：下图仅显示托里拆利小号的一部分。	时间：4min 通过动画演示托里拆利小号的旋转生成过程，让同学们对其图形有直观的感受。 提问： 托里拆利小号是通过旋转得到的几何体。如何求它的体积和表面积？
展示动画程序及自制教具。	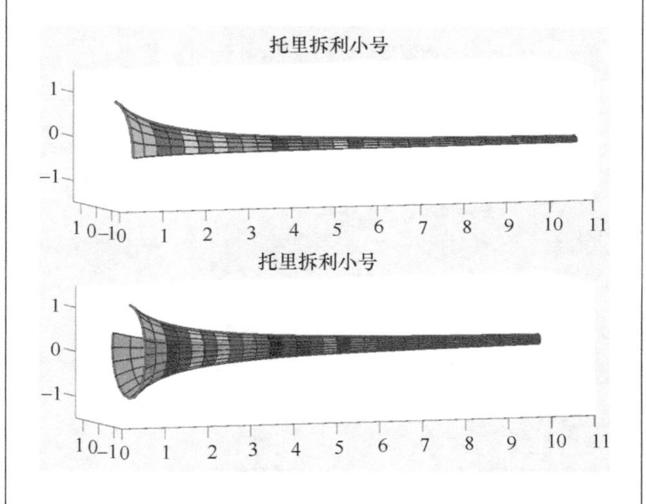 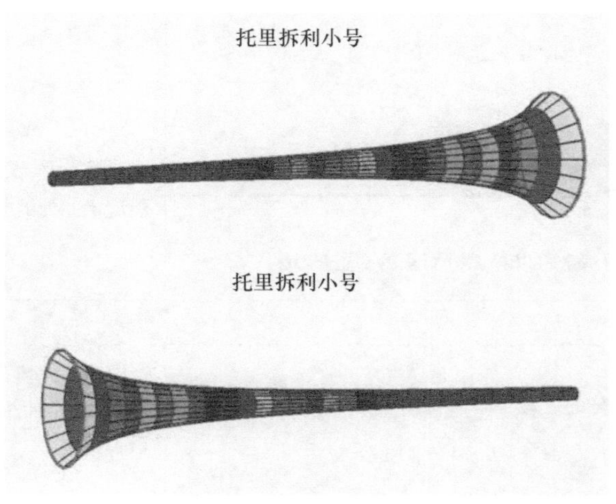 	为讲述方便，做了一个小号教具。  引导思考： 回想一下科赫雪花的周长和围成的面积。 科赫雪花与托里拆利小号有什么类似的地方？
计算托里拆利小号的体积与表面积。	问：托里拆利小号的体积 V 及表面积 S 是多少？ 解：体积 V 及表面积 S 都是积分变量 x 在无穷区间 $[1,+\infty)$ 上的无穷限积分。	

（续）

教学意图	教学内容	教学环节设计
	$V=\int_1^{+\infty}\pi y^2\mathrm{d}x=\pi\int_1^{+\infty}\frac{1}{x^2}\mathrm{d}x=\pi\left[-\frac{1}{x}\right]\Big\vert_1^{+\infty}=\pi$。 $S=\int_1^{+\infty}2\pi y\mathrm{d}s=\int_1^{+\infty}2\pi y\sqrt{1+(y')^2}\mathrm{d}x>2\pi\int_1^{+\infty}y\mathrm{d}x$ $=2\pi\int_1^{+\infty}\frac{1}{x}\mathrm{d}x=+\infty$。 所以托里拆利小号的表面积无穷大，但体积却为有限值 π。 这是17世纪著名的几何悖论之一，因为它明显地有悖于人的直觉：体积有限的物体，表面积却可以是无限的！这是由 ∞ 的引入所带来的。	
构造黄金大道的例子。（共3min） 展示动画程序。	（3）黄金大道 问：用有限体积的黄金可以将无穷面积的街道铺满吗？ 假设街道 $0\leqslant x<+\infty$，$0\leqslant y\leqslant 1$，所铺金箔厚度可以任意薄。 黄金大道演示(立体图) 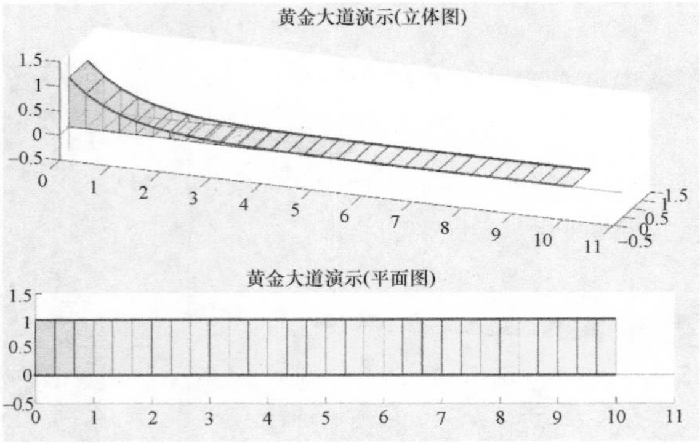 黄金大道演示(平面图) 解：令横坐标为 x 位置处所铺金箔的厚度为 $h=\mathrm{e}^{-x}$，铺满街道所用金箔体积为 V，则 $V\sim x\in[0,+\infty)$。 $V=\int_0^{+\infty}\mathrm{e}^{-x}\mathrm{d}x=(-\mathrm{e}^{-x})\vert_0^{+\infty}=1$。 结论：用有限体积的黄金可以将无穷面积的街道铺满！	时间：3min 提问： 金箔的厚度还可以如何设计，能满足此处的要求？
	6. 小结与思考（3min）	
无穷限的反常积分小结。（共2min）	本次课主要内容包括： （1）无穷限反常积分的定义 $\int_a^{+\infty}f(x)\mathrm{d}x=\lim\limits_{b\to+\infty}\int_a^b f(x)\mathrm{d}x$， $\int_{-\infty}^b f(x)\mathrm{d}x=\lim\limits_{a\to-\infty}\int_a^b f(x)\mathrm{d}x$， $\int_{-\infty}^{+\infty}f(x)\mathrm{d}x=\int_{-\infty}^c f(x)\mathrm{d}x+\int_c^{+\infty}f(x)\mathrm{d}x,\forall c\in\mathbf{R}$。 （2）无穷限反常积分的敛散性判断	时间：2min 单元小结，回顾本次课的主要内容。

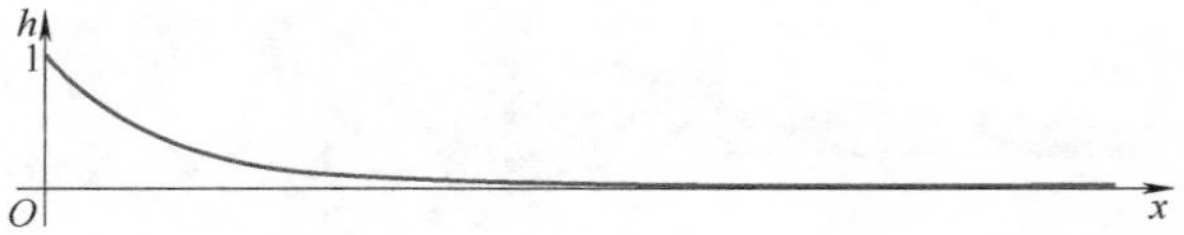

（续）

教学意图	教学内容	教学环节设计
	若无穷限反常积分定义中的极限存在，则称反常积分收敛；反之，称反常积分发散。 常用无穷限反常积分：第一类 p 积分 $\int_a^{+\infty}\frac{\mathrm{d}x}{x^p}$ 当 $p>1$ 时收敛；当 $p\leqslant 1$ 时发散，其中 $a>0$。 （3）无穷限反常积分的应用 物理方面：无穷区间上变力做功问题，火箭的逃逸速度。 几何方面：无穷区间上体积、表面积的计算。	
课后思考。（共 1min）	（1）若由积分的奇偶性应有 $$\int_{-\infty}^{+\infty}\frac{x}{1+x^2}\mathrm{d}x=0。$$ 上式有何问题？反常积分收敛吗？ （2）门格尔海绵是奥地利数学家卡尔·门格尔（Karl Menger）在 1926 年提出的一种分形曲线。查阅有关门格尔海绵的相关资料，考虑门格尔海绵的体积及表面积。 	时间：1min 引导思考： 对无穷限反常积分要运用对称性简化计算，需要什么前提条件？

四、学情分析与教学评价

本节教学内容的对象为理工科一年级第一学期的学生，通过高等数学第 4 章前面几节内容的学习，他们熟悉和掌握了高等数学中定积分这一重要概念。此外，在第 1 章中，极限概念的引入又使得他们掌握了极限运算和极限思想。本节所讲述的无穷限的反常积分，可以理解为常义积分（定积分）的极限，在很多实际问题中都有广泛应用。

经过高等数学前面几章的学习，学生们的数学素养得到一定的培养。极限运算和定积分虽是高等数学中的核心运算和概念，对高等数学的学习至关重要，但是却都比较抽象，一年级新生会有理解上的困难。本节的无穷限反常积分，作为定积分的极限，结合了前面的两个知识点，更为抽象。为了让同学们比较容易接受和掌握本节的知识，在教学过程中，通过选取实际生活中的例子，尤其是振奋人心或者生动有趣的例子，激发学生的学习兴趣和热情，帮助他们深刻理解相关知识，提高学习主动性，培养他们学以致用的意识。

针对重难点内容，通过对具体事例的分析，引入所要学习的内容。在整个教学过程中，以火箭逃逸速度的推导为主线，循序渐进地分析和解决问题，推演出物理学中的很多重要结果。在这个过程中，使得学生既能掌握新的概念，又能理清前后知识之间的关联，并且能够举一反三，学以致用，培养学生的数学思维和逻辑推理能力，提高他们解决复杂问题的能力。通过托里拆利小号以及黄金大道这两个例子，让学生体验如何应用所学到的数学知识，解决一些几何相关问题，并且通过对这些违背几何直观的结果的分析，进一步地深化对所学知识的理解，开阔视野。

五、预习任务与课后作业

预习　无界函数的反常积分。

作业

1. 判定下列各反常积分的收敛性，若收敛，则计算其反常积分的值

(1) $\int_{1}^{+\infty}\frac{1}{x^5}dx$；

(2) $\int_{0}^{+\infty}e^{-ax}dx\ (a>0)$；

(3) $\int_{0}^{+\infty}\frac{\arctan x}{(1+x^2)^{\frac{3}{2}}}dx$；

(4) $\int_{-\infty}^{+\infty}\frac{1}{x^2+2x+2}dx$。

2. 计算反常积分：$\int_{0}^{+\infty}\frac{1}{(1+x^2)^2}dx$。

常数项级数的概念

一、教学目标

级数是高等数学课程教学过程中的一个重点，也是一个难点。对常数项级数基本概念的正确理解是学习和应用级数的重要理论基础。无穷级数收敛、发散、求和是常数项级数中最基本、最重要的概念。等比级数和调和级数是在各个领域应用都很普遍的两类级数，也是判断级数敛散性的重要基础。

通过常数项级数概念的教学，引导学生从数列极限理论到级数理论的过渡和转化，通过观察和分析，培养学生的抽象思维能力、运算能力和综合运用所学知识去分析解决问题的能力。

本次课的教学目标是：

1. 学好基础知识，掌握常数项级数的基本概念，领会级数的本质思想。

2. 掌握基本技能，会用级数收敛与发散的定义判定简单级数的收敛性。

3. 培养思维能力，了解利用级数知识解决实际问题的一般过程，提高应用数学知识的意识。

二、教学内容

1. 教学内容

1）常数项级数的概念；

2）用定义判断简单级数的敛散性；

3）对收敛级数求和；

4）了解等比级数与调和级数；

5）了解调和级数发散速度及欧拉常数。

2. 教学重点

1）理解级数收敛等价于部分和数列有极限；

2）常数项级数的收敛、发散、求和；

3）等比级数与调和级数的敛散性证明。

3. 教学难点

1）理清极限理论与级数理论的内在联系；

2）利用级数知识解决实际问题；

3）理解调和级数的发散速度。

三、教学进程安排

1. 教学进程框图（45min）

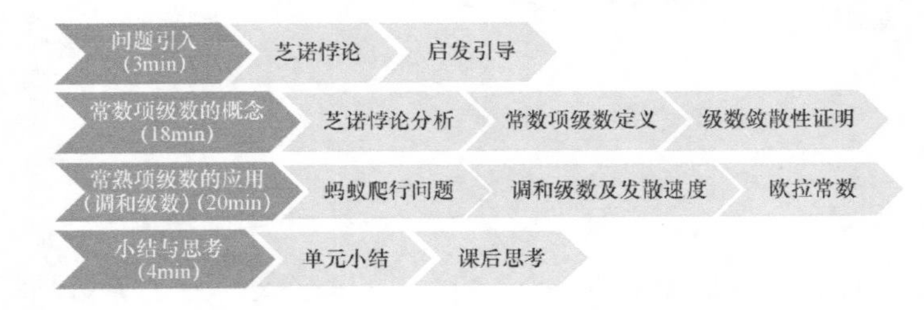

2. 教学环节设计

教学意图	教学内容	教学环节设计
1. 问题引入（3min）		
通过介绍芝诺悖论引起大家的学习兴趣，继而进行分析，并引出本次课的概念。(共3min)	芝诺悖论：芝诺悖论是古希腊数学家芝诺（约前490—前430）提出的一系列关于运动的不可分性的哲学悖论。其中，非常著名的阿基里斯悖论如下：阿基里斯是古希腊神话中善跑的英雄。芝诺提出让阿基里斯和乌龟赛跑。假设乌龟先爬一段路然后阿基里斯去追它。要想追到乌龟，阿基里斯必须先到达乌龟现在的位置，而等阿基里斯到了这个位置时乌龟已经又前进了一段距离。由于阿基里斯和乌龟之间的距离可依次分成无数小段，芝诺认为因此阿基里斯虽然越追越近，但“永远”追不上乌龟。  芝诺  阿基里斯和乌龟赛跑 分析：芝诺悖论显然与人们的生活经验、共识相悖。但问题是很长一段时间人们一直无法真正认识无穷概念的本质，无法解释芝诺悖论。 可以发现：由于这段路程被分成了无数小段，而根据芝诺的推论，在每一个小段里，阿基里斯是永远追不上乌龟的，这显然是正确的。可是，这无数个小段加起来，阿基里斯就刚好可以追到。这涉及到无穷项的“求和”问题。	时间：3min 引导思考： 介绍数学上非常著名的芝诺悖论，引起学生的注意，使学生尽快进入上课状态。 结合动画展示，讲解芝诺悖论的论证。

（续）

教学意图	教学内容	教学环节设计
	2. 常数项级数的概念（18min）	
进一步通过具体分析引入本次课的核心内容。（共4min） 通过具体模型，量化计算出“永远”为1s。	以芝诺悖论为例进行分析：显然芝诺悖论中阿基里斯“永远”追不上乌龟这一结论与我们的常识是不吻合的。那问题出在哪里了呢？这里的“永远”是时间概念，那么“永远”到底有多远呢？下面我们计算一下。 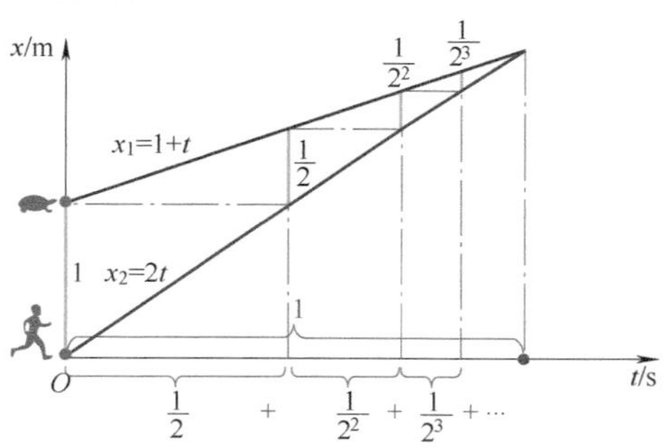 建立一个坐标系，横轴表示时间，纵轴表示位移。假设乌龟在阿基里斯前面1m处和阿基里斯赛跑，并且假定阿基里斯的速度是$v_2=2\text{m/s}$，乌龟的速度是$v_1=1\text{m/s}$。给出位移关于时间的函数图像。阿基里斯跑1m，所用的时间为$\frac{1}{2}$s，此时乌龟也前行了$\frac{1}{2}$m；阿基里斯再追赶$\frac{1}{2}$m，所用的时间为$\frac{1}{2^2}$s，乌龟仍然前于他$\frac{1}{2^2}$m；…，依次下去，阿基里斯追赶乌龟所用的“永远”实际上是把这段路程分成了无数小段，将每一段追赶乌龟所用的时间累加，和为 $$\frac{1}{2}+\frac{1}{2^2}+\frac{1}{2^3}+\cdots+\frac{1}{2^n}+\cdots。$$ 从图中可看出，两条位移关于时间的函数直线是有交点的，这个交点处就是阿基里斯追上乌龟的时间。可计算出“永远”为1s。	时间：4min 提问： 芝诺悖论里的“永远”到底有多远？ 引导思考： 建立坐标系，结合函数图像，配合板书讲解，分段分析阿基里斯追上乌龟所用总时间，并给出表达式。 引导思考： 阿基里斯追赶乌龟所用的“永远”实际上是把这段路程分成了无数小段，每一段追赶乌龟所用的时间和。
通过具体分析，使学生从实例中具体抽象出级数的基本概念。（共3min）	考虑以下几个问题： （1）阿基里斯追赶乌龟的这段路程被分成了无数小段，追赶乌龟的每一段路程所需时间，形成了一个数列。 （2）阿基里斯最终追赶乌龟所需总时间，出现了如下形式的式子： $$\frac{1}{2}+\frac{1}{2^2}+\frac{1}{2^3}+\cdots+\frac{1}{2^n}+\cdots。\qquad (*)$$ （3）如何定义式（*）的计算？ 记S_n为前n段追赶路程所需时间，那么对$\forall n$， $$S_n=\frac{1}{2}+\frac{1}{2^2}+\frac{1}{2^3}+\cdots+\frac{1}{2^n}=\frac{\frac{1}{2}\left(1-\frac{1}{2^n}\right)}{1-\frac{1}{2}}=1-\frac{1}{2^n},$$ 由数列极限知识可知$\lim\limits_{n\to\infty}S_n=1$，规定 $$\frac{1}{2}+\frac{1}{2^2}+\frac{1}{2^3}+\cdots+\frac{1}{2^n}+\cdots=\lim_{n\to\infty}\left(\frac{1}{2}+\frac{1}{2^2}+\frac{1}{2^3}+\cdots+\frac{1}{2^n}\right)=1。$$ 可知上式左边是无限和，而$S_n=\frac{1}{2}+\frac{1}{2^2}+\frac{1}{2^3}+\cdots+\frac{1}{2^n}$是有限和，用有限和的极限来确定无限和。这样就可以给出常数项无穷级数和的概念。	时间：3min 引导思考： 用有限和的极限来确定无限和，进一步给出常数项无穷级数和的概念。 提问： 无限个数相加是否存在“和”，如果存在，“和”等于什么？

（续）

教学意图	教学内容	教学环节设计
给出常数项无穷级数的严格定义。（共3min）	定义：给定一个数列 $\{u_n\}$，称 $u_1+u_2+u_3+\cdots+u_n+\cdots$ 为（常数项）无穷级数，简称（数项）级数，记为 $\sum\limits_{n=1}^{\infty}u_n$。 $S_n=\sum\limits_{k=1}^{n}u_k=u_1+u_2+u_3+\cdots+u_n$ 为级数的第 n 个部分和，简称为部分和。 若数列 $\{S_n\}$ 收敛于有限数 S，即 $\lim\limits_{n\to\infty}S_n=S$，则称数项级数收敛，称 S 为级数的和，记 $S=\sum\limits_{k=1}^{\infty}u_k$。若 $\lim\limits_{n\to\infty}S_n$ 不存在，则称数项级数发散。	时间：3min 引导思考： 给出常数项级数的定义及符号含义。
通过分析找到级数理论与极限理论的关系。	（1）数列 $\{u_n\}$ 的前 n 项和 S_n，构成了数列 $\{S_n\}$。判定级数 $\sum\limits_{n=1}^{\infty}u_n$ 收敛或发散的问题，实际上是观察部分和数列 $\{S_n\}$ 是否有极限的问题。 （2）当级数收敛时，无穷项之和才有意义，收敛级数的和是求部分和数列的极限。	引导思考： （1）级数与极限进行比较，找内在联系。 （2）收敛级数如何求级数和？
通过典型例题理解级数的定义，用级数收敛与发散的定义判定简单级数的收敛性。（共5min） 让学生总结等比级数收敛情况。	例1：讨论等比级数（又称几何级数）的敛散性。 $\sum\limits_{n=0}^{\infty}aq^n=a+aq+aq^2+\cdots+aq^n+\cdots(a\neq 0)$。 解：$S_n=a+aq+aq^2+\cdots+aq^{n-1}=\dfrac{a\ (1-q^n)}{1-q}$，$q\neq1$。 当 $\lvert q\rvert<1$ 时，$\lim\limits_{n\to\infty}q^n=0$，从而 $\lim\limits_{n\to\infty}S_n=\dfrac{a}{1-q}$，故级数收敛，其和为 $\dfrac{a}{1-q}$。 当 $\lvert q\rvert>1$ 时，$\lim\limits_{n\to\infty}q^n=\infty$，从而 $\lim\limits_{n\to\infty}S_n=\infty$，故级数发散。 当 $q=1$ 时，$S_n=na$，从而 $\lim\limits_{n\to\infty}S_n=\infty$，故级数发散。 当 $q=-1$ 时，$S_n=a-a+a-a+\cdots+a\ (-1)^{n-1}$，$S_{2n}=0$， $S_{2n+1}=a$， 所以 $\lim\limits_{n\to\infty}S_n$ 不存在，因此级数发散。 等比级数的敛散性可总结为 $\sum\limits_{n=0}^{\infty}aq^n=\begin{cases}\dfrac{a}{1-q}, & \lvert q\rvert<1,\\ 发散, & \lvert q\rvert\geqslant 1。\end{cases}$ 古代数学中出现最早的级数就是等比级数。公元前4世纪，亚里士多德就已经知道 $0<q<1$ 时级数收敛。阿贝尔说过“发散级数是魔鬼的发明”。 在芝诺悖论中，阿基里斯最终追赶乌龟所需总时间 $\dfrac{1}{2}+\dfrac{1}{2^2}+\cdots+\dfrac{1}{2^n}+\cdots$ 是公比为 $\dfrac{1}{2}$ 的等比级数。由例1的结论可知级数和为1。	时间：5min 板书： PPT演示与板书结合，引导学生回答。判定 q 取不同值时级数的敛散性。 让学生熟记此结论，以便今后使用。 再回到引例，用等比级数的结论解决问题。

（续）

教学意图	教学内容	教学环节设计
通过练习，加强学生用定义判别简单级数的收敛性的能力。(共3min)	例2：判别下面常数项级数的敛散性，若收敛，求其级数和，若发散说明理由。 $\frac{1}{1\cdot 2}+\frac{1}{2\cdot 3}+\frac{1}{3\cdot 4}+\cdots+\frac{1}{n\cdot(n+1)}+\cdots$。 解：设 $u_n=\frac{1}{n(n+1)}=\frac{1}{n}-\frac{1}{n+1}$， 因此 $S_n=\frac{1}{1\cdot 2}+\frac{1}{2\cdot 3}+\frac{1}{3\cdot 4}+\cdots+\frac{1}{n\cdot(n+1)}$ $=\left(1-\frac{1}{2}\right)+\left(\frac{1}{2}-\frac{1}{3}\right)+\cdots+\left(\frac{1}{n}-\frac{1}{n+1}\right)$ $=1-\frac{1}{n+1}$， 从而 $\lim\limits_{n\to\infty}S_n=\lim\limits_{n\to\infty}\left(1-\frac{1}{n+1}\right)=1$， 所以此常数项级数收敛，它的级数和是1。	时间：3min 引导学生： 让学生自己完成例题，巩固新知识。
3. 常数项级数的应用（调和级数）（20min）		
给出蚂蚁绕橡皮筋爬行问题，分析并建立相应的数学模型。(共5min)	（1）蚂蚁绕橡皮筋爬行问题 一只蚂蚁沿一条1m长的圆形橡皮筋爬行，蚂蚁爬行速度为1cm/s，每过1s，橡皮筋就被瞬间拉长1m，假设橡皮筋可任意拉长，并且拉伸是均匀的；蚂蚁会不知疲倦地一直向前爬。如此下去，蚂蚁最终能否绕橡皮筋爬行一周回到起点？  	时间：5min 引导学生： PPT演示蚂蚁绕橡皮筋爬行每一秒的变化，引导学生分析蚂蚁爬行的距离占整个橡皮筋的比例。
结合图片分析蚂蚁爬行比例。	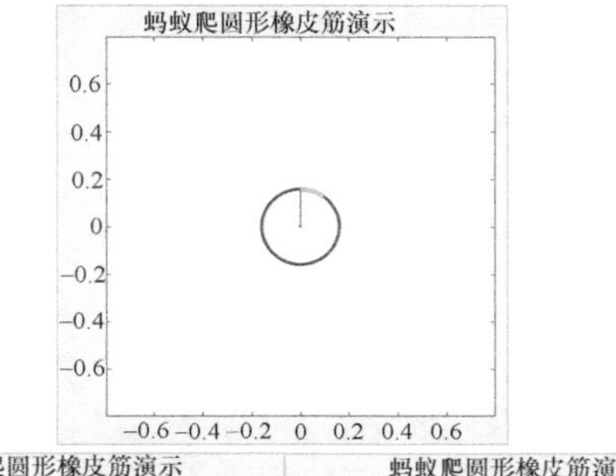 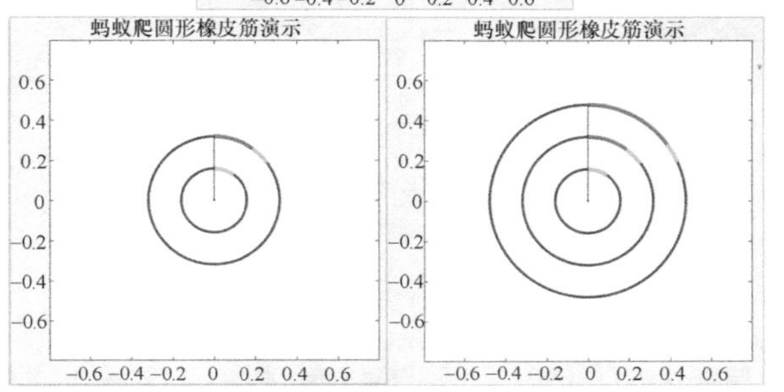 考虑蚂蚁在橡皮筋上爬行距离占整个橡皮筋的比例：	为了更方便说明，左图中蚂蚁爬行速度放大10倍呈现。

（续）

教学意图	教学内容	教学环节设计
引导学生找出蚂蚁爬行问题要解决的数学问题。 展示动画程序。	第1秒末：$\frac{1}{100}$ 第2秒末：$\frac{1}{100}+\frac{1}{200}$ 第3秒末：$\frac{1}{100}+\frac{1}{200}+\frac{1}{300}$ 第n秒末：$\frac{1}{100}+\frac{1}{200}+\frac{1}{300}+\cdots+\frac{1}{(n-1)\times 100}+\frac{1}{n\times 100}$ 经过分析，原问题转化为：能否找到正整数n，使得 $$\frac{1}{100}+\frac{1}{200}+\frac{1}{300}+\cdots+\frac{1}{(n-1)\times 100}+\frac{1}{n\times 100}\geqslant 1,$$ 即 $$1+\frac{1}{2}+\frac{1}{3}+\cdots+\frac{1}{n}\geqslant 100。$$ 记$S_n=1+\frac{1}{2}+\frac{1}{3}+\cdots+\frac{1}{n}$，可看出此数列为单调递增的数列。 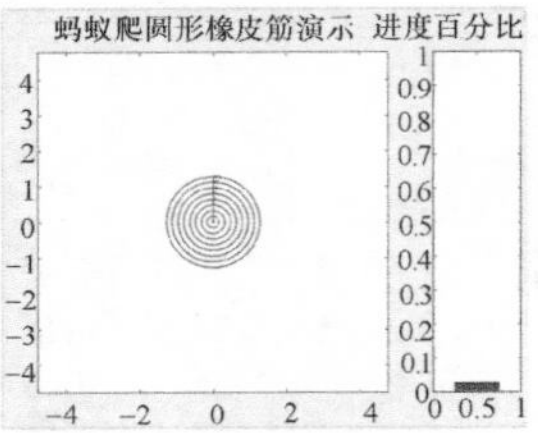 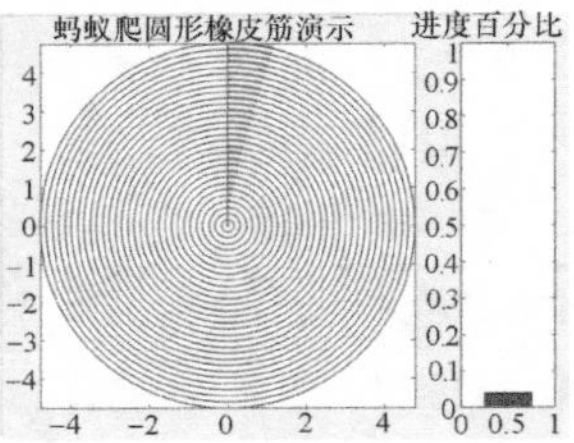 以上是蚂蚁爬行30s后的比例图示。	提问： 是否能找到正整数n，使得蚂蚁能绕橡皮筋爬行一周回到起点？ 动画程序演示的蚂蚁爬行速度是1cm/s。
通过数值计算，让学生直观地感受到有限和的增长速度。（共3min） 通过借助超级计算机，调动学生探索的积极性。	（2）蚂蚁绕橡皮筋爬行变量的速度分析 当蚂蚁绕橡皮筋爬行1h，即3600s时，计算出此时的S_n还不到10，离我们的目标值相差太远。计算10^8年时，计算出此时的S_n还不到40。 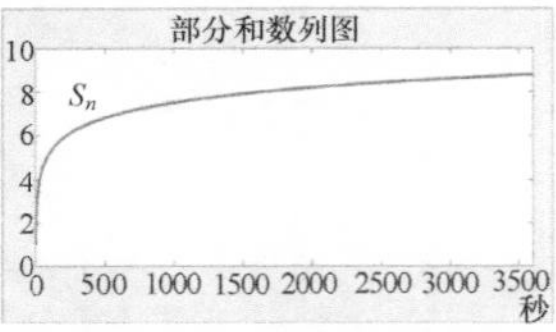 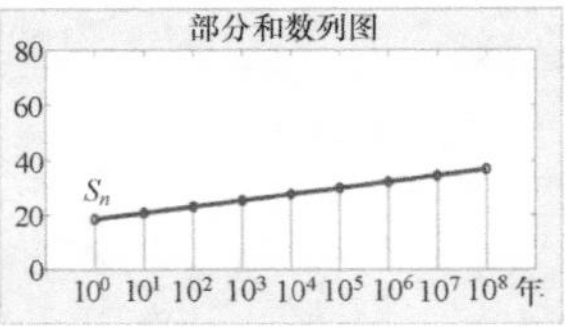 目前我们还不能给出结论，可能是计算速度还不够快，下面借助一下太湖之光超级计算机来计算一下。  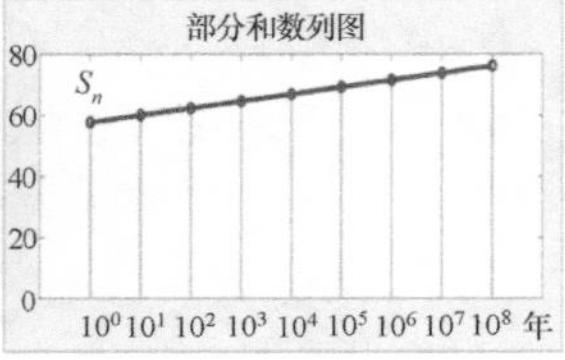 神威·太湖之光超级计算机及S_n的计算结果 神威·太湖之光超级计算机是国家并行计算机工程技术研究中心研制、安装在国家超级计算无锡中心的超级计算机。这台来自中国的超级计算机曾连续四次斩获世界超级计算机榜单TOP500第一名。它的峰值性能为12.54×10^{16}次/s，持续性能为9.3×10^{16}次/s。 用神威·太湖之光超级计算机计算S_n（假设每秒可以加12.54×10^{16}个数），发现计算10^8年，目标值还没有达到80。用世界上最快计算机计算1亿年S_n也没有达到100。	时间：3min 问题转换成能否找到正整数n，使得有限项和大于100。PPT演示n取1h，即3600s和1亿年时的计算结果。 演示使用太湖之光超级计算机来计算的结果。 提问： 超级计算机都尚未计算出来，是否说明上述的n不存在呢？

（续）

教学意图	教学内容	教学环节设计
用分析方法证明级数发散。（共4min） 通过有趣的蚂蚁爬行问题，让学生认识调和级数，并证明此级数为发散级数。	（3）用分析方法进行讨论 下面，换个思路解决蚂蚁爬行的问题。 因为对于$\forall n$，给出S_n的一下界$S_n > \int_1^{n+1} \frac{1}{x}\mathrm{d}x = \ln(n+1)$，再给出$S_n$的一上界$S_n < 1 + \int_1^{n} \frac{1}{x}\mathrm{d}x = 1 + \ln n$，故有$\ln(n+1) < S_n < 1 + \ln n$，所以$\lim\limits_{n\to\infty} S_n = \infty$。 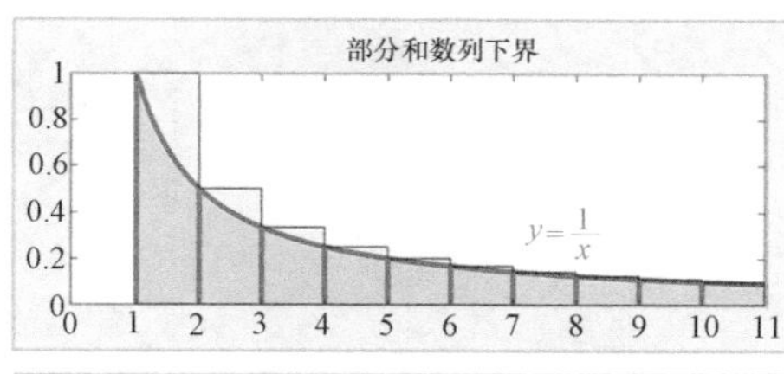 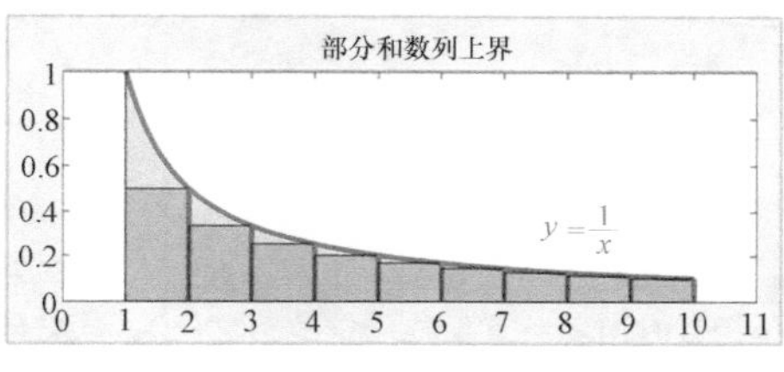 因此蚂蚁绕橡皮筋爬行，最终是可以爬到橡皮筋的另一端的，可估算出$n \approx e^{100}\mathrm{s} \approx 8.5 \times 10^{35}$year。 由分析知，蚂蚁理论上是可以绕橡皮筋一周回到起点，但是速度是相当慢呀！	时间：4min 引导思想： 通过上下界数列的发散性，证明部分和的极限发散。
举例说明调和级数应用广泛。（共1min）	（4）调和级数 在蚂蚁绕橡皮筋爬行一周回到起点的例子中的级数$\sum\limits_{n=1}^{\infty} \frac{1}{n}$称为调和级数，由前面的讨论知道此级数是发散的。 调和级数是由调和数列各元素相加所得的和。中世纪后期的数学家奥里斯姆（Oresme）证明了调和级数是发散于无穷的。 学过乐器的人都知道，通常的乐器发出一个乐音，并不是某个单独频率的声音，而是若干个频率声音的叠加。其中有一个基础的频率声音，叫作基频，其余声音的频率是它的整数倍，叫作泛音。那么根据频率和波长的关系，不难想到，以基频的波长为1，泛音列的波长就是1/2、1/3、1/4、1/5、…，将这个泛音列的波长无穷延续下去加起来，就是调和级数。	时间：1min 蚂蚁爬行问题得以解决，并由此自然引入调和级数的概念。
通过严格的数学证明，感受调和级数的发散速度。（共7min）	（5）调和级数发散速度问题 蚂蚁爬行问题中，小蚂蚁要经过约8.5×10^{35}年后才能爬到另一端。如果让蚂蚁再爬行几圈，由调和级数发散的结论可知，小蚂蚁肯定可以完任务，但要经过很久很久。说明此级数发散速度很慢。那如何衡量调和级数的发散速度呢？ 记 $S_n = 1 + \frac{1}{2} + \frac{1}{3} + \cdots + \frac{1}{n}$。	时间：7min 提问： 调和级数的发散速度如何？如何衡量？

（续）

教学意图	教学内容	教学环节设计
	讨论其下界： $$S_n > \int_1^{n+1} \frac{1}{x}\mathrm{d}x = \ln(n+1),$$ 已知随着 n 的增大 $\{\ln(n+1)\}$ 是发散的。考虑当 n 趋近于无穷时 $\sum_{n=1}^{\infty}\left(\frac{1}{n} - \int_n^{n+1} \frac{1}{x}\mathrm{d}x\right)$ 的敛散性。	
展示动画程序。 给出当 n 趋近于无穷时调和数列的有限项和与其下界的对比。	调和级数发散速度分析 $S_n = 1+\frac{1}{2}+\frac{1}{3}+\cdots+\frac{1}{n}$ $\int_1^{n+1}\frac{1}{x}\mathrm{d}x = \ln(n+1)$ 调和级数发散速度分析 $S_n = 1+\frac{1}{2}+\frac{1}{3}+\cdots+\frac{1}{n}$ $\int_1^{n+1}\frac{1}{x}\mathrm{d}x = \ln(n+1)$	通过动画演示直观感受两个数列极限相差一个常数。
	从计算机模拟出的调和数列的有限项和与其下界的对比图来看，可直观地感觉到，当 n 趋近于无穷时两者一直保持一定的距离。下面我们就来证明。 记 $u_n = \frac{1}{n} - \int_n^{n+1} \frac{1}{x}\mathrm{d}x, M_n = u_1 + u_2 + \cdots + u_n$。有 $$M_n = (1-\ln 2) + \left(\frac{1}{2} + \ln 2 - \ln 3\right) + \cdots + \left(\frac{1}{n} + \ln n - \ln(n+1)\right)$$ $$= 1 + \frac{1}{2} + \frac{1}{3} + \cdots + \frac{1}{n} - \ln(n+1),$$ 因为对于 $\forall n$，$M_{n+1} - M_n = \frac{1}{n+1} - \ln\left(1 + \frac{1}{n+1}\right) > 0$，故 $\{M_n\}$ 单调递增；因为 $1 + \frac{1}{2} + \frac{1}{3} + \cdots + \frac{1}{n} < 1 + \ln n$，所以 $M_n < 1 - \ln\left(1 + \frac{1}{n+1}\right) < 1$。 $\{M_n\}$ 单调递增且有上界，所以 $\lim\limits_{n\to\infty} M_n$ 存在，故 $\sum_{n=1}^{\infty} u_n$ 收敛。说明当 n 趋近于无穷时，调和级数与自然对数的差值趋近于一个常数，通常将该常数记为 γ，记 $$\lim_{n\to\infty} M_n = \gamma,\ \gamma \approx 0.5772156649015328,$$ 此常数就是著名的欧拉常数。	引导学生： 用严格的数学语言证明调和级数与自然对数的差值趋近于一个常数。
通过对欧拉以及他所定义的欧拉常数的介绍，让学生感受到欧拉常数的重要性。	莱昂哈德·欧拉（Leonhard Euler 1707—1783），瑞士数学家、自然科学家。欧拉是18世纪数学界最杰出的人物之一，他是数学史上最多产的数学家，平均每年写出八百多页的论文，还写了大量的力学、分析学、几何学、变分法等专著，《无穷小分析引论》《微分学原理》《积分学原理》等都成为数学界中的经典著作。欧拉对数学的研究如此之广泛，因此在许多数学的分支中也可经常见到以他的名字命名的重要常数、公式和定理。 欧拉	对数学家欧拉进行简介，让学生了解他在数学史上所做的杰出贡献。
	欧拉常数是1735年由欧拉定义的；1761年他又将该值计算到了16位小数；1790年马歇罗尼引入了符号 γ，并将该常数计算到小数点后32位；2013年 Eric Weisstein 将该常数计算到小数点后4851382841位。	介绍欧拉常数的发展历史。

（续）

教学意图	教学内容	教学环节设计
4. 小结与思考（4min）		
总结本次课的主要内容。（共2min）	小结： 1）常数项级数的定义； 2）常数项级数收敛，发散、级数和的概念； 3）判断等比级数敛散性结论 $\sum_{n=0}^{\infty} aq^n = \begin{cases} \frac{a}{1-q}, \lvert q \rvert < 1, \\ \text{发散}, \lvert q \rvert \geq 1; \end{cases}$ 4）调和级数及其发散速度。	时间：2min 引导学生回顾总结本次课的主要内容。
留下思考题，让学生在课下通过查阅文献，结合本次课内容拓宽知识。（共2min）	课后思考题： 如下动画程序演示，先在地上摆一块砖，然后在它上面放一块完全相同的砖，但是要错开一些但使其不倒。将该过程如此不断地进行下去，问第一块砖被向右移动到多远的地方？ 砖的码放问题动态演示 砖的码放问题动态演示	时间：2min 根据本节讲授的内容，给出思考拓展问题。

四、学情分析与教学评价

本教学内容的对象为理工科一年级第一学期的学生，通过半学期高等数学的学习，他们具备了一定的数学思想和素养。此外，通过极限理论的学习，为更好地理解常数项级数的概念奠定了基础。

这节课一开始就给学生引入著名悖论，运用“观察”“分析”“概括”得到“级数”的感性认识。引导学生总结极限理论和级数理论的内在联系，通过具体的练习题加强学生对重点知识的掌握，将感性认知上升为理论知识，达到了让学生正确理解并掌握常数项级数基本概念的目标。

针对重难点内容，由芝诺悖论引入级数和的概念，通过学生对例题的感性认识，加深对级数概念的本质理解。结合数值计算，判定调和级数的敛散性，渗透数学建模思想和过程。其中多媒体课件和讲授同步结合，通过提问引导、图示讲解、引例分析、提问解答等环节分析常数项级数的内涵。夯实学生的抽象能力和推理能力，拓展学生的思维并调动学习积极性。

五、预习任务与课后作业

预习　常数项级数的性质。

作业

1. 单项选择题

（1）常数 $a\neq 0$，则几何级数 $\sum_{n=1}^{\infty} aq^n$ 的收敛条件是（　　）

A. $0<q<1$　　B. $-1<q<1$　　C. $q<1$　　D. $q>1$

（2）如果级数 $\sum_{n=1}^{\infty} u_n$ 发散，k 为常数，那么级数 $\sum_{n=1}^{\infty} ku_n$（　）

A. 发散　　B. 可能收敛，可能发散

C. 收敛　　D. 无界

（3）如果级数 $\sum_{n=1}^{\infty} u_n$ 发散，那么 $\lim\limits_{n\to\infty} u_n$（　　）

A. 为0　　B. 不为0

C. 为∞　　D. 以上三种说法都不对

2. 填空题

（1）写出级数 $\sum_{n=1}^{\infty} \frac{1+n}{1+n^3}$ 的前三项：__________

（2）写出级数 $\sum_{n=1}^{\infty} \frac{n!}{n^n}$ 的前五项：__________

（3）写出级数 $\sum_{n=1}^{\infty} \frac{(-1)^{n-1}}{5^n}$ 的前三项：__________

3. 判别下列级数的敛散性，并求出其中收敛级数的和

（1）$\sum_{n=1}^{\infty} \frac{n}{(n+1)!}$　　（2）$\sum_{n=1}^{\infty} \frac{3+(-1)^n}{2^n}$

函数展开成幂级数及其应用

一、教学目标

函数展开成幂级数的问题能够给出函数的一种新的表示方法。

一个幂级数在收敛域内可以表示成一个函数，那么对于一个给定的函数$f(x)$能否用一个幂级数来表示它呢？也就是说，能不能找到一个幂级数，它在某个区间内收敛，其和函数正好就是所给的函数$f(x)$呢？解决了这个问题，就给出了函数的一种新的表示方法，并可以用简单的多项式函数去逼近一般函数$f(x)$。

本节要求学生掌握函数展成幂级数的概念，掌握函数展开成幂级数的直接方法，掌握综合运用求导、积分、拼凑、分解等技巧的间接方法，掌握如何利用幂级数展开解决斐波那契数列通项公式这一实际问题。从函数展开成幂级数的间接方法领会关系映射反演方法的思想。

本次课的教学目标是：

1. 学好基础知识，掌握泰勒级数的概念和函数展开成泰勒级数的基本方法。
2. 掌握基本技能，掌握一个函数展开成泰勒级数的间接方法。
3. 思维方法提升，将函数展开成泰勒级数的间接方法提升到关系映射反演方法。

二、教学内容

1. 教学内容

1）理解泰勒级数和麦克劳林级数的概念和形式；

2）掌握泰勒级数收敛于函数$f(x)$的条件；

3）掌握函数展开成泰勒级数的直接方法和间接方法；

4）了解泰勒级数在求解斐波那契数列通项公式中的应用。

2. 教学重点

1）函数展开成泰勒级数的直接方法和间接方法；

2）用泰勒级数求解斐波那契数列通项公式。

3. 教学难点

1）函数展开成泰勒级数的间接方法；

2）斐波那契数列通项公式的求解；

3）综合运用求导、积分、拼凑、分解等技巧。

三、教学进程安排

1. 教学进程框图（45min）

2. 教学环节设计

教学意图	教学内容	教学环节设计
	1. 问题引入（6min）	
通过大自然中常见的数字，认识斐波那契数。（共1min）	（1）生活中的斐波那契数 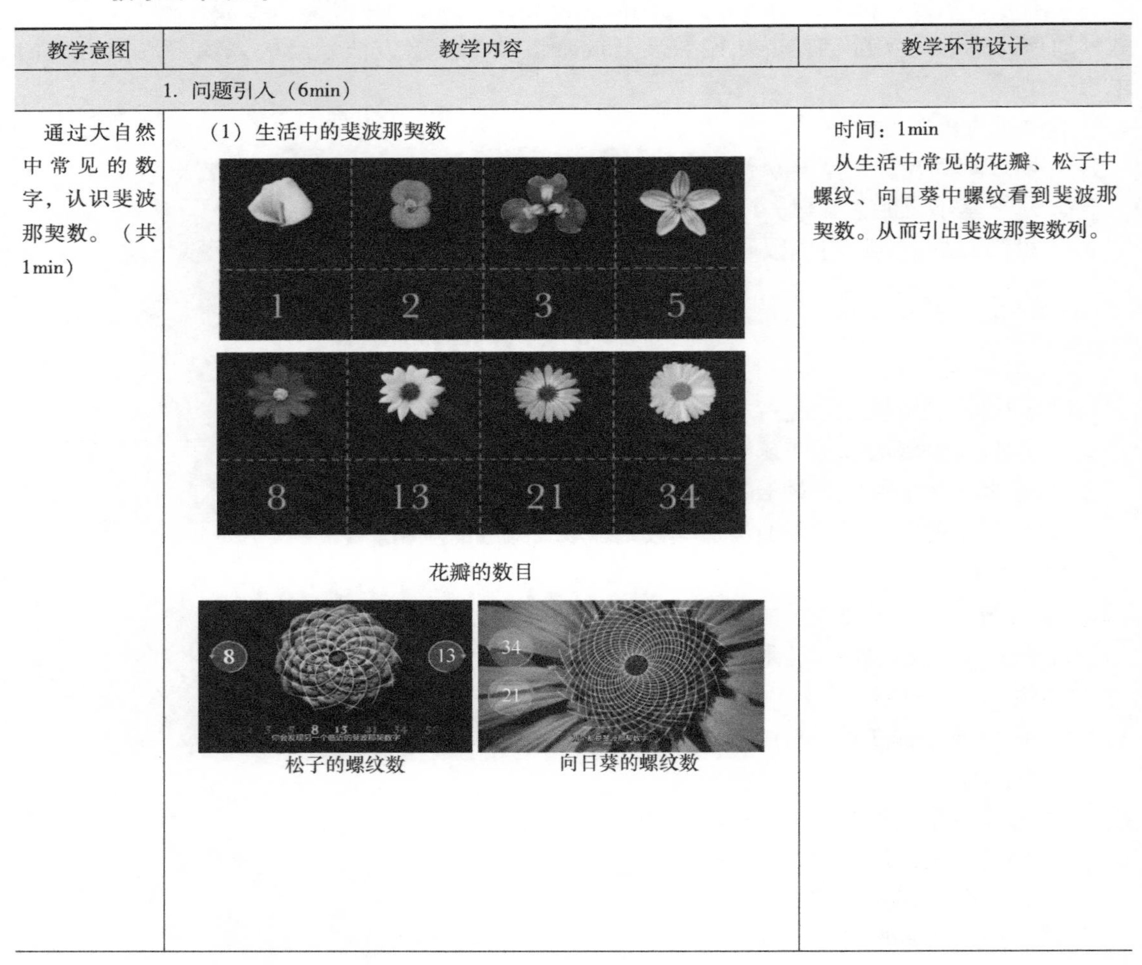 花瓣的数目 松子的螺纹数　向日葵的螺纹数	时间：1min 从生活中常见的花瓣、松子中螺纹、向日葵中螺纹看到斐波那契数。从而引出斐波那契数列。

（续）

教学意图	教学内容	教学环节设计
简介斐波那契数列发展。（共2min）	（2）斐波那契数列大事年表  斐波那契 (1170—1250) 发表了《计算之书》以及斐波那契数列  巴托克 (1881—1945) 完成了他的舞蹈组曲，人们相信他的灵感来自斐波那契数列  丹·布朗 (1964—) 在风靡一时的《达·芬奇密码》里它就作为一个重要的符号和情节线索出现 1202年 1724年 1923年 1963年 2003年  丹尼尔·伯努利 (1700—1782) 使用黄金比例来表述斐波那契数列 美国数学会开始出版以《斐波那契数列季刊》为名的数学杂志 ■ 1202年，中世纪意大利数学家列昂纳多·斐波那契以兔子繁殖为例子而引入，故又称为“兔子数列”。 ■ 1724年，丹尼尔·伯努利使用黄金比例来表述斐波那契数列。斐波那契数列和黄金分割比有着惊人的关系。 ■ 贝拉·维克托·亚诺什·巴托克是匈牙利现代音乐的领袖人物。人们认为巴托克的管弦乐之舞曲和这个数列有着密切的联系，相信古典音乐作曲家将斐波那契数列作为一种创作灵感。 ■ 在现代物理、准晶体结构、化学等领域，斐波那契数列都有直接的应用，为此，美国数学会从1963年起出版了以《斐波那契数列季刊》为名的一份数学杂志，用于专门刊载这方面的研究成果。 ■ 斐波那契数列在欧美可谓是人尽皆知，在电影中也时常出现，比如电影《达·芬奇密码》。	时间：2min 给出斐波那契数列大事年表，引起学生研究斐波那契数列的兴趣。
由兔子繁殖后的个数问题引入斐波那契数列。（共3min） 若能给出斐波那契数列通项公式，兔子个数问题迎刃而解，所以将问题转化为求斐波那契数列通项公式。	（3）斐波那契数列 问题：一对成年兔子每个月可以生下一对小兔子。年初时只有一对小兔子。第一个月结束时，他们成长为成年兔子，并且在第二个月结束时，这对成年兔子将生下一对小兔子。这种成长与繁殖的过程一直持续下去，并且假设这个过程中不会有兔子死亡。问一年后会有多少对兔子？ 分析：记 F_n 为第 n 个月结束时的兔子对数，兔子的繁殖规律如下图所示。 年初 ……1 第一个月末 ……1 第二个月末 ……2 第三个月末 ……3 第四个月末 ……5 第五个月末 ……8 ⋮ 抽象出数学问题：设数列 F_n 满足 $F_{n+2}=F_{n+1}+F_n$，$F_0=F_1=1$，求数列通项 $F_n(n\geqslant 0)$。 为了解决斐波那契数列通项公式的问题，引入函数的幂级数展开问题。	时间：3min 提问：  问一年后会有多少对兔子？ 提出具有一般性的数学问题，求斐波那契数列通项公式。

（续）

教学意图	教学内容	教学环节设计
2. 泰勒级数（8min）		
回顾泰勒公式，以正弦函数为例，用数值模拟的手段，让学生看到逼近过程。(共3min) 展示动画程序。 回顾泰勒公式。	（1）泰勒公式（回顾） 1）$\sin x \approx x-\frac{1}{3!}x^3+\frac{1}{5!}x^5-\cdots+(-1)^{n-1}\frac{x^{2n-1}}{(2n-1)!}$。 以下分别给出了等式左右两边函数图像，其中红色曲线是 $\sin x$ 函数图像，蓝色曲线分别表示 $n=1$，11，15，23，41，81 时等式右端的函数图像。 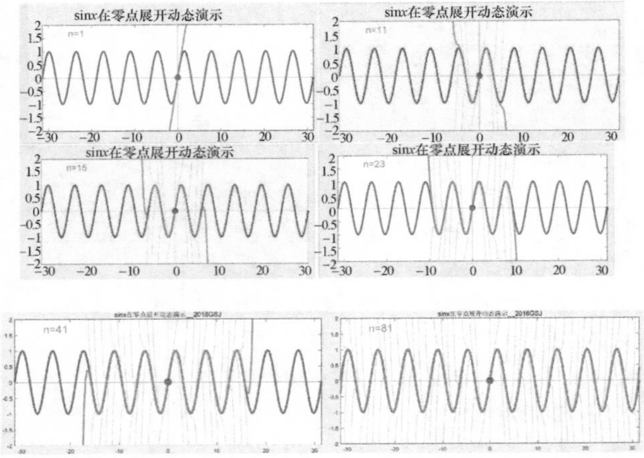 2）泰勒公式。 设$f(x)$ 在 $U(x_0)$ 内有 $n+1$ 阶导数，则 $\forall x_0 \in U(x_0)$，有 $f(x)=f(x_0)+f'(x_0)(x-x_0)+f''(x_0)\frac{(x-x_0)^2}{2!}+\cdots+\frac{1}{n!}f^{(n)}(x_0)(x-x_0)^n+\frac{1}{(n+1)!}f^{(n+1)}(\xi)(x-x_0)^{n+1}$ $=P_n(x)+R_n(x)$， 其中 $R_n(x)=\frac{1}{(n+1)!}f^{(n+1)}(\xi)(x-x_0)^{n+1}$，$\xi$ 在 x 和 x_0之间。	时间：3min 动画模拟逼近过程，用数值模拟的手段使抽象的公式变得直观。
给出泰勒级数及麦克劳林级数的定义。(共2min)	（2）泰勒级数 定义：设$f(x)$ 在 $U(x_0)$ 内有任意阶导数，称级数 $f(x_0)+f'(x_0)(x-x_0)+f''(x_0)\frac{(x-x_0)^2}{2!}+\cdots+\frac{f^{(n)}(x_0)}{n!}(x-x_0)^n+\cdots, x_0\in U(x_0)$　　（*） 为$f(x)$ 在 x_0点的泰勒级数。上式中取 $x_0=0$，得 $f(0)+f'(0)x+\frac{f''(0)}{2!}x^2+\cdots+\frac{f^{(n)}(0)}{n!}x^n+\cdots$， 该级数称为$f(x)$ 的麦克劳林级数。	时间：2min 给出泰勒级数的定义。 给出麦克劳林级数定义。

（续）

<table>
<tr><th>教学意图</th><th>教学内容</th><th>教学环节设计</th></tr>
<tr><td>给出级数收敛的条件，给出幂级数展式唯一的结论。（共3min）</td><td>问题1：级数（*）收敛到$f(x)$的条件？
记级数（*）的部分和为$S_n(x)$，则$S_{n+1}(x)=P_n(x)$。由泰勒公式有
$$\forall x\in U,\quad f(x)=P_n(x)+R_n(x)=S_{n+1}(x)+R_n(x),$$
$\forall x\in U$，级数（*）收敛到$f(x)\Leftrightarrow\forall x\in U,\quad \lim\limits_{n\to\infty}S_n(x)=f(x)$
$$\Leftrightarrow\forall x\in U,\quad \lim_{n\to\infty}S_{n+1}(x)=f(x)$$
$$\Leftrightarrow\forall x\in U,\quad \lim_{n\to\infty}(f(x)-S_{n+1}(x))=0$$
$$\Leftrightarrow\forall x\in U,\quad \lim_{n\to\infty}R_n(x)=0。$$
因此$\forall x\in U(x_0)$，级数（*）收敛到$f(x)\Leftrightarrow\forall x\in U(x_0)$，$\lim\limits_{n\to\infty}R_n(x)=0$。
问题2：$f(x)$的幂级数展式是否唯一？
$\forall x\in U(x_0)$，若有$f(x)=\sum\limits_{n=0}^{\infty}\frac{f^{(n)}(x_0)}{n!}(x-x_0)^n$，
又$f(x)=\sum\limits_{n=0}^{\infty}a_n(x-x_0)^n$，则对$\forall n$，$a_n=\frac{f^{(n)}(x_0)}{n!}$。</td><td>时间：3min
提出两个问题启发学生思考。以问题为导向给出级数收敛的条件及幂级数展式的唯一性。

关于唯一性的严格证明留给学生课下思考。</td></tr>
<tr><td colspan="3">3. 函数展开成幂级数（20min）</td></tr>
<tr><td>给出函数展开成幂级数的直接方法的一般思路。（共3min）

给出函数展开成幂级数的间接方法的一般思路。</td><td>（1）函数展开成幂级数的方法
1）直接展开法（用定义）。
• 求出各阶导数
$$f^{(n)}(x_0)\ (n=0,1,2,\cdots);$$
• 写出幂级数形式$\sum\limits_{n=0}^{\infty}\frac{f^{(n)}(x_0)}{n!}(x-x_0)^n$，并求出收敛半径$R$；
• 考察$|x-x_0|<R$时余项极限是否为0，若为0，则
$$f(x)=\sum_{n=0}^{\infty}\frac{f^{(n)}(x_0)}{n!}(x-x_0)^n;\ |x-x_0|<R。$$
2）间接展开法
间接展开法根据唯一性，利用常见展开式，变量代换，四则运算，恒等变形，逐项求导，逐项积分等方法，求展开式。常见的方法有：
• 变量代换法；
• 幂级数四则运算性质；
• 幂级数分析运算性质；
• 初等方法（部分分式，恒等变形等）。</td><td>时间：3min
按照定义给出函数展开成幂级数的步骤。

间接方法粗略介绍思路，详细做法需结合例题讲解。</td></tr>
</table>

（续）

<table>
<tr><th>教学意图</th><th>教学内容</th><th>教学环节设计</th></tr>
<tr>
<td>通过例题加深巩固函数展开成幂级数的直接方法。（共4min）</td>
<td>（2）直接展开法例题
例1：将函数$f(x)=\sin x$展开成x的幂级数。
解：求各阶导数$f^{(n)}(x_0)=\sin\left(x+n\cdot\frac{\pi}{2}\right)$ $(n=1, 2, \cdots)$；
得幂级数
$$x-\frac{1}{3!}x^3+\frac{1}{5!}x^5-\cdots+(-1)^{n-1}\frac{x^{2n-1}}{(2n-1)!}+\cdots,$$
其收敛半径$R=+\infty$。考察泰勒公式余项$R_n(x)$。
$$\forall x,\ |R_n(x)|=\left|\frac{f^{(n+1)}(\xi)}{(n+1)!}x^{n+1}\right|=\left|\frac{\sin\left(\xi+\frac{(n+1)\pi}{2}\right)}{(n+1)!}x^{n+1}\right|$$
$$\leqslant\frac{|x^{n+1}|}{(n+1)!}\to0\ (n\to\infty),$$
故得幂级数展开式
$$\sin x=x-\frac{1}{3!}x^3+\frac{1}{5!}x^5-\cdots+(-1)^{n-1}\frac{x^{2n-1}}{(2n-1)!}+\cdots$$
$$(-\infty<x<+\infty)。$$
同理可得到
$$\cos x=1-\frac{1}{2!}x^2+\frac{1}{4!}x^4-\cdots+(-1)^n\frac{x^{2n}}{(2n)!}+\cdots。$$</td>
<td>时间：4min

例1给出常用基本初等函数$\sin x$的幂级数展开式。

同理可以得到$\cos x$的幂级数展开式。</td>
</tr>
<tr>
<td>掌握展开方法，并记住例1、例2中的结论。（共6min）</td>
<td>例2：将函数$f(x)=e^x$展开成x的幂级数。
解：因为$f^{(n)}(x)=e^x$，$f^{(n)}(0)=1$ $(n=0, 1, \cdots)$，
故得级数 $1+x+\frac{1}{2!}x^2+\frac{1}{3!}x^3+\cdots+\frac{1}{n!}x^n+\cdots$，
又因为
$$\lim_{n\to\infty}\frac{|a_{n+1}|}{|a_n|}=\lim_{n\to\infty}\frac{n!}{(n+1)!}=\lim_{n\to\infty}\frac{1}{n+1}=0,$$
其收敛半径为$R=+\infty$，
$$f(0)+f'(0)x+\frac{f''(0)}{2!}x^2\cdots+\frac{f^{(n)}(0)}{n!}x^n+\cdots。$$
对任何有限的数x与ξ（ξ在0到x之间）
$$|R_n(x)|=\left|\frac{f^{(n+1)}(\xi)}{(n+1)!}x^{n+1}\right|=\left|\frac{e^{\xi}}{(n+1)!}x^{n+1}\right|<e^{|x|}\frac{|x|^{(n+1)}}{(n+1)!},$$
因为$e^{|x|}$有限，$\sum_{n=1}^{\infty}\frac{|x|^{(n+1)}}{(n+1)!}$收敛，
故$e^{|x|}\frac{|x|^{(n+1)}}{(n+1)!}\xrightarrow{n\to\infty}0$，
所以$\lim_{n\to\infty}R_n(x)=0$。
故$e^x=1+x+\frac{1}{2!}x^2+\cdots+\frac{1}{n!}x^n+\cdots$，$x\in(-\infty, +\infty)$。
数值模拟：e^x在点0展开动态展示。红色曲线是函数e^x图像，蓝色曲线分别表示$n=1, 3, 6, 9, 12, 15$时$\sum_{k=0}^{n}\frac{x^k}{k!}$的函数图像。</td>
<td>时间：6min

例2给出常用基本初等函数e^x的幂级数展开式。

板书：
$f(x)=\sin x$，
$f(x)=\cos x$，
$f(x)=e^x$的展开式结果。</td>
</tr>
</table>

（续）

<table>
<tr><th>教学意图</th><th>教学内容</th><th>教学环节设计</th></tr>
<tr>
<td>展示动画程序。</td>
<td>
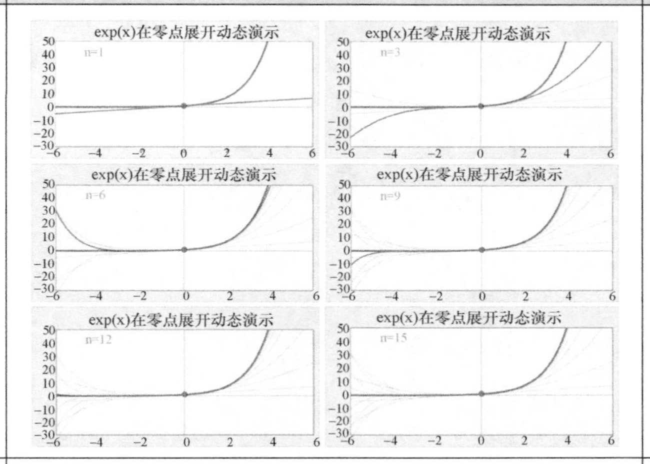

</td>
<td>
动画模拟逼近过程，用数值模拟的手段使抽象的公式变得直观。

随着 n 的增加，函数 $\sum_{k=0}^{n}\frac{x^k}{k!}$ 快速收敛到 e^x。
</td>
</tr>
<tr>
<td>
通过例题加深巩固函数展开成幂级数的间接方法。（共6min）

领会间接展开的思想及技巧。

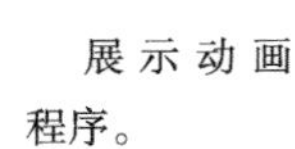
展示动画程序。
</td>
<td>
（3）间接展开法例题

例3：将函数 $f(x)=\ln(1+x)$ 展开成 x 的幂级数。

分析：直接考虑函数的展开不易计算，用分析的方法。

解：因 $f'(x)=\frac{1}{1+x}$，而

$$\frac{1}{1+x}=\frac{1}{1-(-x)}=1-x+x^2-x^3+\cdots+(-1)^n x^n+\cdots,\ |x|<1,$$

故

$$\ln(1+x)=\int_0^x\frac{1}{1+x}\mathrm{d}x=x-\frac{x^2}{2}+\frac{x^3}{3}-\frac{x^4}{4}+\cdots+(-1)^n\frac{x^{n+1}}{n+1}+\cdots,\ |x|<1,$$

注意到展开式对 $x=1$ 也成立，故所求展开式为

$$\ln(1+x)=x-\frac{x^2}{2}+\frac{x^3}{3}-\frac{x^4}{4}+\cdots+(-1)^n\frac{x^{n+1}}{n+1}+\cdots,\ -1<x\leqslant 1。$$

数值模拟：$\ln(1+x)$ 在点0展开动态展示。红色曲线是 $\ln(1+x)$ 函数图像，蓝色曲线分别表示 $n=1$，6，9，14，26，40 时等式右端截断后的函数图像。

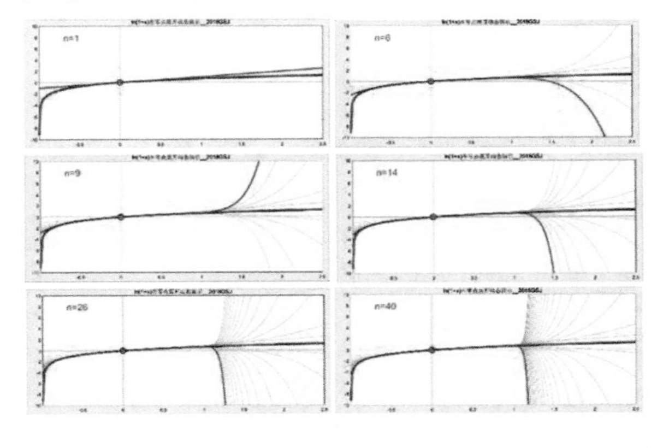

</td>
<td>
时间：6min

<u>板书：</u>

$f(x)=\ln(1+x)$ 的展开式结果。

<u>分析：</u>

通过求导，化难为易；通过积分，得到结果。

这就是间接法的魅力。

通过数值模拟直观观察逼近效果。

注意到逼近是有范围的，在点1右边无论如何也不收敛到函数自身。
</td>
</tr>
</table>

（续）

<table>
<tr><th>教学意图</th><th>教学内容</th><th>教学环节设计</th></tr>
<tr><td>给出常见函数的幂级数展式。（共1min）</td><td>常见函数的幂级数展式：
$$e^x=1+x+\frac{1}{2!}x^2+\frac{1}{3!}x^3+\cdots=\sum_{n=0}^{\infty}\frac{x^n}{n!},\quad x\in\mathbf{R},$$
$$\sin x=x-\frac{1}{3!}x^3+\frac{1}{5!}x^5-\cdots=\sum_{n=0}^{\infty}(-1)^n\frac{x^{2n+1}}{(2n+1)!},\quad x\in\mathbf{R},$$
$$\cos x=1-\frac{1}{2!}x^2+\frac{1}{4!}x^4-\cdots=\sum_{n=0}^{\infty}(-1)^n\frac{x^{2n}}{(2n)!},\quad x\in\mathbf{R},$$
$$\frac{1}{1-x}=1+x+x^2+\cdots=\sum_{n=0}^{\infty}x^n,\quad |x|<1,$$
$$\ln(1+x)=x-\frac{1}{2}x^2+\frac{1}{3}x^3-\cdots=\sum_{n=1}^{\infty}(-1)^{n+1}\frac{1}{n}x^n,\quad -1<x\leqslant 1,$$
$$(1+x)^{\alpha}=1+\alpha x+\frac{\alpha(\alpha-1)}{2!}x^2+\frac{\alpha(\alpha-1)(\alpha-2)}{3!}x^3+\cdots+\frac{\alpha(\alpha-1)\cdots(\alpha-n+1)}{n!}x^n+\cdots,\quad |x|<1。$$</td><td>时间：1min
需要记住的结果。</td></tr>
<tr><td colspan="3">4. 幂级数应用（6min）</td></tr>
<tr><td>利用本节幂级数展开的知识解决前面提出的斐波那契数列通项问题。（共6min）

等式两端均可以化成有关 $S(x)$ 的表达式，从中求解出 $S(x)$。</td><td>斐波那契数列通项求解：
已知 $F_1=F_2=1$，$F_n=F_{n-1}+F_{n-2}$，$n\geqslant 3$。求其通项 F_n。
解：记 $S(x)=\sum_{n=1}^{\infty}F_nx^n$，$|x|<R$。
$$\begin{aligned}S(x)&=\sum_{n=1}^{\infty}F_nx^n=x+x^2+\sum_{n=3}^{\infty}F_nx^n\\&=x+x^2+\sum_{n=3}^{\infty}(F_{n-1}+F_{n-2})x^n\\&=x+x^2+\sum_{n=3}^{\infty}F_{n-1}x^n+\sum_{n=3}^{\infty}F_{n-2}x^n\\&=x+x^2+x\sum_{n=3}^{\infty}F_{n-1}x^{n-1}+x^2\sum_{n=3}^{\infty}F_{n-2}x^{n-2}\\&=x+x^2+x\sum_{n=2}^{\infty}F_nx^n+x^2\sum_{n=1}^{\infty}F_nx^n\\&=x+x^2+x(S(x)-x)+x^2S(x)\\&=x+xS(x)+x^2S(x),\end{aligned}$$
即 $S(x)=x+xS(x)+x^2S(x)$，
解得 $S(x)=\frac{x}{1-x-x^2}$。
令 $S(x)=\frac{x}{(1-ax)(1-bx)}=\frac{1}{\sqrt{5}}\left(\frac{1}{1-ax}-\frac{1}{1-bx}\right)$，
容易得到，其中 $a=\frac{1+\sqrt{5}}{2}$，$b=\frac{1-\sqrt{5}}{2}$，
根据函数的幂级数展开式，得到
$$S(x)=\frac{1}{\sqrt{5}}\left(\sum_{n=0}^{\infty}a^nx^n-\sum_{n=0}^{\infty}b^nx^n\right)=\sum_{n=0}^{\infty}\frac{a^n-b^n}{\sqrt{5}}x^n=\sum_{n=1}^{\infty}\frac{a^n-b^n}{\sqrt{5}}x^n$$
又 $S(x)=\sum_{n=1}^{\infty}F_nx^n$，$|x|<R$，
由展式唯一性知
$$F_n=\frac{a^n-b^n}{\sqrt{5}}=\frac{1}{\sqrt{5}}\left(\frac{1+\sqrt{5}}{2}\right)^n-\left(\frac{1-\sqrt{5}}{2}\right)^n$$
这就得到了斐波那契数列通项公式。
从而很容易求得
<table><tr><td>F_1</td><td>F_2</td><td>F_3</td><td>F_4</td><td>F_5</td><td>F_6</td><td>F_7</td><td>F_8</td><td>F_9</td><td>F_{10}</td><td>F_{11}</td><td>F_{12}</td><td>F_{13}</td><td>…</td></tr><tr><td>1</td><td>1</td><td>2</td><td>3</td><td>5</td><td>8</td><td>13</td><td>21</td><td>34</td><td>55</td><td>89</td><td>144</td><td>233</td><td>…</td></tr></table>从而得到一年后会有233对兔子。</td><td>时间：6min
启发思考：
能否求出 $S(x)$ 的表达式？

说明：
一是斐波那契数列通项的解法有至少四种方法；二是此处的方法也称为母函数法。</td></tr>
</table>

（续）

教学意图	教学内容	教学环节设计
	5. 拓展与思考（5min）	
数学方法的总结和提升。（共4min）	拓展：关系映射反演方法 总结将函数$f(x)=\ln(1+x)$展开成x的幂级数的间接方法：首先找到函数$f(x)=\ln(1+x)$和函数$g(x)=\dfrac{1}{1+x}$之间的关系$f'(x)=g(x)$，又$g(x)$的展开式已知，从而间接推导出$f(x)$的展开式。研究思路如下图所示。	时间：4min 启发学生思考将函数展开成幂级数的思想方法。
总结将函数$\ln(1+x)$展开成x的幂级数的间接方法。	$f(x)=\ln(1+x)$ → $f'(x)=\dfrac{1}{1+x}$ ↓ ↓ $\sum\limits_{n=0}^{\infty}(-1)^n\dfrac{x^{n+1}}{n+1}$ ← $\sum\limits_{n=0}^{\infty}(-1)^nx^n$	用框图直观展示将函数$f(x)=\ln(1+x)$展开成x的幂级数的间接方法。
总结利用函数$\dfrac{1}{1-x}$的幂级数展开式求得斐波那契数列通项公式的间接方法。	在利用幂级数展开求斐波那契数列通项时，同样使用该思想方法。给出$S(x)$的两种幂级数求和表达式，由幂级数展开式的唯一性，从而得到斐波那契数列通项公式。研究思路如下图所示。 $\{F_n\}\left\langle\begin{array}{l}F_1=F_2=1\\F_n=F_{n-1}+F_{n-2}\end{array}\right.$ → $S(x)=\sum\limits_{n=0}^{\infty}F_nx^n$ ↓ ↓ $F_n=\dfrac{1}{\sqrt{5}}\left(\dfrac{1+\sqrt{5}}{2}\right)^n-\left(\dfrac{1-\sqrt{5}}{2}\right)^n$ ← $S(x)=\dfrac{1}{1-x-x^2}$	用框图直观展示利用函数$\dfrac{1}{1-x}$的幂级数展开式求得斐波那契数列通项公式的间接方法。
方法论的提升。	关系结构即彼此之间具有确定的数学关系（运算关系、序关系等）的数学对象的全体。 关系映射反演方法的一般思路如下图所示。 关系结构S：问题 —映射φ→ 问题* （关系结构S^*） ↓ ↓ 解答 ←反演φ^{-1}— 解答* 在关系结构S中求解的问题A，转化为关系结构S^*中的问题A^*，先解决关系结构S^*中的问题A^*，从而解决关系结构S中的问题A。	用框图直观展示关系映射反演方法。
课后思考。（共1min）	思考： （1）泰勒展开式形式是唯一的 $\forall x\in U(x_0)$，若有 $f(x)=\sum\limits_{n=0}^{\infty}\dfrac{f^{(n)}(x_0)}{n!}(x-x_0)^n$，又$f(x)=\sum\limits_{n=0}^{\infty}a_n(x-x_0)^n$， 则对$\forall n$，$a_n=\dfrac{f^{(n)}(x_0)}{n!}$。 （2）用其他方法求解斐波那契数列的通项 $F_1=F_2=1$，$F_n=F_{n-1}+F_{n-2}$，$n\geqslant3$。	时间：1min 提出问题，引导学生将思考延伸到课外。

四、学情分析与教学评价

本教学内容的对象为理工科一年级第二学期的学生，通过第一学期高等数学及本学期线性代数的学习，他们具备了一定的数学思想和素养。通过第一学期的学习，学生初步适应了大学生活，具备了较为充分的学习心理准备。

独立学习能力日益增强，因此在教学过程中进一步激发学生的学习兴趣，通过贴近生活的实际应用案例，帮助学生深刻理解相关知识，将会极大地提高他们的学习热情，培养他们学以致用的意识。

针对重难点内容，通过数值模拟，使得抽象的数学公式变得生动易懂，帮助学生掌握函数展成幂级数的方法。加强课堂互动，引导学生在学习过程中发现问题，思考问题，启发学生自主思考、主动参与。结合生活中的关于兔子的个数问题，引出斐波那契数列的通项问题，再根据本节函数展开成幂级数的知识解决该问题，达到学以致用的目的，提高学生解决实际问题的能力。围绕函数展成幂级数扩展学生的知识面，开阔学生视野，激发学生探究新知识、新领域的兴趣。基于函数展成幂级数的间接方法，介绍关系映射反演方法的数学思想。

五、预习任务与课后作业

预习　傅里叶级数。

作业

1. 将下列函数展开成 x 的幂级数，并求展开式成立的区间：

（1）$\operatorname{sh} x=\dfrac{e^{x}-e^{-x}}{2}$；　　（2）$\sin^2 x$；

（3）$\dfrac{1}{(1+x^2)}$；　　（4）$(1+x)\ln(1+x)$。

2. 将下列函数在给定点 x_0 处展开成 $x-x_0$ 的幂级数，并求展开式成立的区间：

（1）$\sqrt{x}$，$x_0=1$；　　（2）$\cos x$，$x_0=-\dfrac{\pi}{3}$；　　（3）$\sin 2x$，$x_0=\dfrac{\pi}{2}$。

3. 利用函数的幂级数展开式求下列各数的近似值：

（1）$\ln 3$（误差不超过 10^{-4}）；　　（2）$\sqrt[3]{500}$（误差不超过 10^{-3}）。

4. 将函数 $e^{x}\cos x$ 展开成 x 的幂级数。

傅里叶级数

一、教学目标

傅里叶级数的讲解一方面是掌握函数展开为傅里叶级数的方法，另一方面是理解傅里叶级数的意义与应用。

傅里叶级数可以将一般函数展开为三角级数的形式，其在数学研究和工程应用中有广泛的应用。通过本次课中曲线叠加的例子，使学生直观地理解函数展开为傅里叶级数的一般形式，培养他们将复杂问题简单化的意识。进一步严格地给出函数展开为傅里叶级数的方法，并由狄利克雷充分条件判别傅里叶级数的收敛性。通过实际例子让学生深入解读傅里叶级数的意义，启发学生自主思考，锻炼逻辑思维能力，应用所学到的数学工具分析和解决实际问题的能力。

本次课的教学目标是：

1. 学好基础知识，掌握傅里叶级数的概念。

2. 掌握基本技能，掌握函数展开为傅里叶级数的方法。

3. 培养思维能力，能够对研究的问题进行观察、分析，并能够将复杂的问题简单化，能够用所学的知识分析实际问题。

二、教学内容

1. 教学内容

1）傅里叶级数的形式；

2）傅里叶级数的系数；

3）傅里叶级数收敛定理；

4）傅里叶级数的意义。

2. 教学重点

1）傅里叶级数的概念；

2）傅里叶级数的收敛定理；

3）傅里叶级数的意义。

3. 教学难点

1）傅里叶级数的概念；

2）傅里叶系数的计算；

3）理解傅里叶级数的意义。

三、教学进程安排

1. 教学进程框图（45min）

2. 教学环节设计

教学意图	教学内容	教学环节设计
	1. 问题引入（4min）	
从人物传记和专著引入课程内容。（共1min）	（1）傅里叶其人其事 傅里叶是法国著名的数学家和物理学家，他在研究《热的解析理论》时创立的数学理论，对数学和物理的发展产生了深远的影响，人们以不同方式铭记傅里叶的伟大贡献，包括以傅里叶命名的大学，以傅里叶命名的小行星，并将傅里叶的名字刻在埃菲尔铁塔上等。 Université Joseph Fourier GRENOBLE　以傅里叶命名的大学 Lutz D. Schmadel DICTIONARY OF MINOR PLANET NAMES 10101 Fourier　以傅里叶命名的小星行 傅里叶的名字被刻在埃菲尔铁塔上	时间：1min 以讲述傅里叶的生平和他的贡献开始，引起学生的兴趣，尽快进入上课状态。 埃菲尔铁塔上镌刻了72位法国科学家、工程师与其他知名人士的名字，其中有傅里叶。
傅里叶生平大事年表。（共2min）	（2）傅里叶生平大事年表 1768年　1798年　1807年　1811年　1817年　1822年　1830年 1798年：随拿破仑去埃及远征 1807年：向巴黎科学院呈交了论文，论文《热的传播》被拒 1811年：将1807年的文章修改后再次提交，此论文获得了奖金，但仍未能正式发表 1817年：当选为巴黎科学院院士 1822年：担任科学院终身秘书，并出版了《热的解析理论》	时间：2min 傅里叶一生与热相伴，对热的研究成就了其不朽的研究成果。

（续）

教学意图	教学内容	教学环节设计
	■ 1768 年傅里叶生于法国欧塞尔。 ■ 1798 年随拿破仑远征埃及，并受到了拿破仑的器重，同时对热学的研究产生了浓厚的兴趣。回国后任地方长官，对热学进行了深入的研究。 ■ 1807 年完成了热传导的基本论文《热的传播》，并呈交到巴黎科学院，由拉格朗日、拉普拉斯和勒让德审阅，但是被拒稿。 ■ 1811 年，傅里叶提交了修改的论文，并获得奖金，但文章却没有发表。 ■ 1817 年傅里叶当选为巴黎科学院院士。 ■ 1822 年，傅里叶担任科学院终身秘书，终于将自己的成果展示给世人，出版了专著《热的解析理论》。 ■ 由于痴迷于热学，他认为热能包治百病，于是在一个夏天，他关上了家中的门窗，穿上厚厚的衣服，坐在火炉边，被活活热死了，1830 年卒于法国巴黎。	
简单介绍专著内容，引出三角级数的形式。（共 1min）	（3）傅里叶的《热的解析理论》 在 1822 年出版的《热的解析理论》中，傅里叶推导出著名的热传导方程，并在求解该方程时断定：任何周期信号都可以由一组适当的正弦曲线组合而成。所得结果开创了傅里叶分析这一重要数学分支。 恩格斯对傅里叶的贡献给予了很高的评价：傅里叶是一首数学的诗，黑格尔是一首辩证法的诗。 接下来，我们从几何上直观地欣赏傅里叶这首数学诗。 恩格斯	时间：1min 介绍名著《热的解析理论》，引导学生对本次课的主要内容有初步的认识。 由恩格斯对傅里叶的评价，可以感受到傅里叶的伟大。
2. 问题分析（7min）		
介绍傅里叶级数的形式。（共 1min）	正弦函数叠加分析：任何周期信号都可以由一组适当的正弦曲线组合而成。首先，考虑两个简单正弦函数的叠加，观察叠加函数 $$\sin x+\frac{1}{2}\sin 2x。$$	时间：1min 演示 MATLAB 程序运行结果，通过动画效果，展示简单正弦函数的叠加过程，层层递进。

（续）

教学意图	教学内容	教学环节设计
展示动画程序。	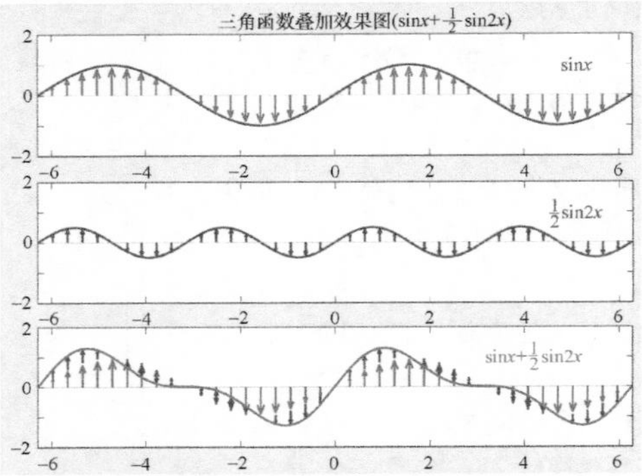 三角函数叠加效果图($\sin x+\frac{1}{2}\sin 2x$) ■ 两个正弦函数叠加后还是周期函数。	
分析系数对叠加的影响。（共1min） 展示动画程序。	接下来调整正弦函数项前的系数，观察叠加图形的变化： $\sin x + k\sin 2x$。 三角函数合成系数分析($\sin x+k\sin 2x$) 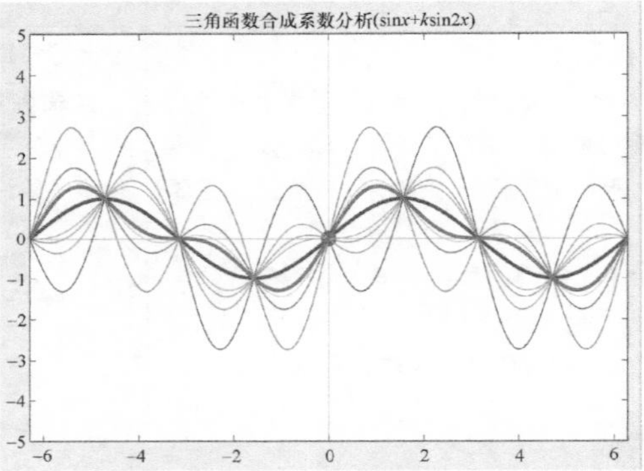 调整 k 的取值，得到不同的叠加函数曲线图形。可以观察到正弦函数前的系数，对叠加后的图形有影响。但是都是周期函数。 ■ 系数对叠加后的图形是有影响的。	时间：1min 系数不同，叠加效果不同。但是不影响周期性。
分析正弦项的叠加个数对叠加的影响。（共1min） 展示动画程序。	下面考虑多项正弦函数的叠加： $\sin x + \frac{1}{2}\sin 2x + \cdots + \frac{1}{n}\sin nx$。 当 $n=100$ 和 $n=1000$ 时，图形如下： 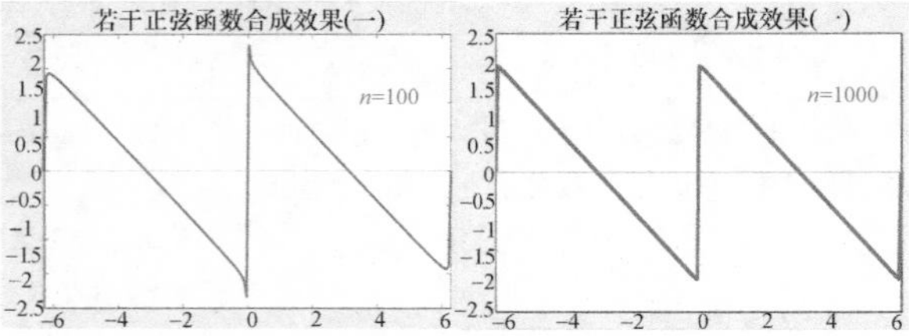 若干正弦函数合成效果(一)　若干正弦函数合成效果(·) 可以看到项数的多少也对叠加图有影响。 ■ 加项越多，叠加图形越趋近于某锯齿波。	时间：1min 用动画程序演示随 n 增加时的叠加效果。

（续）

<table>
<tr><th>教学意图</th><th>教学内容</th><th>教学环节设计</th></tr>
<tr>
<td>分析同一组正弦函数，不同系数对叠加的影响。（共2min）

三角函数线性组合可以表示周期函数。</td>
<td>调整 n 个正弦函数线性组合
$$b_1\sin x+b_2\sin 2x+\cdots+b_n\sin nx$$
中各项系数。可以得到如下不同的叠加图。
（1）$\sin x+\frac{1}{2}\sin 2x+\cdots+\frac{1}{n}\sin nx$，其图形逼近锯齿波。
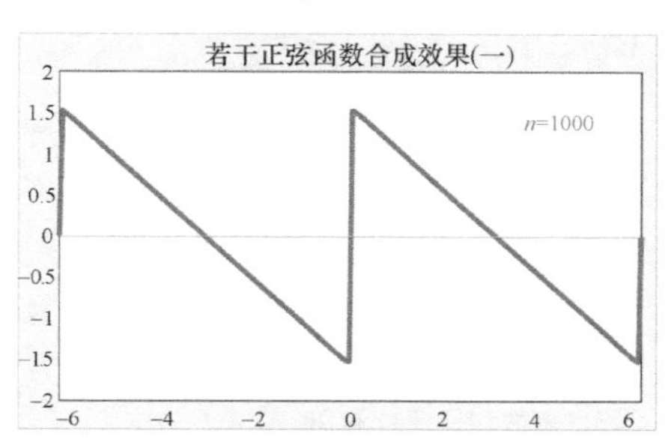

若干正弦函数合成效果(一)
（2）$\sin x+\frac{1}{3}\sin 3x+\cdots+\frac{1}{2n-1}\sin(2n-1)x$，其图形逼近方波。
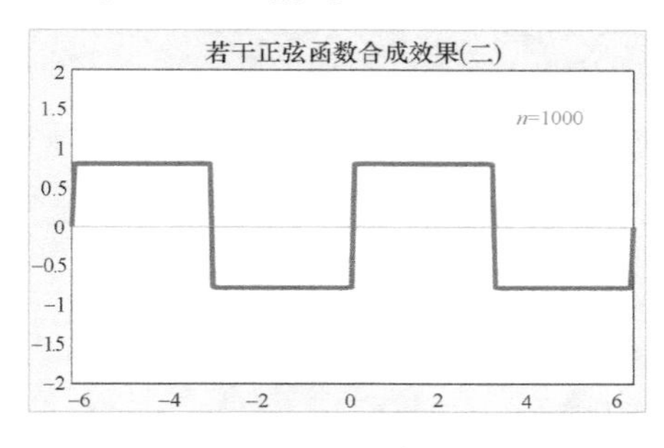

若干正弦函数合成效果(二)
（3）$\sin x-\frac{1}{3^2}\sin 3x+\cdots+\frac{(-1)^{n+1}}{(2n-1)^2}\sin(2n-1)x$，其图形逼近三角波。
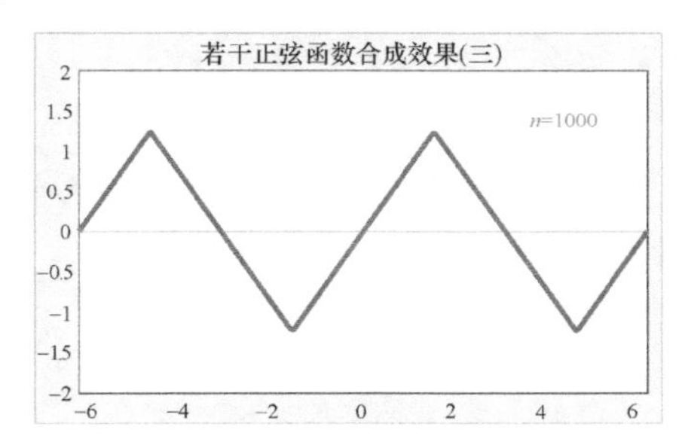

若干正弦函数合成效果(三)
从图的变化可以总结，正弦函数的项数以及每项前的系数对叠加函数都有影响，并且叠加函数是以 2π 为周期的奇函数，同样的分析方法可以知道，对于余弦函数，其项数及每项的系数对叠加函数也有影响，叠加函数是以 2π 为周期的偶函数。
■ 正弦函数的不同线性组合可以产生不同的周期函数，且是奇函数。
■ 余弦函数的不同线性组合可以产生不同的周期函数，且是偶函数。</td>
<td>时间：2min

将正弦函数理解为基，赋予不同系数，叠加出不同的图像。

说明，使用正弦函数和余弦函数，确实可以生成出周期函数。</td>
</tr>
</table>

（续）

<table>
<tr><th>教学意图</th><th>教学内容</th><th>教学环节设计</th></tr>
<tr><td>提出反问题，先给定周期函数，如何用三角函数表示。(共2min)</td><td>

问题如何产生任意函数（非奇非偶）？

<table>
<tr><th>叠加项</th><th>叠加项系数</th><th>叠加函数</th></tr>
<tr><td>$\sin x, \sin 2x, \sin 3x, \cdots, \sin nx, \cdots$</td><td>$b_1, b_2, b_3, \cdots, b_n, \cdots$</td><td>周期函数、奇函数</td></tr>
<tr><td>$1, \cos x, \cos 2x, \cos 3x, \cdots, \cos nx, \cdots$</td><td>$A, a_1, a_2, a_3, \cdots, a_n, \cdots$</td><td>周期函数、偶函数</td></tr>
<tr><td>$1, \cos x, \cos 2x, \cos 3x, \cdots, \cos nx, \cdots$
$\sin x, \sin 2x, \sin 3x, \cdots, \sin nx, \cdots$</td><td>$A, a_1, a_2, a_3, \cdots, a_n, \cdots$
$b_1, b_2, b_3, \cdots, b_n, \cdots$</td><td>一般周期函数</td></tr>
</table>

我们知道，任意函数都可以写成奇函数和偶函数的和

$$f(x) = \frac{f(x)+f(-x)}{2} + \frac{f(x)-f(-x)}{2}。$$

那么考虑，任意给定以 2π 为周期的函数，函数是否可以写为正弦函数（奇函数）和余弦函数（偶函数）的线性组合形式呢？

$$f(x) = A + \sum_{n=1}^{\infty}(a_n \cos nx + b_n \sin nx),$$

可以看到，等式右侧的系数一旦确定，那么以 2π 为周期的函数 $f(x)$ 的三角级数展开形式也就确定了，如何来确定系数呢？接下来解决这个问题。

■ 任给定周期函数（周期为 2π），是否可以通过确定系数，进而将其表示为三角级数？

</td><td>时间：2min

提问：
如何确定傅里叶级数的系数？</td></tr>
<tr><td colspan="3">3. 傅里叶系数与傅里叶级数（13min）</td></tr>
<tr><td>证明三角函数系的正交性。(共3min)</td><td>

问题1：若周期为 2π 的函数可以表示为形式

$$f(x) = A + \sum_{n=1}^{\infty}(a_n \cos nx + b_n \sin nx), \tag{1}$$

如何确定系数 a_n 和 b_n？

（1）证明正交性

定理：组成三角级数的函数系 $\{1, \cos x, \sin x, \cos 2x, \sin 2x, \cdots, \cos nx, \sin nx, \cdots\}$ 在 $[-\pi, \pi]$ 上正交，即其中任意两个不同的函数之积在 $[-\pi, \pi]$ 上的积分为0。

证明：$\int_{-\pi}^{\pi} 1 \cdot \cos nx \mathrm{d}x = \int_{-\pi}^{\pi} 1 \cdot \sin nx \mathrm{d}x = 0 \quad (n = 1, 2, \cdots)$，

$\int_{-\pi}^{\pi} \cos kx \cdot \cos nx \mathrm{d}x = \frac{1}{2}\int_{-\pi}^{\pi}[\cos(k+n)x + \cos(k-n)x]\mathrm{d}x = 0$ $(k \neq n)$。

同理可证

$$\int_{-\pi}^{\pi} \sin kx \cdot \sin nx \mathrm{d}x = 0 \quad (k \neq n),$$

$$\int_{-\pi}^{\pi} \cos kx \cdot \sin nx \mathrm{d}x = 0 \quad (k \neq n)。$$

</td><td>时间：3min

三角函数系的正交性，是求解系数的利器。

提问：
如何从几何角度来证明？</td></tr>
</table>

（续）

教学意图	教学内容	教学环节设计
	但是在三角函数系中两个相同的函数的乘积在 [$-\pi$, π] 上的积分不为0，且有 $\int_{-\pi}^{\pi} 1^2 \mathrm{d}x = 2\pi,$ $\int_{-\pi}^{\pi} \sin^2 nx \mathrm{d}x = \pi,$ $\int_{-\pi}^{\pi} \cos^2 nx \mathrm{d}x = \pi,$ 这里 $\cos^2 nx = \frac{1+\cos 2nx}{2}$，$\sin^2 nx = \frac{1-\cos 2nx}{2}$。	
由三角函数系正交性计算傅里叶系数。(共4min)	（2）系数的确定 应用定理，在式（1）的左右两侧同时取区间 [$-\pi$, π] 上的积分，即 $\int_{-\pi}^{\pi} f(x) \mathrm{d}x = \int_{-\pi}^{\pi} A \mathrm{d}x + \int_{-\pi}^{\pi} \left[\sum_{n=1}^{\infty} (a_n \cos nx + b_n \sin nx) \right] \mathrm{d}x$ $= A \cdot 2\pi + \sum_{n=1}^{\infty} \left(a_n \int_{-\pi}^{\pi} \cos nx \mathrm{d}x + b_n \int_{-\pi}^{\pi} \sin nx \mathrm{d}x \right),$ 得到 $A = \frac{1}{2\pi} \int_{-\pi}^{\pi} f(x) \mathrm{d}x$。 应用同样的方法，在式（1）的左右两侧同时乘以 $\cos nx$，并取积分 $\int_{-\pi}^{\pi} f(x) \cos nx \mathrm{d}x = a_n \int_{-\pi}^{\pi} \cos^2 nx \mathrm{d}x = a_n \pi,$ 得到 $a_n = \frac{1}{\pi} \int_{-\pi}^{\pi} f(x) \cos nx \mathrm{d}x \quad (n = 0, 1, 2, \cdots),$ 当 $n=0$ 时，易得 $A = \frac{a_0}{2}$。 同理得到 b_n。整理得到 $\begin{cases} a_n = \frac{1}{\pi} \int_{-\pi}^{\pi} f(x) \cos nx \mathrm{d}x & (n = 0, 1, 2, \cdots), \\ b_n = \frac{1}{\pi} \int_{-\pi}^{\pi} f(x) \sin nx \mathrm{d}x & (n = 1, 2, \cdots). \end{cases} \quad (2)$ 称由式（2）确定的系数为函数 $f(x)$ 的傅里叶系数，称由傅里叶系数写出的如下级数为傅里叶级数 $f(x) \sim \frac{a_0}{2} + \sum_{n=1}^{\infty} (a_n \cos nx + b_n \sin nx)$。	时间：4min 引导思考： 注意到这种求解只是形式上的，就是不考虑过程中每一步所需要的条件。 只要函数是可积的，都可以有傅里叶系数，从而有形式上的傅里叶级数。
考虑周期是一般的情形。(共2min)	问题2：以上结论可推广到周期为 $2l$ 的函数的傅里叶级数 $f(x) = \frac{a_0}{2} + \sum_{n=1}^{\infty} \left(a_n \cos \frac{n\pi}{l} x + b_n \sin \frac{n\pi}{l} x \right)$。 用类似的方法可以给出傅里叶级数，求得系数 a_n 和 b_n： $\begin{cases} a_n = \frac{1}{l} \int_{-l}^{l} f(x) \cos \frac{n\pi}{l} x \mathrm{d}x & (n = 0, 1, 2, \cdots), \\ b_n = \frac{1}{l} \int_{-l}^{l} f(x) \sin \frac{n\pi}{l} x \mathrm{d}x & (n = 1, 2, \cdots). \end{cases}$	时间：2min 板书： 需要板书推导，不能太快。

（续）

教学意图	教学内容	教学环节设计
以具体例子出发，分析傅里叶级数的和函数。(共4min)	问题3：$f(x)$ 的傅里叶级数是否收敛到自身？ 分析思路先图形引导，后给出结论。 例1：设 $f(x+2\pi)=f(x)$，且 $f(x)=\begin{cases}1, & 0\leqslant x<\pi,\\ -1, & -\pi\leqslant x<0,\end{cases}$ 计算 $f(x)$ 的傅里叶系数和傅里叶级数。 解：$f(x)$ 的傅里叶系数为 $\begin{cases}a_n=\dfrac{1}{\pi}\int_{-\pi}^{\pi}f(x)\cos nx\mathrm{d}x=0 \quad (n=0,1,2,\cdots),\\ b_n=\dfrac{1}{\pi}\int_{-\pi}^{\pi}f(x)\sin nx\mathrm{d}x=\dfrac{2}{\pi}\int_{0}^{\pi}\sin nx\mathrm{d}x=\begin{cases}\dfrac{4}{n\pi}, & n=1,3,5,\cdots,\\ 0, & n=2,4,6,\cdots。\end{cases}\end{cases}$ 进而，$f(x)$ 的傅里叶级数为 $f(x)\sim\dfrac{4}{\pi}\left(\sin x+\dfrac{1}{3}\sin 3x+\dfrac{1}{5}\sin 5x+\dfrac{1}{7}\sin 7x+\cdots\right)$。 $f(x)$ 的傅里叶级数是否收敛到 $f(x)$？ 先看 $f(x)$ 的图形，注意每段区间端点的开与闭。	时间：4min 教学互动： 按照系数计算公式，计算矩形波的傅里叶级数。 得到傅里叶系数。 得到傅里叶级数。
展示动画程序。	其次观察傅里叶级数前 n 项和的图形： $n=15$ 的图形： 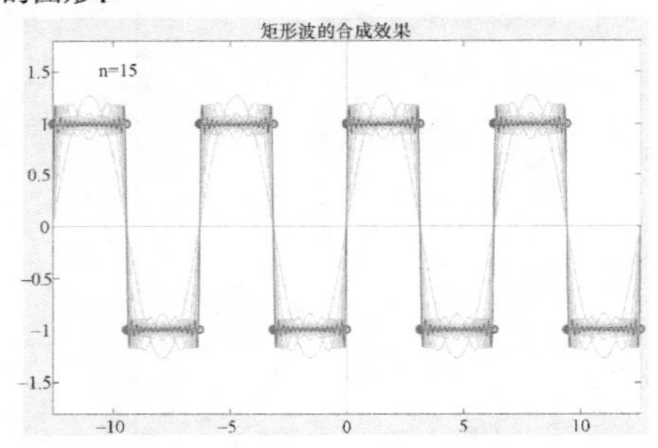 $n=45$ 的图形： 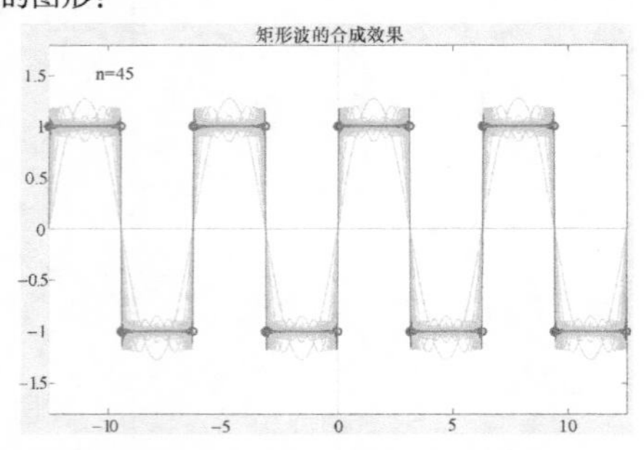 随着傅里叶级数中项数的增多，级数叠加曲线基本上越来越收敛到矩形波曲线，但在间断点处，叠加值与原始值有偏差。 ■ 连续点处，傅里叶级数收敛到自身。 ■ 在间断点，傅里叶级数收敛到 $f(x)$ 的左、右极限平均值。	演示MATLAB叠加图，引导学生观察随着傅里叶级数中项数增多，和函数的图形。 这个例子是否具有一般性呢？下面给出判断傅里叶级数收敛到自身的条件。

（续）

教学意图	教学内容	教学环节设计
	4. 傅里叶级数收敛定理（11min）	
介绍傅里叶级数收敛定理。（共3min）	傅里叶级数收敛定理（狄利克雷充分条件）：设$f(x)$是周期为2π的函数，若$f(x)$满足： （1）在一个周期内连续，或只有有限个第一类间断点； （2）在一个周期内至多只有有限个极值点（条件（1）（2）称为狄利克雷充分条件）， 可以得到如下三个结论： ● 函数$f(x)$的傅里叶级数全数轴上收敛； ● 函数$f(x)$的和函数$s(x)$为 $S(x)=\begin{cases}f(x), & x\text{为}f(x)\text{的连续点},\\ \frac{1}{2}(f(x^+)+f(x^-)), & x\text{为}f(x)\text{的间断点。}\end{cases}$ ● 函数$f(x)$的连续点x处有 $f(x)=\frac{a_0}{2}+\sum_{n=1}^{\infty}(a_n\cos nx+b_n\sin nx)。$ 说明： 1）函数写为傅里叶级数的条件比幂级数的条件低得多； 2）傅里叶级数收敛定理中的条件只是充分条件，不满足该条件，不能判断傅里叶级数不收敛到函数$f(x)$。	时间：3min 强调： 由狄利克雷充分条件可以得到的三个结论。帮助同学们系统地总结傅里叶级数的收敛性。
由傅里叶级数收敛定理，再回看例题。（共3min）	例1的进一步分析：设$f(x+2\pi)=f(x)$，且 $f(x)=\begin{cases}1, & 0\leqslant x<\pi,\\ -1, & -\pi\leqslant x<0,\end{cases}$ 由傅里叶级数收敛定理可得出如下结论： （1）$f(x)$满足狄利克雷条件； （2）$f(x)$的傅里叶级数全数轴收敛； （3）$f(x)$的傅里叶级数的和函数 $s(x)=\begin{cases}1, & 0<x<\pi,\\ -1, & -\pi<x<0,\\ 0, & x=\pm\pi,\ 0\end{cases}$ 和函数$s(x)$的图形：	时间：3min 很明确地给出本例题的四点结论。

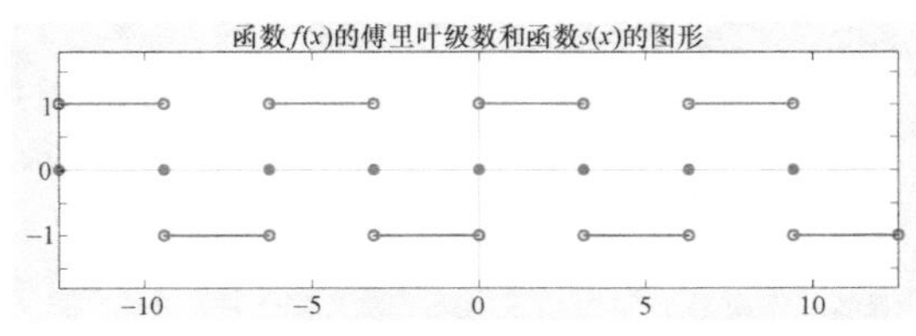

	（4）$f(x)$的傅里叶级数及其成立范围 $f(x)=\frac{4}{\pi}\left(\sin x+\frac{1}{3}\sin 3x+\frac{1}{5}\sin 5x+\cdots\right),$ $x\neq k\pi\ (k=0,1,2,\cdots)。$	

（续）

<table>
<tr><th>教学意图</th><th>教学内容</th><th>教学环节设计</th></tr>
<tr>
<td>傅里叶级数收敛定理的另一个例题。（共5min）</td>
<td>

例2：设$f(x+2\pi)=f(x)$，且

$$f(x)=\begin{cases}-1, & -\pi<x\leqslant 0,\\ 1+x^2, & 0<x\leqslant\pi。\end{cases}$$

记其傅里叶级数的和函数为$s(x)$，求傅里叶展式成立范围，并计算$s(-\pi)$，$s(2\pi)$，$s\left(\frac{9\pi}{2}\right)$。

解：$f(x)$ 的图形如下：

可见函数$f(x)$ 满足狄利克雷条件，故有傅里叶展式。

易知$f(x)$ 的傅里叶级数和函数$s(x)$ 的图形如下：

$s(x)$ 在 $[-\pi, \pi]$ 上的表达式为

$$s(x)=\begin{cases}-1, & -\pi<x<0,\\ 1+x^2, & 0<x<\pi,\\ 0, & x=0,\\ \pi^2/2, & x=-\pi,\ \pi。\end{cases}$$

故$f(x)$ 的傅里叶展式成立范围是$x\neq k\pi$，$k=0, \pm1, \pm2, \cdots$，且

$$s(-\pi)=\pi^2/2,$$

$$s(2\pi)=s(0)=0,$$

$$s\left(\frac{9\pi}{2}\right)=s\left(\frac{\pi}{2}\right)=1+\left(\frac{\pi}{2}\right)^2。$$

</td>
<td>

时间：5min

根据傅里叶定理求解本例题，可以不用求出傅里叶级数。

仔细观察$f(x)$ 的图像和$s(x)$ 的图像，一切答案尽在其中。

</td>
</tr>
<tr><td colspan="3">5. 傅里叶级数的意义（8min）</td></tr>
<tr>
<td>介绍傅里叶级数的意义。（共2min）</td>
<td>

（1）函数的分解

周期为2π的函数$f(x)$ 的傅里叶级数为

$$f(x)\sim\frac{a_0}{2}+\sum_{n=1}^{\infty}(a_n\cos nx+b_n\sin nx),$$

那么周期为$2l$的函数$f(x)$ 的傅里叶级数为

$$f(x)\sim\frac{a_0}{2}+\sum_{n=1}^{\infty}\left(a_n\cos\frac{n\pi}{l}x+b_n\sin\frac{n\pi}{l}x\right)$$

$$\sim\frac{a_0}{2}+\sum_{n=1}^{\infty}A_n\sin\left(\frac{n\pi}{l}x+\alpha_n\right),$$

其中$A_n=\sqrt{a_n^2+b_n^2}$，$\alpha_n=\arctan\frac{a_n}{b_n}$。

■ 各种复杂的周期函数是由简单的三角函数合成；

■ 各种复杂振动是由简谐振动合成；

■ 各种复杂波是由简谐波合成。

</td>
<td>

时间：2min

总结：

傅里叶级数分解的意义，培养学生将复杂问题简单化的思维能力。

由函数的分解可以总结出如下规律。

</td>
</tr>
</table>

（续）

教学意图	教学内容	教学环节设计
介绍频谱图的概念。（共3min）	（2）频谱图 为进一步研究傅里叶级数的意义，给出矩形波函数的傅里叶级数叠加图如下： 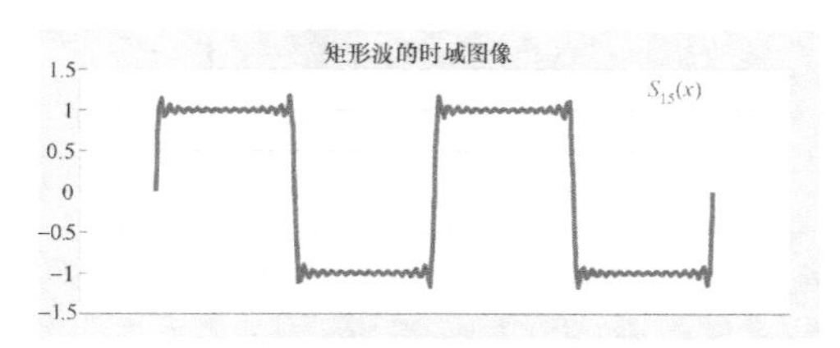 粉色曲线是傅里叶级数中前15项正弦波叠加而成的图形，称为时域图像。将如上合成图进行分解，得到不同角度的时域分解图。 蓝色曲线为傅里叶级数中不同频率的正弦波，正弦波按照频率从低到高，由前向后排列开来，形状近似为矩形波的粉色曲线由蓝色正弦波曲线叠加而成。由如上时域图，可以直观地给出函数展开成傅里叶级数所对应的频谱图。	时间：3min *模拟动画：* 播放MATLAB动画，从不同角度观察矩形波的傅里叶级数，引出频谱图的概念，以便学生理解傅里叶的意义。
展示动画程序。	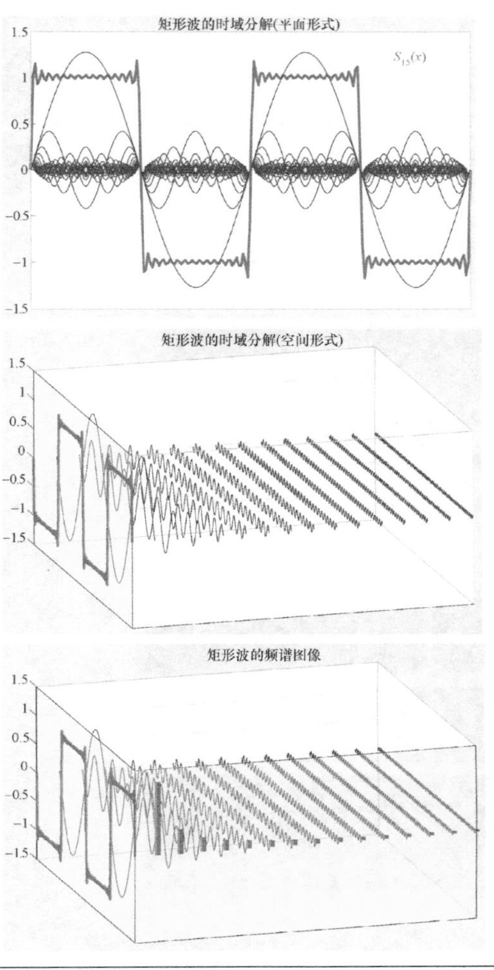 	这是一个精心设计的动画程序，呈现出时域与频域的两个域间的对应关系，目的是使学生对本知识点有直观充分的认识。

（续）

教学意图	教学内容	教学环节设计
	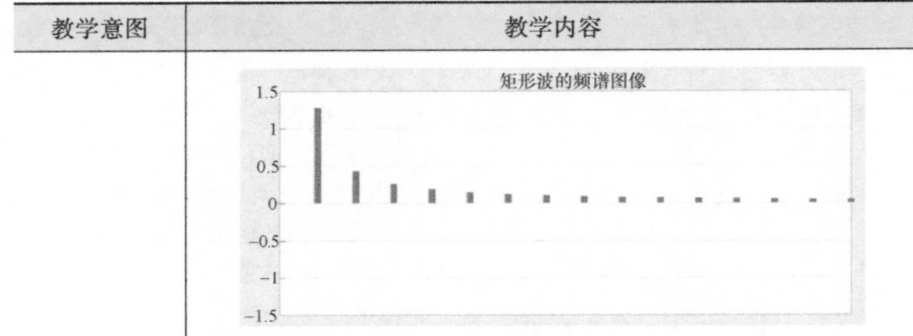 从时域图的侧面可以给出，傅里叶级数中不同三角函数的频率和幅值组成的直角坐标系，称为函数的频谱图，即横坐标为展开式中三角函数对应的频率，纵坐标为相应三角函数的幅值，为展开式中的系数。频谱图在实际中有广泛的应用，可以将复杂不易分析的时域图，分解为简单的频谱图去讨论。	
介绍傅里叶级数的实际例子：音色。（共3min） 视频演示一，标准音高的小提琴声分解和合成。	（3）音色 任何音乐都是周期函数，由狄利克雷收敛定理可知，满足一定条件的周期函数，可以写成傅里叶级数的形式 $$f(t)=\sum_{n=1}^{\infty}(A_n\sin(n\omega t+\varphi_n)),$$ 那么任何音乐都可以表示为简单正弦函数的和，是形如$A_n\sin(n\omega t+\varphi_n)$的各项和，每一项代表一种适当频率和振幅的简单声音。其中，$n=1$的项对应基音，$n>1$的项对应泛音，声音由基音和泛音合成。因此，每一种声音，不管多么复杂，都可以由一些简单的声音合成。例如，分析标准音高的小提琴的声音。 以下图片素材来自网络（https：//bideyuanli. com/p/3890）。 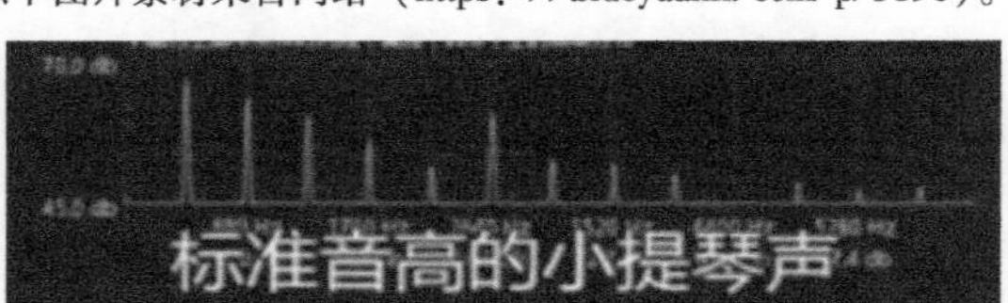 通过傅里叶级数，给出音乐对应的主要频谱图，通过频谱图，可以验证音乐可以由频谱图中每个频谱对应的三角函数合成，依次加入基音和泛音。 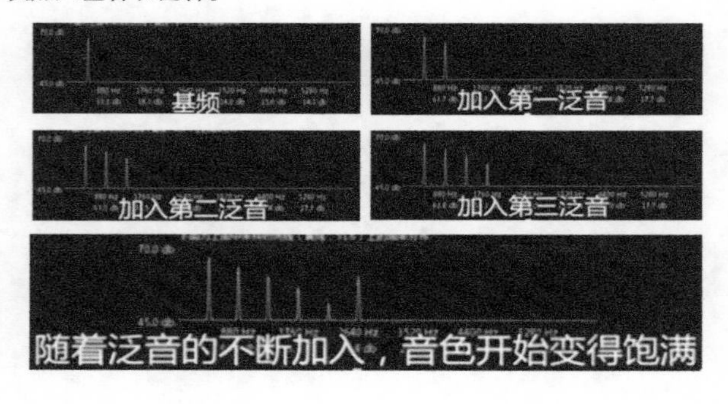 	时间：3min 播放声音，用傅里叶级数的频谱，展示音色的组成，让学生理解傅里叶级数可以将现实中复杂的问题简单化，激发学生的兴趣和深入研究。

（续）

教学意图	教学内容	教学环节设计
视频演示二，相同音高不同乐器的频谱。	随着泛音的不断加入，声音变得饱满，并慢慢接近原始声音，证明了声音可以由基音和泛音组成的简单声音合成。 观察相同音高不同乐器的频谱图，这些频谱图可以判断，基音和泛音的强弱比例决定了声音的音色。 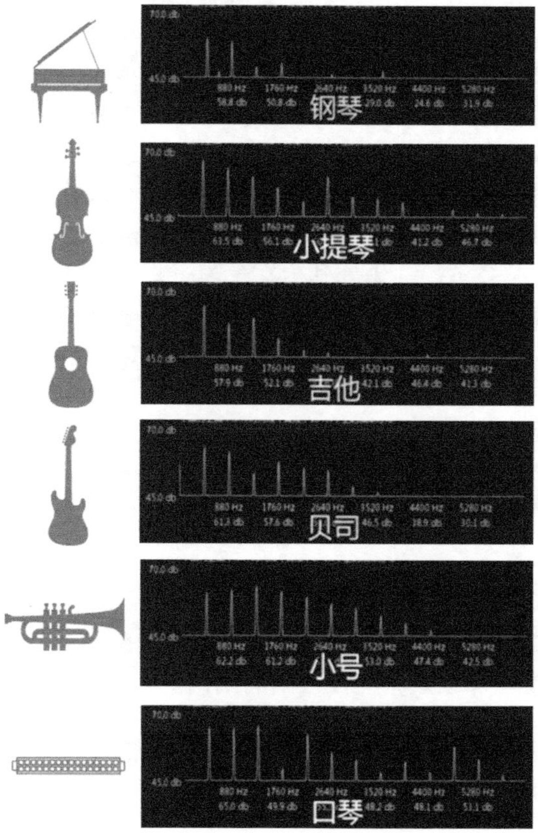	播放六种乐器的声音和所对应的频谱图，培养学生用所学知识分析实际问题的能力。
6. 小结与思考（2min）		
小结。（共1min）	（1）周期为 2π 和 $2l$ 的函数的傅里叶级数形式和傅里叶系数； （2）狄利克雷充分条件； （3）傅里叶级数的意义。	时间：1min 单元小结，回顾本次课的主要内容。
课后思考。（共1min）	（1）周期为 $2l$ 的函数 $f(x)$ 的傅里叶系数如何计算？ （2）如果只给出函数 $f(x)$ 在某个区间上的表达式，如何获得该函数的傅里叶级数展开式？	时间：1min

四、学情分析与教学评价

本教学内容的对象为理工科一年级第一学期的学生，通过前几章对极限和积分等知识的学习，他们具备了相应的数学思想和素养。此外，通过上一节对幂级数的学习，他们对无穷级数已经有了一定的理解。

本学期的课程接近尾声，对于刚步入大学的学生，逐步适应了大学生活，养成了一定的学习习惯。为激发学生独立学习、思考的能力，在教学过程中注重数学思维的培养和逻辑能力的训练，通过几何图形和实际案例，深入浅出地理解本节内容，激发学生的学习兴趣，帮助学生深刻理解相关知识，培养他们将复杂问题简单化的意识，提高学习热情，能够学以致用。

通过曲线叠加的例子，直观地理解、总结傅里叶级数的一般形式。通过三角函数系的正交性，能够求解周期函数的傅里叶级数。应用狄利克雷充分条件可以判别傅里叶级数的收敛性。并通过实际例子深入解读傅里叶级数的意义。

针对重难点内容，通过不同三角函数曲线叠加图，引出傅里叶级数的一般形式。启发学生自主思考，锻炼逻辑思维能力，帮助学生理解傅里叶级数的概念。通过求解周期函数的傅里叶级数和函数收敛的狄利克雷充分条件，培养学生在学习过程中的严谨性。通过引入频谱图，让学生深刻理解傅里叶级数的意义。通过对音色的分析，让学体验如何应用所学到的数学工具分析实际问题，开阔学生视野，激发学生探究新知识、新领域的兴趣。

五、预习任务与课后作业

预习　有限区间上的函数的傅里叶级数。

作业

1. 设$f(x)=\begin{cases}-1, & -\pi<x\leqslant 0\\ 1+x^2, & 0<x\leqslant\pi\end{cases}$，则它的以 2π 为周期的傅里叶级数在 $x=\pi$ 处收敛于____________，在 $x=5\pi$ 处收敛于____________。

2. 将下列周期函数展开成傅里叶级数，其在一个周期内的表达式如下：

（1）$f(x)=3x^2+1\quad(-\pi\leqslant x<\pi)$；　　（2）$f(x)=\begin{cases}e^x & -\pi\leqslant x<0\\ 1 & 0\leqslant x\leqslant\pi\end{cases}$。

3. 设$f(x)$是周期为2的周期函数，且$f(x)=\begin{cases}x & 0\leqslant x\leqslant 1\\ 0 & 1<x<2\end{cases}$，写出$f(x)$的傅里叶级数与其和函数，并求级数$\sum\limits_{n=0}^{\infty}\dfrac{1}{(2n+1)^2}$的和。

4. 设周期函数$f(x)$以 2π 为周期，证明：

（1）如果$f(x-\pi)=-f(x)$，那么$f(x)$的傅里叶系数 $a_0=0$，$a_{2k}=0$，$b_{2k}=0$（$k=1$，2，…,）；

（2）如果$f(x-\pi)=f(x)$，那么$f(x)$的傅里叶系数 $a_{2k+1}=0$，$b_{2k+1}=0$（$k=0$，1，2，…）。

5. 设函数$f(x)$以 2π 为周期，满足狄利克雷条件，且$f(-\pi)=f(\pi)$，其傅里叶系数为 a_n，b_n，又设$f'(x)$满足狄利克雷条件，求$f'(x)$的傅里叶系数。

旋转曲面

一、教学目标

建立空间直角坐标系后，曲面与曲线就可以用它上面任一点的坐标所满足的方程或方程组来表示。解析几何的基本方法包括两个方面：一是从图形到方程；二是从方程到图形。从图形到方程就是选择合适的坐标系，建立图形的方程；从方程到图形就是对方程的研究得到图形的性质，了解图形的形状。本章主要介绍的空间曲面包括平面、旋转曲面、柱面和二次曲面。

旋转曲面是一种常见的特殊曲面。本节通过旋转曲面介绍建立曲面方程的一种方法。熟练地掌握特殊曲面方程及其图形，对多元函数的方向导数、梯度、多元函数的极值问题以及重积分等问题的学习将会起到很好的促进作用。

本次课的教学目标是：

1. 学好基础知识，掌握坐标面上的曲线沿该坐标面上的某一坐标轴旋转所得的旋转曲面的方程及其图形。

2. 掌握基本技能，掌握研究旋转曲面方程的方法。

3. 培养思维能力，能够对所研究的对象进行观察、类比、抽象，并能够分层次多角度认知图形。

4. 提高解决实际问题的能力，能够自觉地用所学的知识去观察生活，培养解决生活中实际问题的意识、兴趣和能力，学以致用。

二、教学内容

1. 教学内容

1）旋转曲面的方程及图形；

2）旋转单叶双曲面的直纹性；

3）旋转曲面在生活中的应用。

2. 教学重点

1）掌握常见特殊旋转曲面的方程及其图形；

2）掌握建立一般旋转曲面方程的方法。

3. 教学难点

1）旋转曲面方程的建立；

2）旋转单叶双曲面的直纹性。

三、教学进程安排

1. 教学进程框图（45min）

2. 教学环节设计

<table>
<tr><th>教学意图</th><th>教学内容</th><th>教学环节设计</th></tr>
<tr><td colspan="3">1. 问题引入（3min）</td></tr>
<tr><td>通过电视节目《是真的吗》引出本次课的内容。（共3min）</td><td>

播放中央电视台《是真的吗》节目视频，引出问题——木棍能否穿过平面的曲线？
为了更直观的演示实验，利用亚克力板和激光加工技术制作了节目中所提到的装置，现场为同学展示，如下图所示。
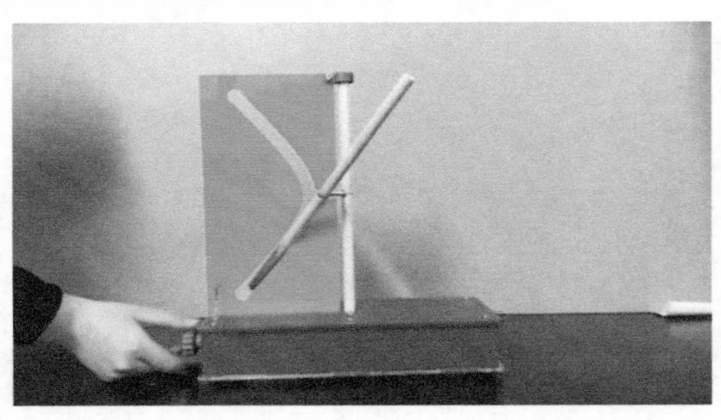
如果能，那么平面上的这条曲线是什么曲线？这根木棍旋转后形成的是什么样的曲面？这些都是我们这节课将要给大家介绍的内容。</td><td>时间：3min
播放视频，通过视频提出问题：这条直线能否穿过弧形曲线？

利用自制教具，满足学生的好奇心，课堂演示实验。</td></tr>
</table>

（续）

<table>
<tr><th>教学意图</th><th>教学内容</th><th>教学环节设计</th></tr>
<tr><td colspan="3">2. 曲面与方程（16min）</td></tr>
<tr><td>介绍曲面与方程。（共4min）</td><td>定义1：设有曲面S及三元方程
$$F(x, y, z)=0, \qquad (*)$$
若曲面上的点的坐标都满足式（*），不在曲面上的点的坐标都不满足式（*），则称式（1）为曲面S的方程，曲面S为式（*）的图形。
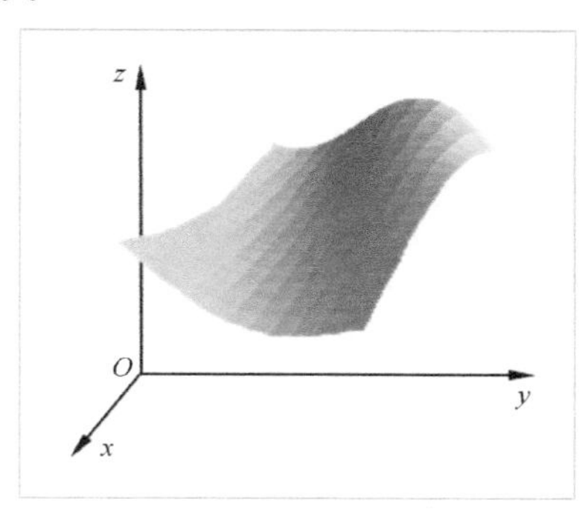
</td><td>时间：4min
给出曲面的定义。

提问：
已知曲面如何写出方程？已知方程如何认知曲面？</td></tr>
<tr><td></td><td>常用曲面方程：
（1）坐标面方程
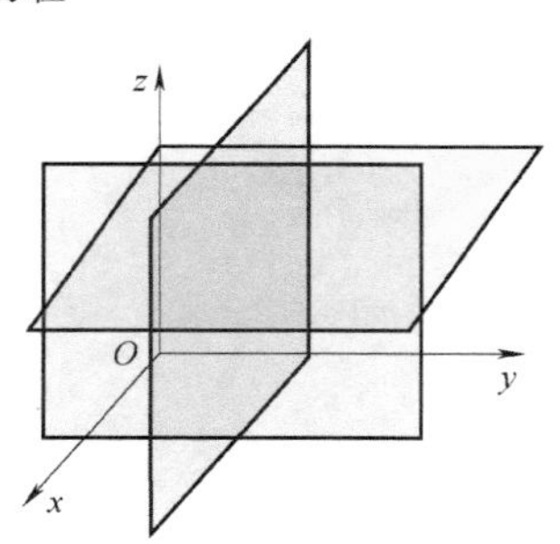

$z=c$ 平行于 xOy 面的平面；
$y=b$ 平行于 zOx 面的平面；
$x=a$ 平行于 yOz 面的平面。</td><td>提问：
坐标面的方程是什么？</td></tr>
<tr><td></td><td>（2）球面方程
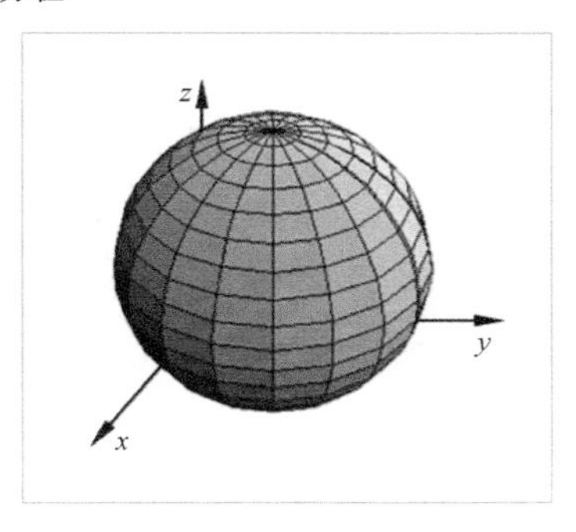

球心$M(x_0, y_0, z_0)$，半径为R，方程为
$$(x-x_0)^2+(y-y_0)^2+(z-z_0)^2=R^2。$$</td><td>提问：
球面的方程是什么？</td></tr>
</table>

（续）

教学意图	教学内容	教学环节设计
给出旋转曲面的定义。（共4min）	定义2：一条平面曲线绕该平面上一定直线旋转一周而成的曲面被称为旋转曲面。这条定直线称为旋转曲面的轴。 几种旋转曲面的图形： 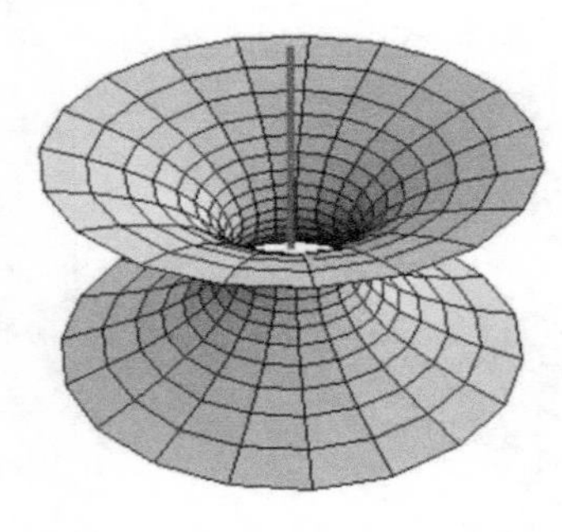 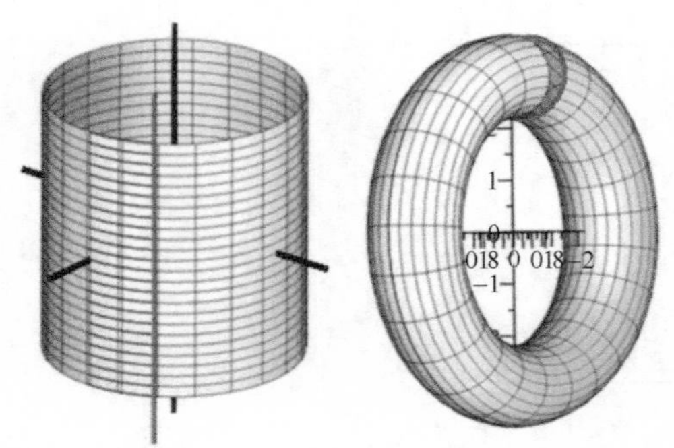 	时间：4min 给出旋转曲面的定义。
	从上面几个图可以看出，旋转曲面一定是由很多圆构成的，利用动点和曲线上点的关系建立曲面方程。 问题：设 yOz 面上一曲线 C：$f(y,z)=0$，求 C 绕 z 轴旋转而成的曲面 S 的方程。 分析：$\forall M(x,y,z)\in S$，M 绕 z 轴一周与 C 交于 $M_0(0,\ y_0,\ z_0)$。 M，M_0 满足： $\begin{cases} f(y_0,z_0)=0, \\ x^2+y^2=y_0^2, \\ z=z_0 \end{cases}$ $\xrightarrow{消去\ y_0,\ z_0}$ $f(\pm\sqrt{x^2+y^2},z)=0$。 不在 S 上的点的坐标都不满足上式。 故 S 的方程：$f(\pm\sqrt{x^2+y^2},z)=0$。 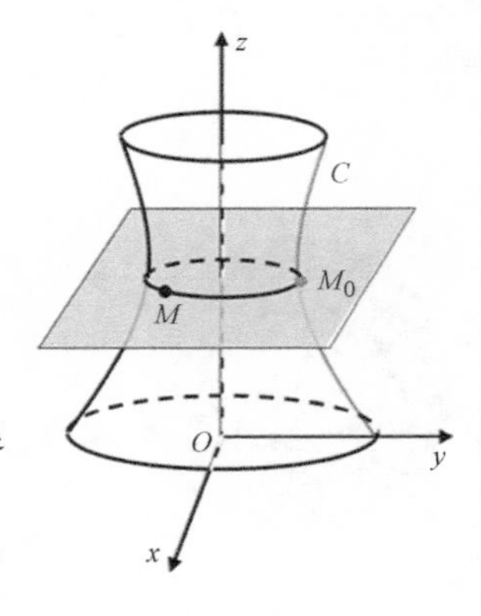 	提问： 旋转曲面的方程怎么确定？ 板书推导： 曲线 C 绕 z 轴旋转。动：曲线；静：直线（旋转轴）。分析点 M 和点 M_0 的位置关系。

（续）

教学意图	教学内容	教学环节设计
关于旋转曲面的几点说明。（共3min）	说明： 1）旋转曲面的要素：动曲线、定旋转轴； 2）旋转曲面的特点：与旋转轴垂面交线为圆； 3）方程的特点：至少有两个系数相同的平方项，另一个变量对应旋转轴； 4）求旋转曲面方程：“绕谁谁不变”； 5）已知方程认知图形： 动曲线：两系数相同的平方项令其中一项为零， 旋转轴：另一个变量对应旋转轴。	时间：3min 小结旋转曲面的方程特点。
介绍几种常见的旋转曲面。（共5min） 给出旋转曲面的方程。	旋转椭球面： C：$\frac{x^2}{a^2}+\frac{y^2}{b^2}=1$，　$C\subset xOy$ 面。 根据前面的分析可知， 绕 x 轴：$\frac{x^2}{a^2}+\frac{y^2+z^2}{b^2}=1$； 绕 y 轴：$\frac{x^2+z^2}{a^2}+\frac{y^2}{b^2}=1$。 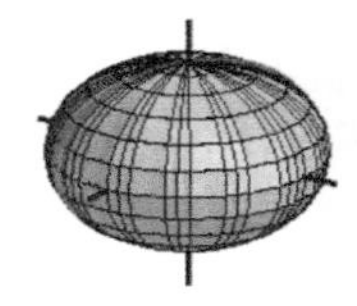 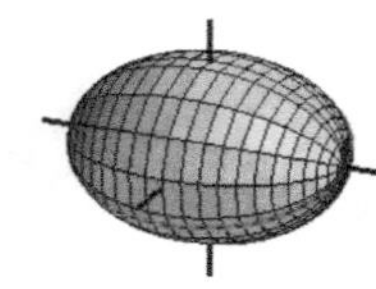 旋转抛物面： C：$y^2=2pz$，$C\subset yOz$ 面，绕 z 轴：$x^2+y^2=2pz$。 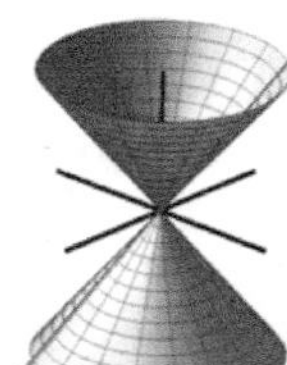 圆锥面： C：$z=ay$，$C\subset yOz$ 面，绕 z 轴：$z=\pm a\sqrt{x^2+y^2}$。 半顶角：$a=\cot\alpha$，$0<\alpha<\frac{\pi}{2}$。 顶点：(0，0，0)。 开口向上：$z=a\sqrt{x^2+y^2}$。 开口向下：$z=-a\sqrt{x^2+y^2}$。 一般形式：$z^2=a^2(x^2+y^2)$。 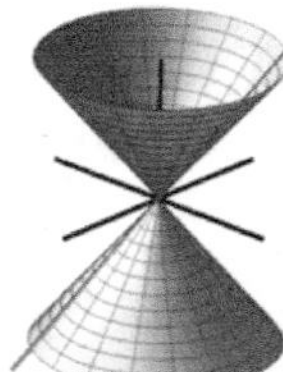 旋转双曲面： C：$\frac{x^2}{a^2}-\frac{z^2}{c^2}=1$，　$C\subset zOx$ 面。 绕 x 轴：$\frac{x^2}{a^2}-\frac{y^2+z^2}{c^2}=1$。 绕 z 轴旋转后会得到什么样的曲面？ 曲面的方程是什么？这也是我们这节课下面要讲的内容。	时间：5min 给出几种旋转曲面的方程。 引导思考： 双曲线可以绕 x 轴旋转得到旋转曲面，如图所示。 双曲线如果绕 z 轴旋转会得到什么样的曲面呢？

（续）

教学意图	教学内容	教学环节设计
3. 旋转单叶双曲面（15min）		
推导引例中曲面的方程。（共8min）	建立坐标系： 选平板一边（旋转轴）为 z 轴，平板上曲线顶点在 z 轴上的投影点作为坐标原点 O，平板上过原点 O 与 z 轴垂直的方向设为 y 轴，过原点 O 垂直于 yOz 平面方向设为 x 轴，x 轴、y 轴、z 轴为右手系。 不失一般性，设直线 L：$\begin{cases} z=ky, \\ x=a \end{cases}$ $(k>0,\ a\neq 0)$， 求直线 L 绕 z 轴旋转一周所得的曲面方程。	时间：8min 引导思考： 引例视频中直线旋转得到的是什么曲面？
由直线绕坐标轴旋转而成的曲面方程。	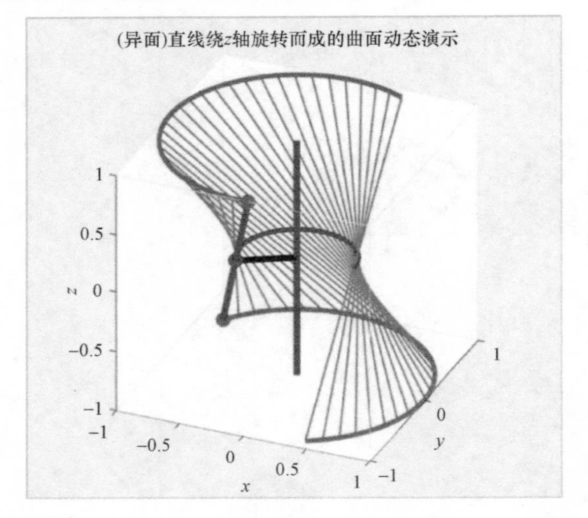 分析：$\forall M(x,y,z)\in S$，M 绕 z 轴旋转一周与 L 交于 $M_0(x_0, y_0, z_0)$。 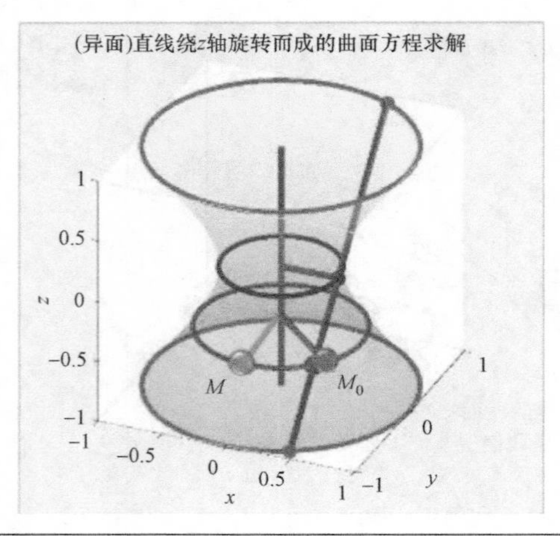	MATLAB 软件编程实现曲面形成的动态演示。 教具展示单叶双曲面的结构。 

（续）

教学意图	教学内容	教学环节设计
	M，M_0 满足：$\begin{cases} z_0 = ky_0, \\ x_0 = a, \\ x^2 + y^2 = a^2 + y_0^2, \\ z = z_0, \end{cases}$ 消去 x_0，y_0，z_0 得方程 $$\frac{x^2+y^2}{a^2} - \frac{z^2}{(ak)^2} = 1,$$ 又不在 S 上的点的坐标必不满足方程。因此所得曲面的方程可写为 记 $ak = c$，$\frac{x^2+y^2}{a^2} - \frac{z^2}{c^2} = 1$。 平板上的曲线方程为 $\begin{cases} \frac{x^2+y^2}{a^2} - \frac{z^2}{c^2} = 1, \\ x = 0, \end{cases}$ 整理可得 $\begin{cases} \frac{y^2}{a^2} - \frac{z^2}{c^2} = 1, \\ x = 0。 \end{cases}$ 不难发现，这时平板上的曲线是双曲线。	引导思考： 观察平板上的曲线方程是什么？
展示在科技馆录制的视频，并提问。	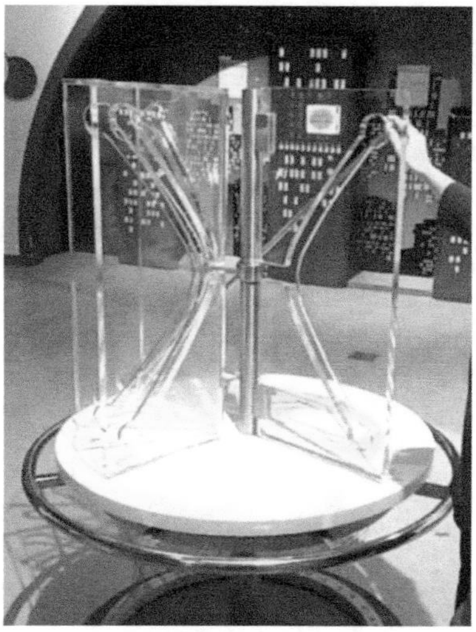 在中国科技馆内，就有一件展品叫作“双曲隧道”，展示的正是本节的内容，一条直线绕定轴旋转，会穿过图中所有平面上的双曲线，那么这个曲面是不是可以由双曲线旋转而成？	为了让学生更直观地看到平板上的曲线，到中国科技馆录制“双曲隧道”的视频。 提问： 曲面 S 能否由双曲线生成？

（续）

教学意图	教学内容	教学环节设计
介绍旋转单叶双曲面名称的由来。（共3min）	双曲线 C：$\frac{x^2}{a^2}-\frac{z^2}{c^2}=1$，$C\subset zOx$ 面，绕 z 轴旋转一周所形成的曲面 S 的方程。 按照前面旋转曲面的方程，根据“绕谁谁不变”，可以得到曲面 S 的方程为 $$\frac{x^2+y^2}{a^2}-\frac{z^2}{c^2}=1。$$ 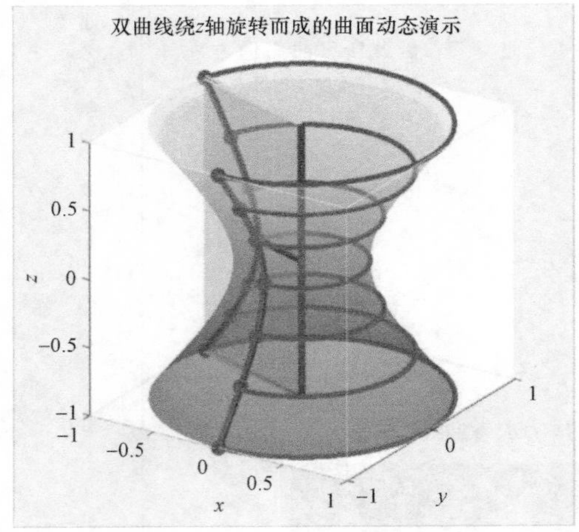 不难看出，这个方程和刚才得到的方程是一样的，也就是说它们对应的是同一个空间曲面。由于这个曲面 S 可以由双曲线旋转得到，并且只有一个曲面，我们称它为旋转单叶双曲面。与之对应的另一个由双曲线旋转得到的曲面被称为旋转双叶双曲面，对应的曲面方程为 $$\frac{x^2}{a^2}-\frac{y^2+z^2}{c^2}=1。$$	时间：3min MATLAB 软件编程实现双曲线绕坐标轴旋转生成曲面的过程。
分析旋转单叶双曲面的直纹性。（共4min） 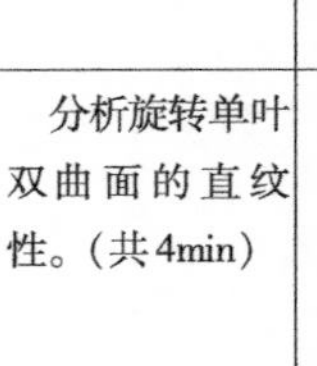	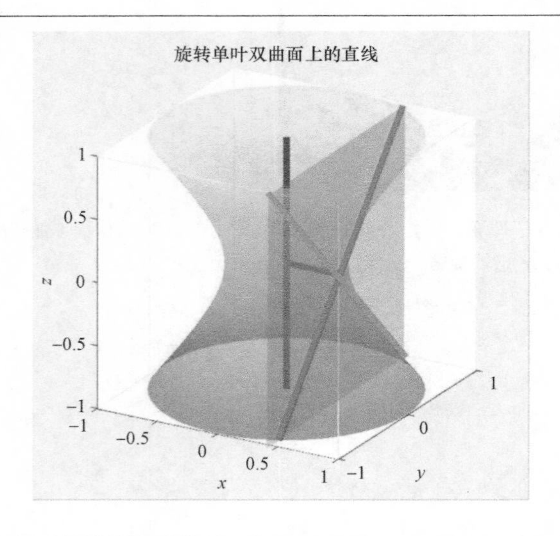 	时间：4min 引导思考： 如此弯曲的曲面居然可以由直线旋转生成，那么这个曲面上还有其他直线吗？

（续）

教学意图	教学内容	教学环节设计
	通过 MATLAB 演示，可以看到在灰色截面（平面 $x=a$）上还有一条直线在旋转单叶双曲面上。 定义3：由一族直线组成的曲面叫作直纹面。 旋转单叶双曲面可以分别由两条直线 $\begin{cases} z=\frac{c}{a}y, \\ x=a \end{cases}$ 和 $\begin{cases} z=-\frac{c}{a}y, \\ x=a \end{cases}$ 绕 z 轴旋转而成。 旋转单叶双曲面的生成方式汇总如下： 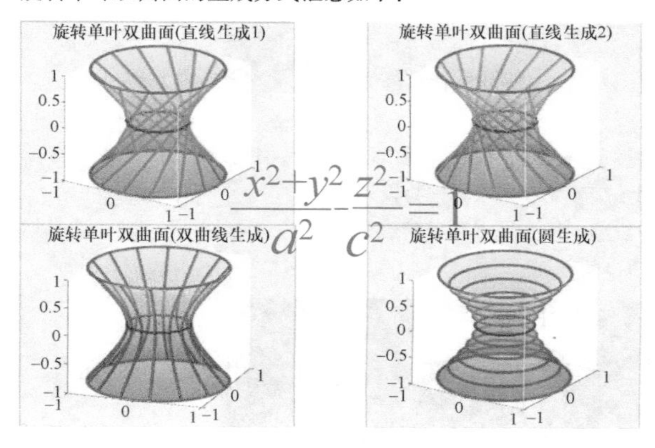	小结单叶旋转双曲面的生成。
4. 实际应用与拓展（8min）		
介绍冷凝塔。（共3min）	旋转单叶双曲面上有两组直线，利用这两组直线就可以搭建旋转单叶双曲面的骨架结构，形成一个非常轻巧而又非常坚固的建筑物。 	时间：3min 提问： 生活中有没有见过旋转单叶双曲面？

（续）

教学意图	教学内容	教学环节设计
	早在1918年荷兰工程师Frederik van Iterson就发明了旋转单叶双曲面型冷凝塔。从冷凝塔施工的现场图，可以看出它是由直线钢筋搭建而成的，正是利用了直纹性这个性质。  	通过大量的图片展示让学生体会数学在生活中的应用。
介绍神户塔和广州塔。（共3min） 引出单叶双曲面。	除了经常可以看到的冷凝塔是旋转单叶双曲面，还有一些城市的标志性建筑也是采用了旋转单叶双曲面作为设计元素。 神户塔位于日本的神户港，作为城市风景的展望台于1963年修建。塔高108m，是神户市的象征性建筑。   广州塔，又称广州新电视塔，昵称小蛮腰，位于广州市海珠区（艺洲岛）赤岗塔附近，广州塔塔身主体高454m，天线桅杆高146m，总高度600m。广州塔的镂空钢结构框架，仅钢结构外框筒就有24根钢柱、46组环梁、1104根斜撑。 通过广州塔的横截面的图片展示，说明它并不是旋转单叶双曲面。类比圆和椭圆的关系，解释它可以将旋转单叶双曲面进行拉伸变换而得，它的方程可以写为$\frac{x^2}{a^2}+\frac{y^2}{b^2}-\frac{z^2}{c^2}=1$，对应的图形称为单叶双曲面。   	时间：3min 提问： 除了冷凝塔还有其他的建筑吗？ 通过互动提问，吸引学生的注意力。 提问： 它的外观是旋转单叶双曲面吗？

（续）

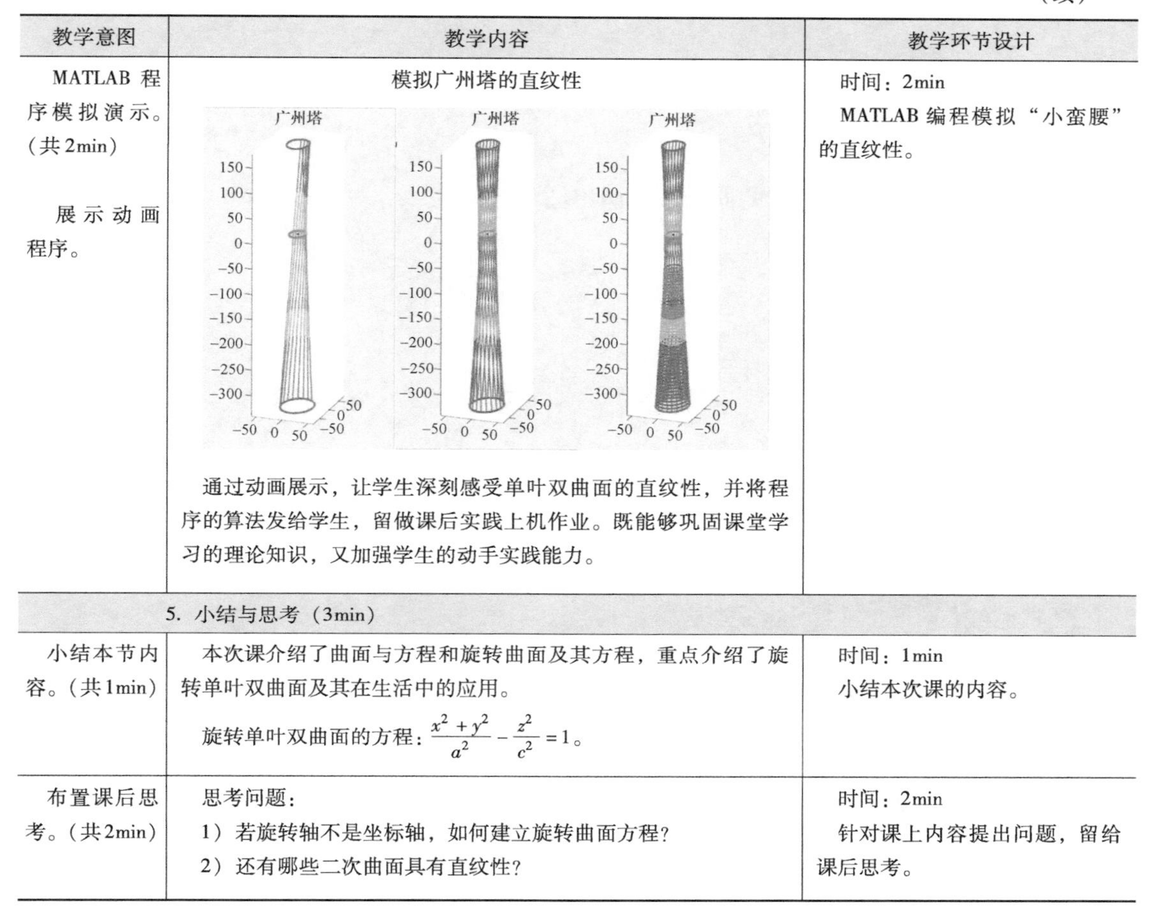

教学意图	教学内容	教学环节设计
MATLAB 程序模拟演示。（共 2min） 展示动画程序。	模拟广州塔的直纹性 通过动画展示，让学生深刻感受单叶双曲面的直纹性，并将程序的算法发给学生，留做课后实践上机作业。既能够巩固课堂学习的理论知识，又加强学生的动手实践能力。	时间：2min MATLAB 编程模拟“小蛮腰”的直纹性。
5. 小结与思考（3min）		
小结本节内容。（共 1min）	本次课介绍了曲面与方程和旋转曲面及其方程，重点介绍了旋转单叶双曲面及其在生活中的应用。 旋转单叶双曲面的方程：$\frac{x^2+y^2}{a^2}-\frac{z^2}{c^2}=1$。	时间：1min 小结本次课的内容。
布置课后思考。（共 2min）	思考问题： 1）若旋转轴不是坐标轴，如何建立旋转曲面方程？ 2）还有哪些二次曲面具有直纹性？	时间：2min 针对课上内容提出问题，留给课后思考。

四、学情分析与教学评价

本教学内容的对象为理工科一年级第二学期的学生，通过第一学期高等数学及本学期线性代数的学习，他们具备了一定的数学思想和素养。此外，他们在高中经过平面解析几何的训练，熟悉平面二次曲线的方程及其图形。

通过第一学期的大学学习，学生初步适应了大学生活，具备了较为充分的学习心理准备，独立学习能力日益增强，因此在教学过程中进一步激发学生的学习兴趣，通过贴近生活的实际应用案例，帮助学生深刻理解相关知识，将会极大地提高他们的学习热情，培养他们学以致用的意识。

针对重难点内容，通过对旋转曲面方程的分析，制作教具，帮助学生更直观地接受和掌握旋转曲面方程与旋转曲面的空间形态。加强课堂互动，引导学生在学习过程中发现问题，思考问题，通过启发学生自主思考、主动参与，让学生体验如何针对方程展开研究，进而了解图形的形状，得到图形的性质。结合现实生活中旋转单叶双曲面的例子，引导学生分析旋转单叶双曲面的直纹性，设计出旋转单叶双曲面的搭建方案，真正达到学以致用的目的，提高他们解决实际问题的能力。围绕旋转曲面扩展学生的知识面，开阔学生视野，激发学生探究新知识、新领域的兴趣。

五、预习任务与课后作业

预习　二次曲面及空间曲线。

作业

1. 指出下列方程表示怎样的曲面，并画出图形。

（1）$x^2+y^2+z^2-2z=0$；

（2）$z=1-\sqrt{x^2+y^2}$；

（3）$x^2+y^2-2z^2=1$。

2. 说明下列旋转曲面是怎样形成的。

（1）$\frac{x^2}{4}-\frac{y^2}{9}-\frac{z^2}{9}=1$；

（2）$y=\frac{x^2}{4}+\frac{z^2}{4}$。

3. 求下列旋转曲的方程，并做出它们的图形。

（1）曲线$\begin{cases}4x^2+9y^2=36\\z=0\end{cases}$绕 x 轴旋转；

（2）曲线$\begin{cases}x^2=6z\\z=0\end{cases}$绕 z 轴旋转；

（3）曲线$\begin{cases}y^2-z^2=1\\z=0\end{cases}$绕 y 轴旋转。

二次曲面

一、教学目标

二次曲面的讲解一方面是为了掌握解析几何的基本方法，另一方面也是为多元函数的微积分做准备。

建立空间直角坐标系后，二次曲面与曲线就可以用它上面任一点的坐标所满足的方程或方程组来表示。解析几何的基本方法包括两个方面：一是从图形到方程；二是从方程到图形。从图形到方程就是选择合适的坐标系，建立图形的方程；从方程到图形就是通过对方程的研究得到图形的性质，了解图形的形状。本章主要介绍的空间曲面包括平面、旋转曲面、柱面和二次曲面。熟练地掌握方程及其图形，对多元函数的方向导数、梯度、多元函数的极值以及重积分等问题的学习将会起到很好的促进作用。

本次课的教学目标是：

1. 学好基础知识，掌握二次曲面的标准方程及其图形。

2. 掌握基本技能，掌握研究二次曲面的主要方法——截痕法。

3. 培养思维能力，能够对所研究对象进行观察、类比、抽象，并能够分层次多角度的认知图形。

二、教学内容

1. 教学内容

1）二次曲面的标准方程及其图形；

2）熟悉由方程认知图形的主要方法——截痕法；

3）了解双曲抛物面的直纹性；

4）了解空间曲面在生活中的应用。

2. 教学重点

1）掌握二次曲面的标准方程及其图形；

2）掌握截痕法。

3. 教学难点

1）用截痕法认知双曲抛物面；

2）双曲抛物面的直纹性。

三、教学进程安排

1. 教学进程框图（45min）

2. 教学环节设计

教学意图	教学内容	教学环节设计
	1. 问题引入（3min）	
梳理本次课之前学过的特殊曲面的方程，引入本节内容，即二次曲面。（共3min）	（1）平面 $z=z_0$——平行于 xOy 面的平面； $y=y_0$——平行于 zOx 面的平面； $x=x_0$——平行于 yOz 面的平面。 （2）旋转曲面 $f(\pm\sqrt{x^2+y^2},z)=0$。 旋转单叶双曲面和双叶双曲面： $C:\ \frac{x^2}{a^2}-\frac{z^2}{c^2}=1$， $C\subset zOx$ 面， 绕 z 轴：$\frac{x^2+y^2}{a^2}-\frac{z^2}{c^2}=1$，绕 x 轴：$\frac{x^2}{a^2}-\frac{y^2+z^2}{c^2}=1$。 （3）柱面 抛物柱面 $z=1-y^2$，$C\subset yOz$ 面，母线 $/\!/ x$ 轴。	时间：2min 提问：下几个方程表示以下方程是什么图形？它们各有什么特点。 提问式复习，达到以下目的： 1）引起学生的注意，使学生尽快进入上课状态； 2）考察上节课程内容的掌握情况，对学生的回答进行评述； 3）考勤。

（续）

教学意图	教学内容	教学环节设计
由一组图片引入本次课的内容。 类比平面解析几何中的二次曲线，引出二次曲面的定义。明确本次课的任务是由方程认知图形。	 北京国家大剧院  贵州天眼望远镜  薯片  广州电视塔  北京鸟巢  广州星海音乐厅 二次曲面的定义：称三元二次方程 $$Ax^2+By^2+Cz^2+Dxy+Eyz+Fzx+Hy+Iz+J=0$$ （二次项系数不全为0）所表示的曲面为二次曲面。二次曲面的基本类型：椭球面、双曲面、抛物面、锥面、柱面。 适当选取直角坐标系可得它们的标准方程，下面仅分析标准方程对应的图形。	时间：1min 引导思考： 给出几张图片，说明这些图片与本次课讲解的二次曲面有关，激发学生的学习兴趣。 板书： 二次曲面的定义。
2. 二次曲面（15min）		
介绍分析二次曲面的基本方法——截痕法。（共2min）	截痕法：用已知平面与未知图形相截，通过分析它们的交线，即截痕的变化情况，认知图形的方法。 为了方便还原未知曲面的形状，通常选一组平行平面去截未知曲面，通过这组平行平面上的截痕的形状分析曲面的形状。	时间：2min 引导思考： 截痕法中蕴含的数学思想是降维。 板书：截痕法

（续）

教学意图	教学内容	教学环节设计
介绍椭球面方程，并利用截痕法分析椭球面。（共3min）	（1）椭球面 $\frac{x^2}{a^2}+\frac{y^2}{b^2}+\frac{z^2}{c^2}=1 \quad (a，b，c>0)$。 1）图形关于各坐标面对称，且 $\lvert x\rvert\leqslant a$，$\lvert y\rvert\leqslant b$，$\lvert z\rvert\leqslant c$。 2）与坐标面的交线均为椭圆： $\begin{cases}\frac{x^2}{a^2}+\frac{y^2}{b^2}=1,\\ z=0,\end{cases}$ $\begin{cases}\frac{y^2}{b^2}+\frac{z^2}{c^2}=1,\\ x=0,\end{cases}$ $\begin{cases}\frac{x^2}{a^2}+\frac{z^2}{c^2}=1,\\ y=0。\end{cases}$ 3）与 $z=z_1$（$\lvert z_1\rvert<c$）的截痕为椭圆： $\begin{cases}\frac{x^2}{\frac{a^2}{c^2}(c^2-z_1^2)}+\frac{y^2}{\frac{b^2}{c^2}(c^2-z_1^2)}=1,\\ z=z_1。\end{cases}$ 同样地，与 $y=y_1$（$\lvert y_1\rvert<b$）及 $x=x_1$（$\lvert x_1\rvert<a$）的截痕也为椭圆。 4）当 $a=b$ 时为旋转椭球面；当 $a=b=c$ 时为球面。 5）作图	时间：3min 板书： 椭球面的方程。 提问： 椭球面与 $z=z_1$ 的截痕是哪种类型的曲线？ 它的顶点坐标是什么？满足什么方程？ 反馈： 肯定学生的正确回答，并给予鼓励。 国家大剧院外表面为椭球面。
介绍单叶双曲面和双叶双曲面的方程，并分析其图形。（共6min）	（2）单叶双曲面 $\frac{x^2}{a^2}+\frac{y^2}{b^2}-\frac{z^2}{c^2}=1 \quad (a，b，c>0)$。 1）图形关于各坐标面对称。 2）平面 $z=z_1$ 上的截痕为椭圆。 3）平面 $y=y_1$ 上的截痕情况如下： ① $\lvert y_1\rvert<b$ 时，截痕为双曲线： $\begin{cases}\frac{x^2}{a^2}-\frac{z^2}{c^2}=1-\frac{y^2}{b^2},\\ y=y_1,\end{cases}$ 其实轴平行于 x 轴，虚轴平行于 z 轴。 ② $\lvert y_1\rvert=b$ 时，截痕为相交直线： $\begin{cases}\frac{x}{a}\pm\frac{z}{c}=0,\\ y=b（或 -b）。\end{cases}$ ③ $\lvert y_1\rvert>b$ 时，截痕为双曲线： $\begin{cases}\frac{x^2}{a^2}-\frac{z^2}{c^2}=1-\frac{y^2}{b^2},\\ y=y_1。\end{cases}$	时间：6min 板书： 单叶双曲面的方程。 完全仿照椭球面的讨论，引导学生得到相应的截痕。 广州塔小蛮腰外表面为单叶双曲面。

（续）

教学意图	教学内容	教学环节设计
	其实轴平行于 z 轴，虚轴平行于 x 轴。 4）作图： 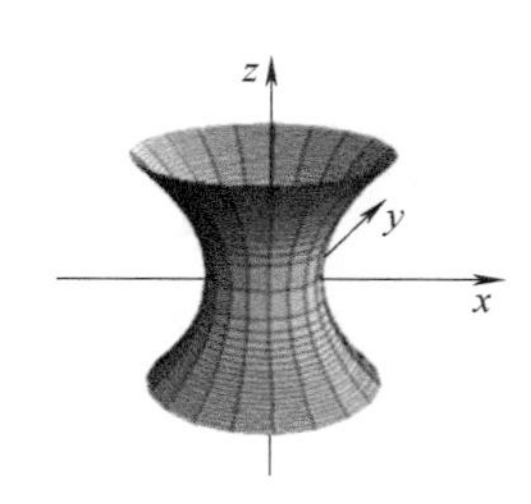 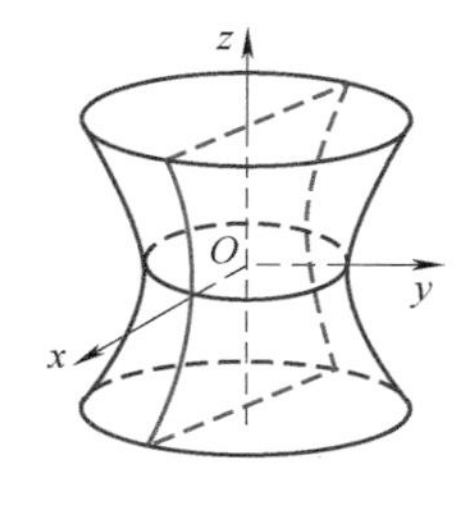 （3）双叶双曲面 $\frac{x^2}{a^2}-\frac{y^2}{b^2}-\frac{z^2}{c^2}=1 \quad (a, b, c>0)$。 其图形关于各坐标面对称。 其在平面 $y=y_1$ 上的截痕为双曲线； 其在平面 $x=x_1$（$\lvert x_1 \rvert >a$）上的截痕为椭圆； 其在平面 $z=z_1$ 上的截痕为双曲线。 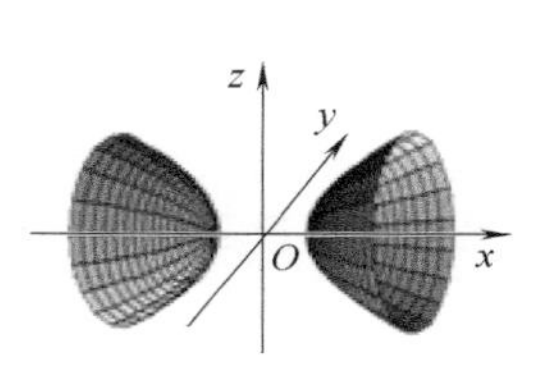 	板书： 双叶双曲面的方程。 提问： 单叶双曲面与双叶双曲面的区别？ 反馈： 肯定学生的正确回答，并给予鼓励。
介绍椭圆锥面的方程，并分析图形。（共3min）	（4）椭圆锥面 $\frac{x^2}{a^2}+\frac{y^2}{b^2}=z^2 \quad (a, b>0)$。 其在平面 $z=t\neq0$ 上的截痕为椭圆 $\begin{cases}\frac{x^2}{(at)^2}+\frac{y^2}{(bt)^2}=1, \\ z=t。\end{cases}$ 其在平面 $x=0$ 或 $y=0$ 上的截痕为过原点的两条直线。 用过 z 轴的平面 $Ax+By=0$ 截割曲面，其截痕是两条相交直线。如 $B\neq0$，则相交直线为 $\begin{cases}\sqrt{\frac{B^2}{a^2}+\frac{A^2}{b^2}}x \pm Bz=0, \\ Ax+By=0。\end{cases}$ 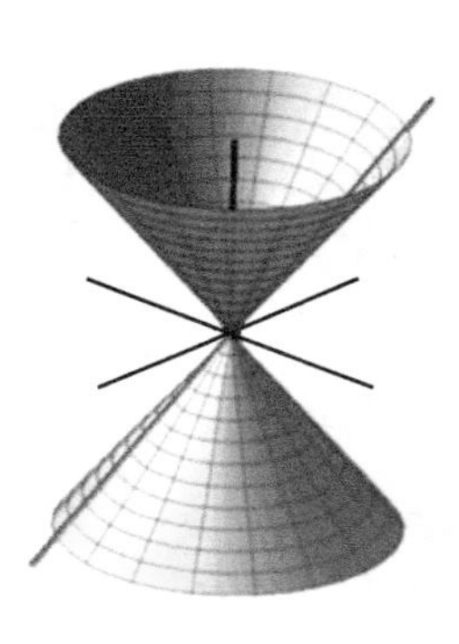 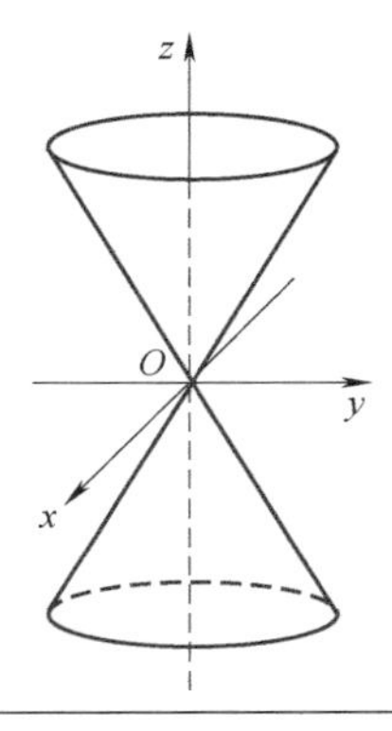 	时间：3min 板书： 椭圆锥面的方程。 仿照椭球面的讨论，引导学生得到相应的截痕。

（续）

教学意图	教学内容	教学环节设计
介绍椭圆抛物面的方程及其图形。（共1min）	（5）椭圆抛物面 $$\frac{x^2}{a^2}+\frac{y^2}{b^2}=z \quad (a,\ b>0)。$$ 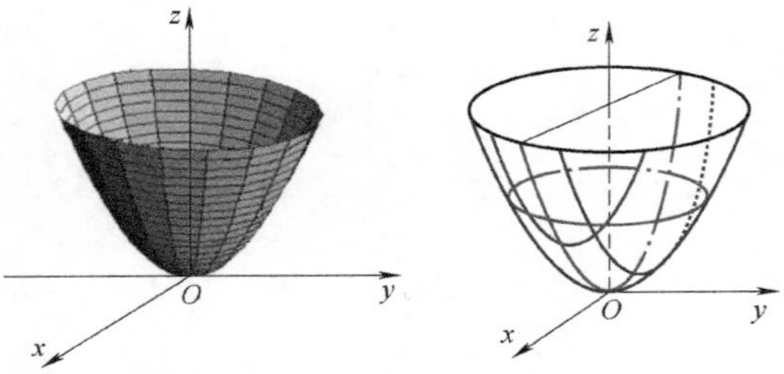 特别地，当 $a=b$ 时方程表示的是旋转抛物面。	时间：1min 板书： 椭圆抛物面的方程。 提问： 当 $a=b$ 时方程表示的是何种曲面？ 天眼望远镜表面为椭圆抛物面。
	3. 双曲抛物面（15min）	
总结前面学过的五类二次曲面，说明选取特殊的参数后，它们都会退化成某种旋转曲面。（共1min）	（1）双曲抛物面标准方程的引入 前面已介绍了五类二次曲面，由它们的方程想象其空间图形是容易的，因为它们的方程中至少有两个平方项前面的系数同号，当选取特殊的参数时，它们都会退化成某种旋转曲面，可以由坐标面上的某种二次曲线绕坐标轴旋转而成。以椭圆抛物面 $\frac{x^2}{a^2}+\frac{y^2}{b^2}=z\ (a,\ b>0)$ 为例，当 $a=b$ 时它就是 zOx 或 yOz 坐标面上的一条抛物线 $\begin{cases}\frac{x^2}{a^2}=z\\ y=0\end{cases}$，或 $\begin{cases}\frac{y^2}{b^2}=z\\ x=0\end{cases}$，绕 z 轴旋转而形成的旋转抛物面。 展示相应的动画： 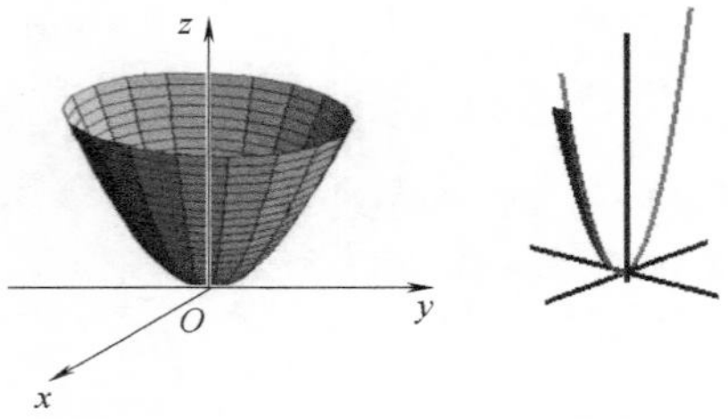 椭圆抛物面 $\frac{x^2}{a^2}+\frac{y^2}{b^2}=z$ 就是旋转抛物面 $\frac{x^2}{a^2}+\frac{y^2}{a^2}=z$ 沿 y 轴方向伸缩 $\frac{a}{b}$ 倍后得到的图形。	时间：1min 提问： 旋转曲面的特点是什么？ 当 $a=b$ 时方程表示的旋转抛物面是由什么曲线绕什么轴旋转而成的？ 反馈： 肯定学生的正确回答，并给予鼓励。
引入双曲抛物面的标准方程。（共1min）	现将椭圆抛物面方程左边的加号变成减号就得到 $\frac{x^2}{a^2}-\frac{y^2}{b^2}=z\ (a,\ b>0)$。由这个方程表示的曲面叫作双曲抛物面，方程 $\frac{x^2}{a^2}-\frac{y^2}{b^2}=z\ (a,\ b>0)$ 也称为双曲抛物面的标准方程。由于该方程平方项前面的系数一正一负，无论如何调整参数，双曲抛物面都不可能退化成一个旋转抛物面。所以，不能借助旋转曲面来想象其空间图形，但可以利用截痕法研究双曲抛物面的图形。	时间：1min 设问： 能通过旋转曲面来想象双曲抛物面的图形吗？

（续）

教学意图	教学内容	教学环节设计
首先刻画三个坐标面与双曲抛物面的截痕，得到双曲抛物面的骨架结构。（共3min） 双曲抛物面上还有直线。为后续直线截痕的讨论做铺垫。	（2）三个坐标面与双曲抛物面的截痕（主截线） yOz 坐标面与双曲抛物面的交线，即令 $x=0$ 与双曲抛物面的方程联立，得到的截痕曲线为 $$\begin{cases}x=0,\\ z=-\dfrac{y^2}{b^2}。\end{cases}$$ 其表示的是 yOz 坐标面中一条开口向下的抛物线，其顶点为坐标原点。结合PPT中的动画，用红色曲线表示该截痕。 zOx 坐标面与双曲抛物面的交线，即令 $y=0$ 与双曲抛物面的方程联立，得到的截痕曲线为 $$\begin{cases}y=0,\\ z=\dfrac{x^2}{a^2}。\end{cases}$$ 其表示的还是一条抛物线，其顶点依然是坐标原点，是 zOx 坐标面上的一条开口向上的抛物线。结合PPT中的动画，用蓝色曲线表示该截痕。 这两条抛物线有相同的顶点和对称轴，但开口方向相反，所在的平面相互垂直，称它们为主抛物线。 xOy 坐标面与双曲抛物面的交线，即令 $z=0$ 与双曲抛物面的方程联立，得到的截痕曲线为 $$\begin{cases}z=0,\\ y=\pm\dfrac{b}{a}x。\end{cases}$$ 其表示的是 xOy 坐标面上过原点的两条相交直线，结合PPT中动画用绿色直线表示。	时间：3min 逐步引导： 结合动画展示双曲抛物面与三个坐标面的交线。分析每条截痕曲线的形状，特别是两条主抛物线的特点。 结合动画依次展示三个坐标面与双曲抛物面的截痕：
总结主截线，展示自制教具。	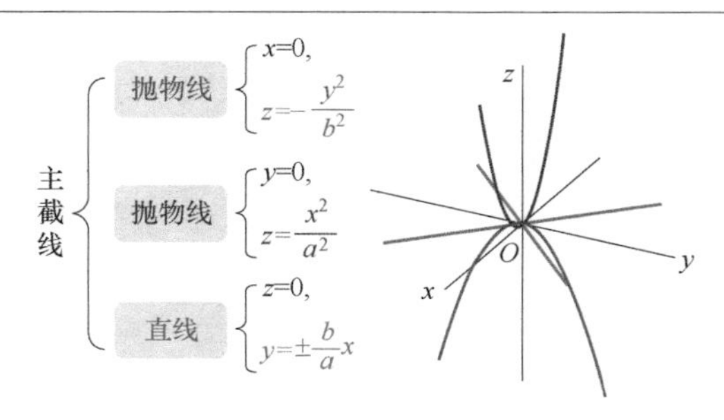 双曲抛物面与三个坐标面的截痕不足以刻画整个曲面，我们需要更多的截痕。为进一步了解双曲抛物面的空间结构，接下来，用一组平行于坐标面的平面截双曲抛物面。	教具展示： 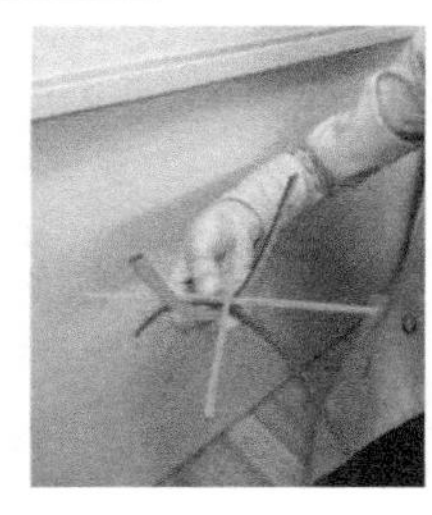 逐步引导： 通过这样的骨架结构大家可以想象出双曲抛物面吗？

（续）

<table>
<tr><th>教学意图</th><th>教学内容</th><th>教学环节设计</th></tr>
<tr>
<td>平行于 yOz 或 zOx 坐标面的平面与双曲抛物面的截痕。（共3min）

展示自制教具。

通过教具展示双曲抛物面上的两组抛物线截痕。</td>
<td>（3）平行于 yOz 或 zOx 坐标面的平面与双曲抛物面的截痕
平行于 yOz 坐标面的平面可用 $x=x_0$ 表示，让它与双曲抛物面的方程联立，得截痕曲线为
$$\begin{cases} x=x_0, \\ z=-\dfrac{y^2}{b^2}+\dfrac{x_0^2}{a^2}。 \end{cases}$$
无论 x_0 取值如何，它总是表示 $x=x_0$ 中一条开口向下的抛物线。而且其形状与开口向下的主抛物线形状完全相同，只是它的顶点 $\left(x_0,\ 0,\ \dfrac{x_0^2}{a^2}\right)$ 总在开口向上的主抛物线上。
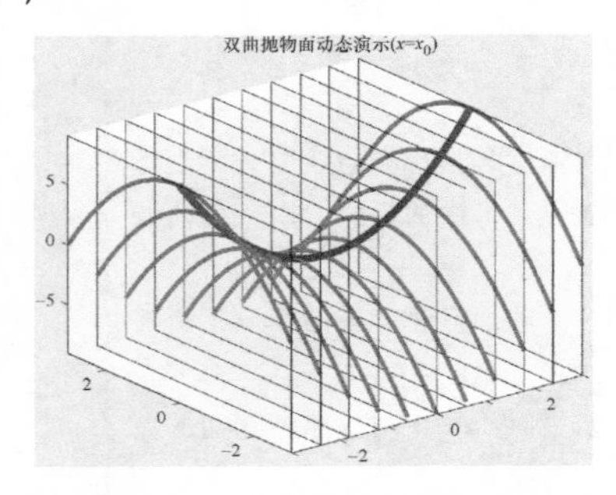
当 x_0 从 $-\infty$ 变到 $+\infty$ 时，变动的抛物线就产生了双曲抛物面。因此，双曲抛物面可以看成是开口向下的主抛物线使其顶点始终沿着开口向上的主抛物线做平行移动产生的。
类似地，可以用一组平行于 xOz 坐标面的平面截双曲抛物面，得到一组开口向上的抛物线。经过相应的分析，双曲抛物面也可以看成是开口向上的主抛物线使其顶点始终沿着开口向下的主抛物线做平行移动产生的。
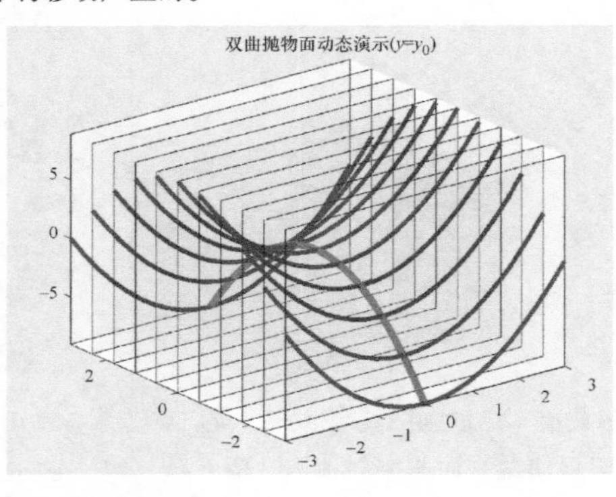
总之，双曲抛物面可以看成是两条位于互相垂直的平面上的有公共对称轴及顶点，但开口方向相反的抛物线，其中一条抛物线使其顶点始终沿着另一条抛物线做平行移动产生的。
通过以上分析，利用截痕法，由双曲抛物面的方程得到了它的图形。由于其形状近似马鞍，所以双曲抛物面俗称“马鞍面”。</td>
<td>时间：3min
提问：
平行于坐标面的平面如何表示？
逐步引导：
分析截痕曲线的形状、顶点坐标及相应的顶点轨迹。

教学互动：
让学生帮忙搭建骨架模型，更直观地展示这组抛物线截痕。
教具展示：

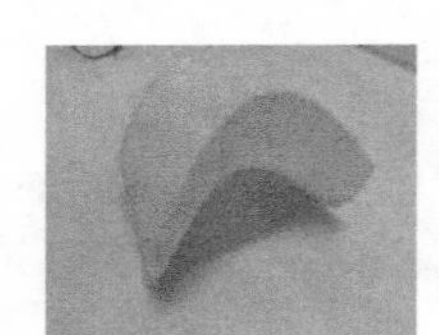</td>
</tr>
</table>

（续）

教学意图	教学内容	教学环节设计
平行于 xOy 坐标面的平面与双曲抛物面的截痕。（共3min） 展示动画程序。 展示自制教具。	（4）平行于 xOy 坐标面的平面与双曲抛物面的截痕 由于 xOy 坐标面与双曲抛物面的交线是两条相交直线。现只需考虑 $z=z_0\neq 0$ 的情况。将 $z=z_0\neq 0$ 与双曲抛物面的方程联立，得截痕曲线为 $$\begin{cases} z=z_0\neq 0, \\ \dfrac{x^2}{a^2 z_0}-\dfrac{y^2}{b^2 z_0}=1, \end{cases}$$ 它恰好为双曲线。当 $z_0>0$ 时，实轴平行于 x 轴，虚轴平行于 y 轴，顶点（$\pm a-\sqrt{z_0}$，0，z_0）在开口向上的主抛物线上。当 $z_0<0$ 时，实轴平行于 y 轴，虚轴平行于 x 轴，顶点（0，$\pm b\sqrt{z_0}$，z_0）在开口向下的主抛物线上。特别地，当 $z_0=0$ 时，截痕曲线为一对相交直线。当 z_0 从 $-\infty$ 变到 $+\infty$ 时，变动的双曲线及 xOy 坐标面上的两条相交直线就形成了双曲抛物面。 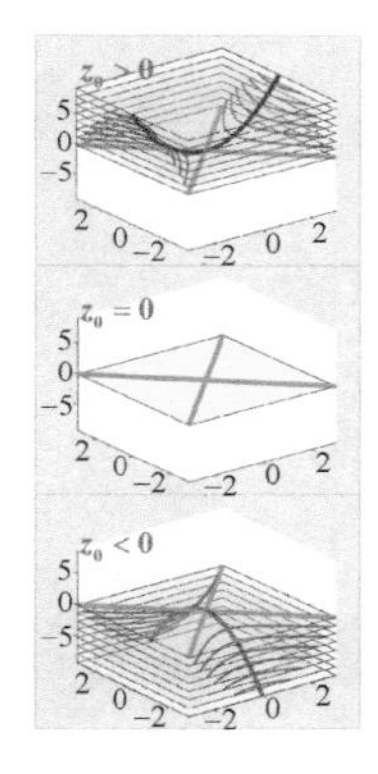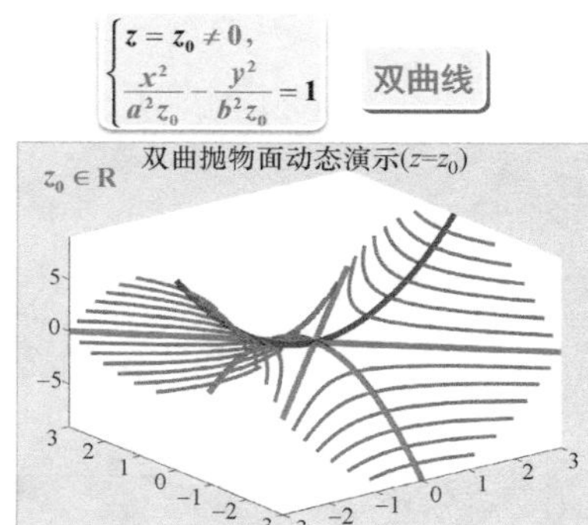	时间：3min 引导思考： 我们已经看到双曲抛物面可以由抛物线构成，这个名字中“抛物”的含义我们就清楚了，那“双曲”二字从何而来？ 动画演示： 展示平行于 xOy 坐标面的平面与双曲抛物面的截痕。 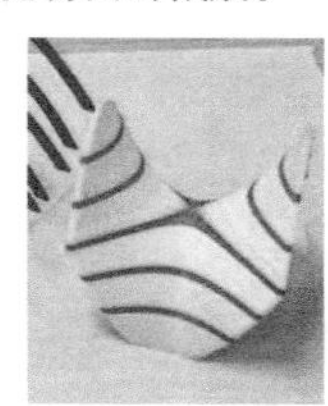
利用截痕法分析双曲抛物面的直纹性。（共4min）	（5）双曲抛物面的直纹性 由一族直线组成的曲面叫作直纹面，直线族中的每一条直线叫作直母线。事实上，双曲抛物面也是直纹面，而且过曲面上的每一点都有两条直母线。 将双曲抛物面的标准方程的左端分解因式，得 $$\left(\frac{x}{a}-\frac{y}{b}\right)\left(\frac{x}{a}+\frac{y}{b}\right)=z。$$ 平面 $\frac{x}{a}-\frac{y}{b}=\lambda$ 及 $\frac{x}{a}+\frac{y}{b}=\mu$ 与双曲抛物面的截痕为 $$\begin{cases} \frac{x}{a}-\frac{y}{b}=\lambda, \\ \lambda\left(\frac{x}{a}+\frac{y}{b}\right)=z, \end{cases}\quad \begin{cases} \frac{x}{a}+\frac{y}{b}=\mu, \\ \left(\frac{x}{a}-\frac{y}{b}\right)\mu=z。 \end{cases}$$ 它们均为直线。当 λ（或 μ）从 $-\infty$ 变到 $+\infty$ 时，变动的直线截痕就产生了双曲抛物面。 利用 MATLAB 编程，动态展示双曲抛物面的直纹性： 可以证明双曲抛物面的直母线具有下列性质：	时间：4min 引导思考： 在双曲抛物面上过原点存在着两条相交直线，结合教具展示：  那么除了这两条直线以外，是否还存在其他直线？如果存在，有多少条呢？

（续）

<table>
<tr><th>教学意图</th><th>教学内容</th><th>教学环节设计</th></tr>
<tr><td>展示动画程序。</td><td>双曲抛物面直纹性(单组直线)　双曲抛物面直纹性(双组直线)

1）异族二直母线必相交；
2）同族二直母线必异面；
3）同族的所有直母线必平行于同一个平面，它们在 xOy 坐标面上的投影相互平行。
定理：过双曲抛物面上任意给定点（x_0，y_0，z_0）存在两条直线，直线参数方程为
$$\begin{cases}x=x_0+at,\\ y=y_0+bt,\\ z=z_0+2\left(\dfrac{x_0}{a}-\dfrac{y_0}{b}\right)\end{cases}\text{和}\quad\begin{cases}x=x_0+at,\\ y=y_0-bt,\\ z=z_0+2\left(\dfrac{x_0}{a}+\dfrac{y_0}{b}\right),\end{cases}$$
分别对应参数 $\lambda=\dfrac{x_0}{a}-\dfrac{y_0}{b}$ 和 $\mu=\dfrac{x_0}{a}+\dfrac{y_0}{b}$ 的情形。
特别地，xOy 坐标面与双曲抛物面的交线分别对应着 $\lambda=0$ 及 $\mu=0$ 时平面 $\dfrac{x}{a}-\dfrac{y}{b}=\lambda$ 及 $\dfrac{x}{a}+\dfrac{y}{b}=\mu$ 与双曲抛物面的截痕，它们是在原点相交的两条直线。</td><td>教学互动：
寻找双曲抛物面上的直线，展示示例：
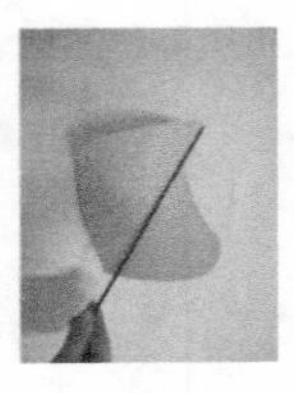
过任意给定一点 P 会有直线吗？
与学生互动，激发学生的学习兴趣。
提问：
用什么平面截双曲抛物面会得到直线截痕？</td></tr>
<tr><td colspan="3">4. 双曲抛物面应用（10min）</td></tr>
<tr><td>展示生活中的二次曲面，回应课程最初给出的图片。（共 3min）</td><td>国家大剧院外表面为椭球面；
天眼望远镜表面为椭圆抛物面；
广州塔小蛮腰外表面为单叶双曲面。
特别地，展示双曲抛物面在生活中的应用。
结合动画展示生活中的双曲抛物面：
（1）大家都非常熟悉的薯片形状是双曲抛物面的一部分，是由双曲抛物面被椭圆柱面所截而得到的图形。
 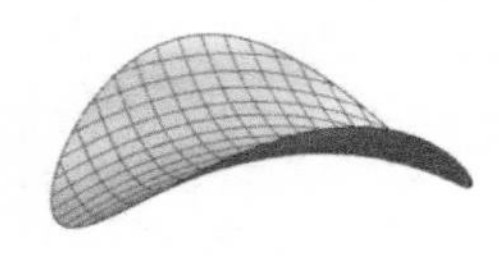
（2）北京的地标建筑鸟巢国家体育馆的屋顶也是双曲抛物面的一部分，是由双曲抛物面被两个椭圆柱面所截而得到的图形。
 </td><td>时间：3min
提问：
图片中存在什么类型的二次曲面？

大家喜欢吃什么口味的薯片？学到这里，再看到薯片，有没有闻到一点双曲抛物面的味道？</td></tr>
</table>

（续）

<table>
<tr><th>教学意图</th><th>教学内容</th><th>教学环节设计</th></tr>
<tr><td></td><td>（3）广州星海音乐的屋顶是双曲抛物面的一部分，是由双曲抛物面被四棱柱面所截而得到的图形。
 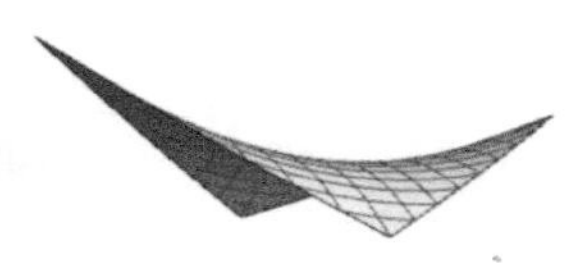
（4）列举一些国外双曲抛物面结构的建筑。

为什么建筑设计师们如此青睐于双曲抛物面？
1）灵动优雅：双曲抛物面是一个曲面，与平面相比，更具美感和灵动性；
2）结构坚固：双曲抛物面比较巧妙地处理了内部的压力和张力的关系，实现压力和张力之间的精妙平衡，从而使得这样的结构更为坚固，以很小的厚度实现较大的强度；
3）施工方便：双曲抛物面具有直纹性，更容易用一些型材搭建而成。</td><td><u>提问：</u>
星海音乐厅的这张照片上有双曲抛物面吗？在哪里？
<u>动画演示：</u>
展示双曲抛物面被椭圆柱面、两个椭圆柱面及四棱柱面所截的过程。
<u>提问：</u>
为什么建筑设计师们如此青睐于双曲抛物面？
如此弯曲的曲面在建筑上是如何施工的？</td></tr>
<tr><td>模拟建筑上双曲抛物面的生成过程。（共3min）

展示编程算法。</td><td>通过直线生成双曲抛物面，进而实现星海音乐厅屋顶搭建模拟，具体过程如下：
（1）画出第一条主直线 L_1：$\begin{cases}x=at,\\y=-bt\ (-1\leqslant t\leqslant 1),\\z=0;\end{cases}$
（2）在第一条主直线上的每一点 $(x_1,\ y_1,\ z_1)$ 处，画出过该点的另一条直线 L：$\begin{cases}x=x_1+au,\\y=y_1+bu,\\z=z_1+2\left(\dfrac{x_1}{a}-\dfrac{y_1}{b}\right)u\end{cases}$
$(-1\leqslant u\leqslant 1)$，在 L 的两个端点处画出垂直于 xOy 面的直线，实际画图只需令 $u=\pm 1$，得到线段的两个端点坐标为
$$\left(x_1-a,\ y_1-b,\ z_1-2\left(\frac{x_1}{a}-\frac{y_1}{b}\right)\right),$$
$$\left(x_1+a,\ y_1+b,\ z_1+2\left(\frac{x_1}{a}-\frac{y_1}{b}\right)\right);$$
（3）画出第二条主直线 L_2：$\begin{cases}x=at,\\y=bt,\ (-1\leqslant t\leqslant 1);\\z=0\end{cases}$</td><td>时间：3min
<u>提问：</u>
如何利用直线搭建双曲抛物面？</td></tr>
</table>

（续）

教学意图	教学内容	教学环节设计
展示动画程序。 展自制示教具。 展示动画程序。	（4）在第二条主直线上的每一点（x_2，y_2，z_2）处，画出过该点的另一条直线 L'：$\begin{cases} x = x_2 + au, \\ y = y_2 - bu, \\ z = z_2 + 2\left(\dfrac{x_2}{a} + \dfrac{y_2}{b}\right)u \end{cases}$ （$-1 \leqslant u \leqslant 1$），在 L' 的两个端点处画出垂直于 xOy 面的直线，实际画图只需令 $u = \pm 1$，得到线段的两个端点坐标为 $\left(x_2 - a,\ y_2 + b,\ z_2 - 2\left(\dfrac{x_2}{a} + \dfrac{y_2}{b}\right)\right)$， $\left(x_2 + a,\ y_2 - b,\ z_2 + 2\left(\dfrac{x_2}{a} + \dfrac{y_2}{b}\right)\right)$； （5）对双曲抛物面的每一个十字网格进行填充，因网格四边形的四个顶点不在一个平面上，故填充两个三角形区域。 星海音乐厅屋顶的模拟： 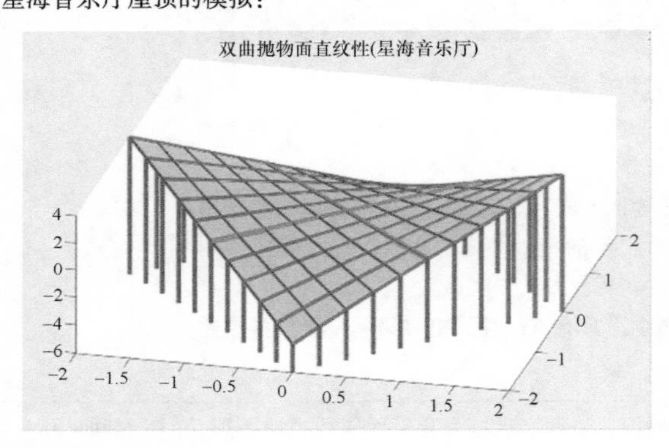 鸟巢屋顶的模拟： 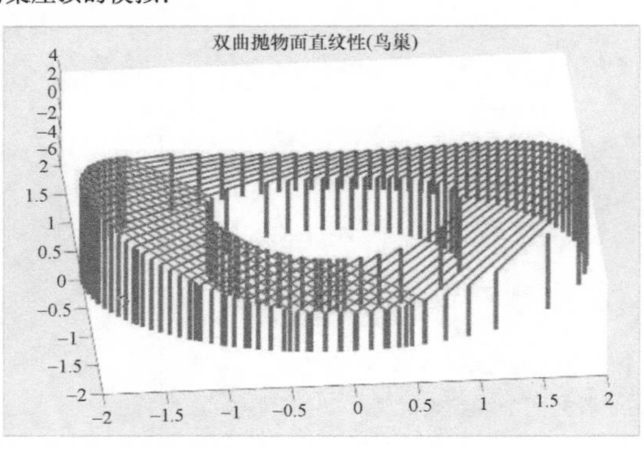 	<u>提问：</u> 网格四边形的四个顶点在同一个平面上吗？ <u>动画演示：</u> 演示 MATLAB 程序运行结果，通过动画效果，吸引学生的注意力，并让学生看到数学在生活中的具体应用。 <u>教具展示：</u> 

（续）

<table>
<tr><th>教学意图</th><th>教学内容</th><th>教学环节设计</th></tr>
<tr>
<td>介绍 3D 打印。（共2min）</td>
<td>3D 打印（教具制作）
本次课用到的一个双曲抛物面的教具是由 3D 打印机打印出来的，展示教具制作过程的一段视频，从中可以观察到 3D 打印机所打印的每一条轨迹都是一条抛物线。该教具打印设置的层厚为 0.1mm，共 1609 层。
3D 打印又称作 ADDITIVE MANUFACTURING（增材制造），是一种用数字文件生成一个三维物体的过程。在打印过程中，一层层的材料被逐次地叠加起来，直到形成最终的物体形态，每一层可以看作这个物体的一个很薄的横截面。
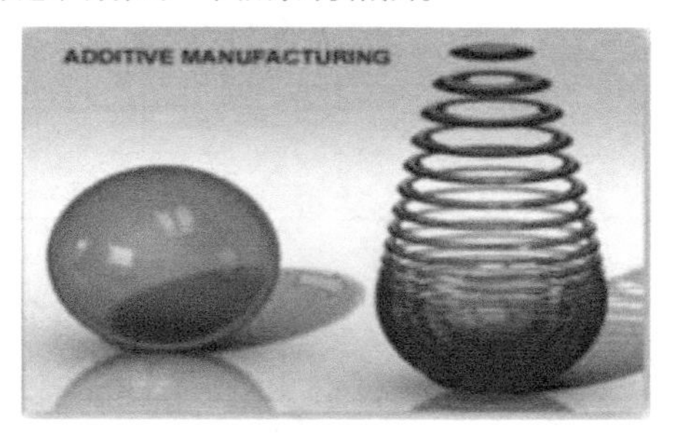

3D 立体打印技术目前很火，有人称其为第三次工业革命。A350 客机上有超过 1000 个零件是由 3D 打印机打印的。3D 打印的加工材料包括金属和非金属，种类繁多，加工工艺也各不相同，有些非常复杂，但它的基本工作原理是将三维实体分割成若干的截面，即切片，从而指导打印机逐层打印，这正是截痕法的应用。</td>
<td>时间：2min
动画演示：
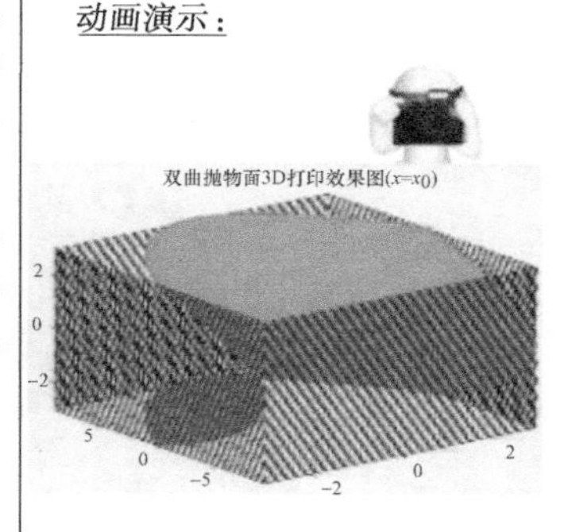

展示视频：
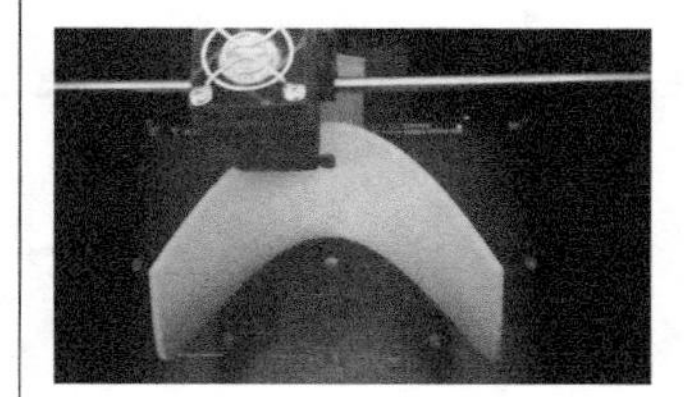</td>
</tr>
<tr>
<td>介绍计算折纸。（共2min）</td>
<td>折纸展示
展示如下折痕及其所对应的折纸：

从不同角度向同学展示折纸，引导学生看到开口向上及向下的抛物线。说明该折纸与本次课学习的双曲抛物面有些类似。
为感兴趣的同学推荐麻省理工学院公开课——几何折叠算法（Geometric Folding Algorithms），网址：http：//courses. csail. mit. edu/6. 849/fall10/lectures/。</td>
<td>时间：2min
教具展示：

提问：
当折痕越来越密，真的可以由一张纸折成双曲抛物面吗？</td>
</tr>
</table>

（续）

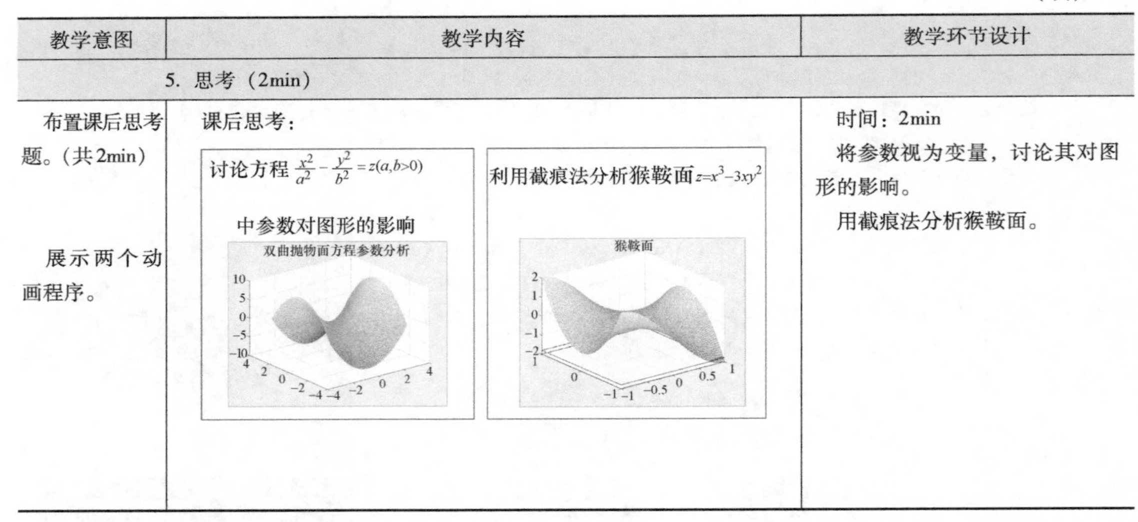

教学意图	教学内容	教学环节设计
5. 思考（2min）		
布置课后思考题。（共2min） 展示两个动画程序。	课后思考： 讨论方程 $\frac{x^2}{a^2}-\frac{y^2}{b^2}=z(a,b>0)$ 中参数对图形的影响 利用截痕法分析猴鞍面 $z=x^3-3xy^2$	时间：2min 将参数视为变量，讨论其对图形的影响。 用截痕法分析猴鞍面。

四、学情分析与教学评价

本教学内容的对象为理工科一年级第二学期的学生，通过第一学期高等数学及本学期线性代数的学习，他们具备了一定的数学思想和素养。此外，他们在高中经过平面解析几何的训练，熟悉平面二次曲线的方程及其图形。

通过第一学期的大学学习，学生初步适应了大学生活，具备了较为充分的学习心理准备，独立学习能力日益增强，因此在教学过程中进一步激发学生的学习兴趣，通过贴近生活的实际应用案例，帮助学生深刻理解相关知识，将会极大地提高他们的学习热情，培养他们学以致用的意识。

针对重难点内容，通过对二次曲面标准方程的分析，制作教具，帮助学生掌握截痕法。加强课堂互动，引导学生在学习过程中发现问题、思考问题，通过启发学生自主思考、主动参与，让学生体验如何针对方程展开研究，进而了解图形的形状，得到图形的性质。学以致用，结合现实生活中的二次曲面的例子，让学生更直观地接受和掌握二次曲面的空间形态。引导学生分析双曲抛物面的直纹性，设计出搭建双曲抛物面的方案，真正达到学以致用的目的，提高他们解决实际问题的能力。围绕二次曲面扩展学生的知识面，开阔学生视野，激发学生探究新知识、新领域的兴趣。

五、预习任务与课后作业

预习　平面点集与多元函数。

作业

1. 画出下列各曲面所围成的立体图形。

（1）$x=0$，$y=0$，$z=0$，$x^2+y^2=R^2$，$x^2+z^2=R^2(R>0)$ 在第一卦限的部分；

（2）$x^2+y^2+z^2=a^2$，$x^2+y^2=ay(a>0)$；

（3）$z=x^2+y^2$，$x+y=1$，$x=0$，$y=0$，$z=0$ 在第一卦限的部分；

（4）$\left(x-\frac{1}{2}\right)^2+y^2=\frac{1}{4}$，$z=\sqrt{x^2+y^2}$，$z=0$。

2. 求经过原点和曲线$\begin{cases}\frac{x^2}{4}+\frac{y^2}{8}+\frac{z^2}{3}=1\\ y=2\end{cases}$上的点的直线所构成的曲面方程。

3. 证明：抛物面$\frac{x^2}{a^2}+\frac{y^2}{b^2}=\frac{z}{c}$被平面 $z=h$ 所围成的立体体积等于其底面积和高的乘积的一半，其中 a，b，c，h 为正常数。

梯　度

一、教学目标

梯度是高等数学教学中的一个难点。通过本节讲解，帮助学生掌握梯度的概念，从直观上认识和理解梯度的几何意义，掌握梯度与方向导数的关系，并了解其应用。

梯度的概念较为抽象，学生往往很难把握其本质。本节在已学习了偏导数与方向导数概念的基础之上，通过引入偏导数和方向导数的向量解释，辅以大量的图形和动画演示，引导学生从直观上深刻理解梯度概念及其几何意义，观察梯度与方向导数的关系，掌握利用梯度计算方向导数的方法，并进一步拓展至梯度在机器学习等领域的实际应用。

本次课的教学目标是：

1. 学好基础知识，掌握梯度的概念及其几何意义。

2. 掌握基本技能，掌握利用梯度计算方向导数的方法，理解其直观解释。

3. 培养思维能力，培养学生逐层深入分析问题和解决问题的能力，引导学生建立多角度地将抽象概念与直观图形联系起来的思维能力。

二、教学内容

1. 教学内容

1）梯度的定义；

2）梯度与方向导数的关系；

3）梯度的等值线解释；

4）梯度在实际问题及科技领域中的应用。

2. 教学重点

1）梯度的概念；

2）梯度的几何意义；

3）梯度与方向导数关系的推导及其直观解释。

3. 教学难点

1）理解梯度的几何意义；

2）理解梯度与方向导数的关系；

3）梯度与方向导数关系的直观解释。

三、教学进程安排

1. 教学进程框图（45min）

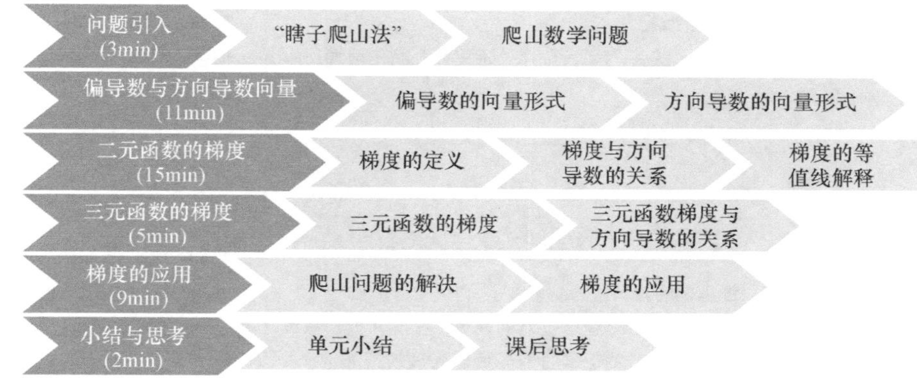

2. 教学环节设计

教学意图	教学内容	教学环节设计
	1. 问题引入（3min）	
从爬黄山的例子和著名科学家华罗庚先生所言的“瞎子爬山法”的思想引入课程内容。（共3min）	（1）如何最快爬到山顶  黄山素有“五岳归来不看山，黄山归来不看岳”之美誉，怎样才能尽快爬到山顶，将天都峰、莲花峰和鳌鱼峰的绝胜美景尽收眼底？ （2）华罗庚先生讲解“瞎子爬山法”思想  华罗庚 袁亚湘院士曾讲过：著名科学家华罗庚先生曾把一个简单的优化方法称为“瞎子爬山法”，借以对该方法的思想做出巧妙而通俗的讲解，即瞎子在爬山时会用明杖前后左右轮流尝试，感觉能往上走就迈一步，直到四面都不高了就是山顶。 （3）“瞎子爬山”转化为数学问题 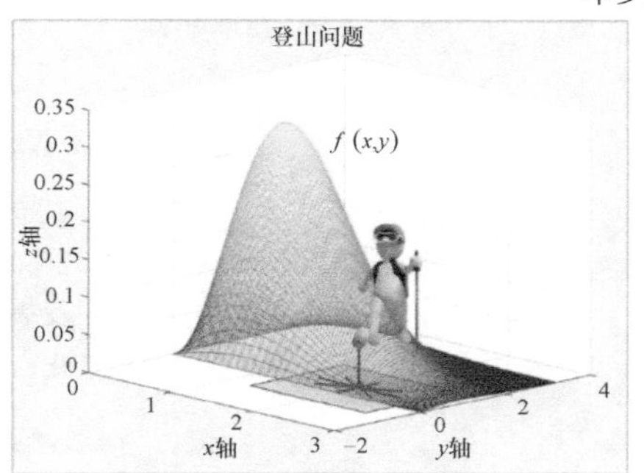 建立空间直角坐标系，设山的高度函数用$f(x, y)$，$(x, y)\in D$描述，其中$P(x_0, y_0)\in D$。提出两个问题： ◆ 二元函数$f(x, y)$在点P的所有方向导数中，是否能找到最大值？ ◆ 什么条件下，使得方向导数达到最大值的方向存在且唯一？	时间：3min 以生活实例结合著名科学家华罗庚先生通俗讲解的基本优化方法思想引起学生的兴趣，尽快进入上课状态。提出问题，引出课程内容。

（续）

教学意图	教学内容	教学环节设计
	2. 偏导数与方向导数向量（11min）	
回顾偏导数的定义，介绍偏导数的向量形式。（共4min） 结合图形给出偏导数的向量表示。	（1）偏导数的向量形式 设二元函数$f(x,y)$在点$P(x_0,y_0)$处可偏导，利用前面所学偏导数的定义，有 $$f_x(P)=\lim_{\Delta x\to 0}\frac{f(x_0+\Delta x,y_0)-f(x_0,y_0)}{\Delta x},$$ $f_x(P)$数值上表示函数$f(x,y)$在点P沿x轴正方向的变化率。 例如，设$f(x,y)=x^2+\frac{y^2}{1.5^2}$，点$P(0.5,1.5)$，计算可得$f_x(P)=1$。 引导学生观察图形理解偏导数的向量表示。 以平面$y=1.5$截曲面，可得经过点P的截线，在点P处作截线的切线，则$f(x,y)$在点P关于x的偏导数即为该切线相应于x轴正向的斜率。 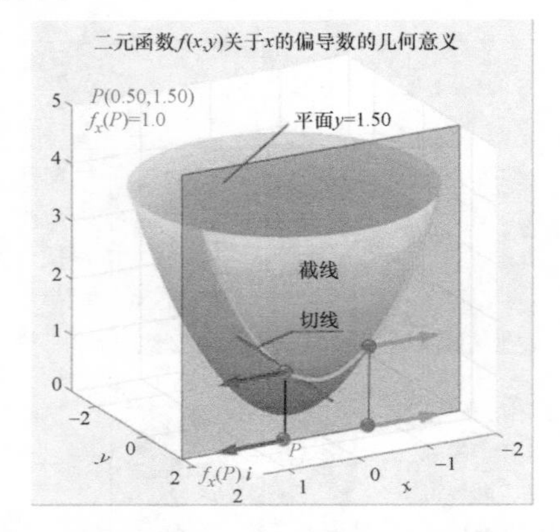 观察可知，该斜率，即$f_x(P)$，随着P的变化有时为正，有时为负，大小也不同，故而可以将偏导数视为向量：对应着x轴正向单位向量$\boldsymbol{i}$，认为斜率为正时与$\boldsymbol{i}$同向（图示箭头为红色），斜率为负时与$\boldsymbol{i}$反向（图示箭头为绿色），则可将$f(x,y)$在点P关于x的偏导数表示为$f_x(P)\boldsymbol{i}$。类似地，也可将$f(x,y)$在点P关于y的偏导数表示为$f_y(P)\boldsymbol{j}$。	时间：3min 回顾： 偏导数的定义。 提问： 随着点P的变化，偏导数$f_x(P)$是怎样变化的？ 随着点P的变化，$f_x(P)$也在变化，有时正，有时负，大小也在变化。
展示动画程序。	通过如下动图演示，给出二元函数关于变量x和关于变量y偏导数的向量表示。 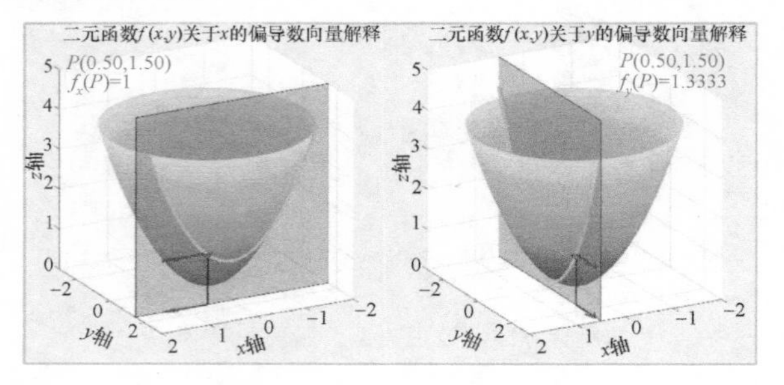 	时间：1min 提问： 箭头的长短变化有什么含义？ 代表偏导数的绝对值大小的变化。

（续）

<table>
<tr><th>教学意图</th><th>教学内容</th><th>教学环节设计</th></tr>
<tr><td>回顾方向导数的定义，介绍方向导数的向量形式。（共5min）
通过举例引出方向导数的向量表示。

方向导数的向量形式及其直观解释。</td><td>（2）方向导数的向量形式
设二元函数 $f(x,\ y)$ 在点 $P(x_0,\ y_0)$ 沿 $\boldsymbol{l}$ 的方向导数 $\left.\frac{\partial f}{\partial l}\right|_P$ 存在，$\boldsymbol{l}$ 方向单位向量 $\boldsymbol{e}_l=(\cos\theta,\ \sin\theta)$，则方向导数
$$\left.\frac{\partial f}{\partial l}\right|_P=\lim_{\rho\to0^+}\frac{f(x_0+\rho\cos\theta,\ y_0+\rho\sin\theta)-f(x_0,\ y_0)}{\rho}。$$
设 $f(x,y)=x^2+\frac{y^2}{(1.5)^2}$，$P$（0.5，1.5），若 $\boldsymbol{l}$ 方向的单位向量 $\boldsymbol{e}_l=\left(\cos\frac{\pi}{4},\ \sin\frac{\pi}{4}\right)=\left(\frac{1}{\sqrt2},\ \frac{1}{\sqrt2}\right)$，计算可得方向导数为
$$\left.\frac{\partial f}{\partial l}\right|_P=\lim_{\rho\to0^+}\frac{f(0.5+\frac{1}{\sqrt2}\rho,\ 1.5+\frac{1}{\sqrt2}\rho)-f(0.5,\ 1.5)}{\rho}=\frac{7}{6}\sqrt2\approx1.6499。$$
引导学生观察下图，进而引出方向导数的向量形式。
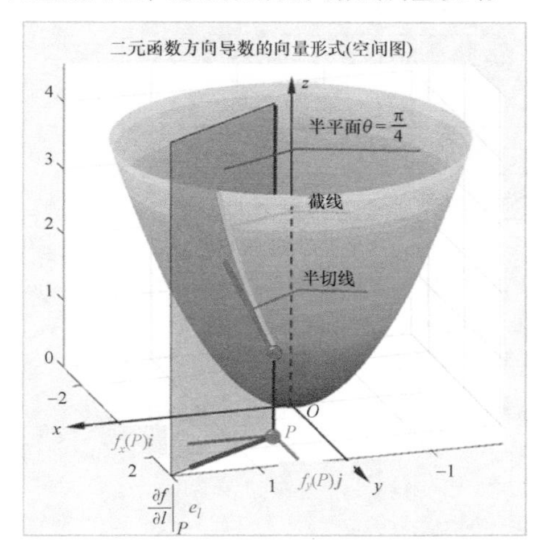

在点 $P(0.5,\ 1.5)$ 处，以半平面 $\theta=\frac{\pi}{4}$ 截曲面，可得经过点（0.5，1.5，$f(0.5,\ 1.5)$）的截线，在点（0.5，1.5，$f(0.5,\ 1.5)$）处作截线的半切线，则 $f(x,\ y)$ 在点 P 沿 $\boldsymbol{l}$ 的方向导数即为该半切线相应于 $\boldsymbol{l}$ 方向的斜率。观察可知，该斜率随着 P 的变化有时为正（沿 $\boldsymbol{l}$ 方向函数值增加），有时为负（沿 $\boldsymbol{l}$ 方向函数值减小），大小（绝对值）也不同，故而可以将其视为向量：对应着 $\boldsymbol{l}$ 方向单位向量 $\boldsymbol{e}_l$，认为斜率为正时与 $\boldsymbol{e}_l$ 同向，斜率为负时与 $\boldsymbol{e}_l$ 反向，则可将 $f(x,\ y)$ 在点 P 沿 $\boldsymbol{l}$ 的方向导数表示为 $\left.\frac{\partial f}{\partial l}\right|_P\boldsymbol{e}_l$。
方向导数向量形式的进一步解释：取 $\Delta\theta=\frac{2\pi}{16}$，在点 P 处从 $\theta=\frac{\pi}{4}$ 出发，逆时针一周，每隔 $\Delta\theta$ 选取一个角度 $\theta=\frac{\pi}{4}+k\Delta\theta$，可得单位方向向量 $\boldsymbol{e}_l=(\cos\theta,\ \sin\theta)$，计算相应方向导数。</td><td>时间：5min
回顾：
二元函数方向导数的定义。

引导思考：
如何将方向导数与向量联系起来？

反馈：
肯定学生的正确回答，并给予鼓励。

引导思考：
怎样将方向导数的向量形式直观展现在图形中？</td></tr>
</table>

（续）

教学意图	教学内容	教学环节设计
此处将16个方向导数一个一个标记出来，目的是让学生理解这种讲法。	（见下）	举例演示和说明，强调对方向导数向量的方向与大小的直观理解。

编号	角度 θ	单位方向向量 $\boldsymbol{e}_l$	方向导数
1	$2\Delta\theta$	(0.7071, 0.7071)	1.6499
2	$3\Delta\theta$	(0.9239, 0.3827)	1.6145
3	$4\Delta\theta$	(1, 0)	1.3333
4	$5\Delta\theta$	(0.9239, −0.3827)	0.8492
5	$6\Delta\theta$	(0.7071, −0.7071)	0.2357
6	$7\Delta\theta$	(0.3827, −0.9239)	−0.4136
7	$8\Delta\theta$	(0, −1)	−1
8	$9\Delta\theta$	(−0.3827, −0.9239)	−1.4341
9	$10\Delta\theta$	(−0.7071, −0.7071)	−1.6499
10	$11\Delta\theta$	(−0.9239, −0.3827)	−1.6145
11	$12\Delta\theta$	(−1, 0)	−1.3333
12	$13\Delta\theta$	(−0.9239, 0.3827)	−0.8492
13	$14\Delta\theta$	(−0.7071, 0.7071)	−0.2357
14	$15\Delta\theta$	(−0.3827, 0.9239)	0.4136
15	$16\Delta\theta$	(0, 1)	1
16	$1\Delta\theta$	(0.3827, 0.9239)	1.4341

沿各方向的方向导数的值如上表所示，蓝色代表方向导数值为正，绿色代表其值为负。借助向量形式，我们可将上述方向导数展示在如下更为直观的图形中。线段长度代表方向导数的绝对值，蓝色和绿色仍分别代表方向导数的正与负，需指明的是，当方向导数的值为负，其对应的向量形式 $\left.\frac{\partial f}{\partial l}\right|_P \boldsymbol{e}_l$ 与 $\boldsymbol{e}_l$ 反向，故而此时将方向导数向量画在 $\boldsymbol{e}_l$ 的反方向上。

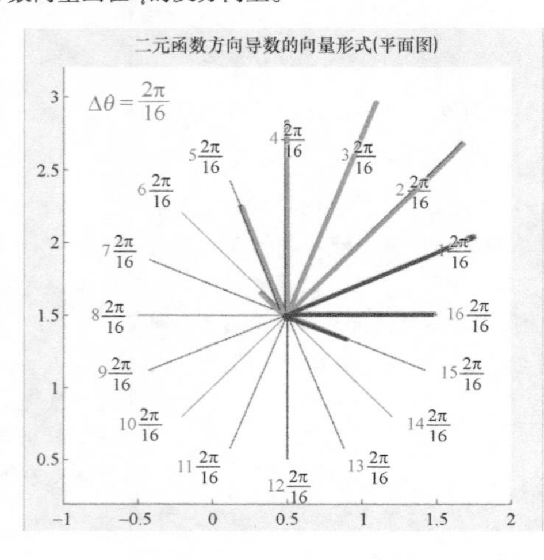

（续）

教学意图	教学内容	教学环节设计
通过动态演示展现方向导数向量形式的规律（共2min）	（3）方向导数的向量形式动态演示 动态演示过程：先后取 $\Delta\theta=\frac{2\pi}{32}$和 $\Delta\theta=\frac{2\pi}{64}$，在点 P 处从 $\theta=\frac{\pi}{4}$ 出发，逆时针旋转一周，每隔 $\Delta\theta$ 选取一个角度，更为密集地选取方向，计算方向导数，并以向量形式直观展现于图形中（请见下图右侧）。 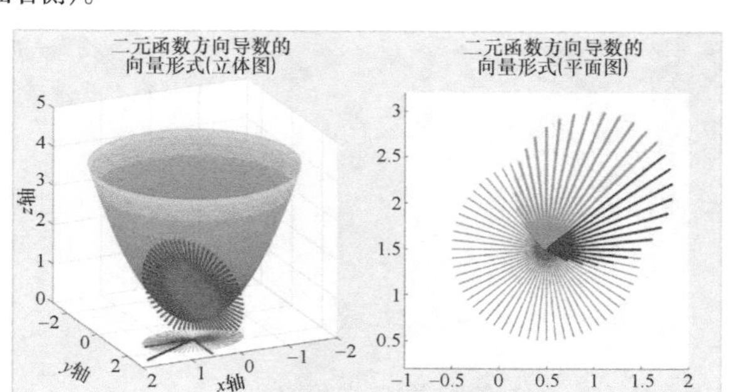 通过观察，能够发现点 P 处所有方向导数向量均是以点 P 为起点，另一矢端落在同一个圆周上，且该圆周经过点 P。如下图所示： 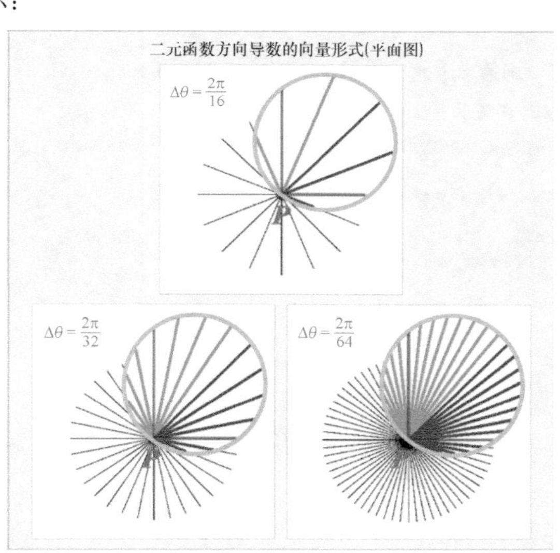 这是向量形式分析方向导数的重大收获！	时间：2min 提问： 图中的方向导数向量呈现出什么规律？ 引导学生观察，从直观上得出点 P 处所有方向导数向量的矢端在同一个圆周上的结论。
3. 二元函数的梯度（15min）		
分析前面所提问题引出梯度的定义。（共3min）	（1）回应前面所提出的问题1： ◆ 二元函数 $f(x, y)$ 在点 P 的所有方向导数中，是否能找到最大值？ 分析：由前面的观察结果可知，点 P 处所有方向导数向量均是以点 P 为起点，另一矢端落在同一圆周上，且该圆周经过点 P。不难知道，这个圆的直径方向上的方向导数值能够达到最大。	时间：3min 分析问题。

（续）

<table>
<tr><th>教学意图</th><th>教学内容</th><th>教学环节设计</th></tr>
<tr>
<td>分析方向导数最大值的存在性。</td>
<td>

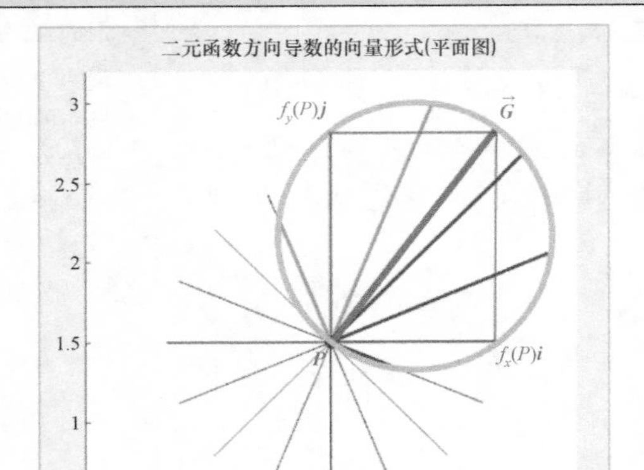

考虑到直径对应的圆周角为直角，可知如图所示，从点 P 出发的直径，在 x 轴上的投影分量为函数 $f(x,\ y)$ 在点 P 沿 x 轴正方向的方向导数（也为偏导数）$f_x(P)\boldsymbol{i}$；相应地，该直径在 y 轴上的投影分量为函数 $f(x,\ y)$ 在点 P 沿 y 轴正方向的方向导数（也为偏导数）$f_y(P)\boldsymbol{j}$。

记 $\boldsymbol{G}=(f_x(P),f_y(P))$，则 $\boldsymbol{G}$ 的长度就是最大方向导数，$\boldsymbol{G}$ 的方向就是能够取得最大方向导数的方向。从下图还可看出，点 P 处沿各方向的方向导数恰好是 $\boldsymbol{G}$ 在该方向上的投影

$$\left.\frac{\partial f}{\partial l}\right|_P=\mathrm{Prj}_{\boldsymbol{e}_l}\boldsymbol{G}=\boldsymbol{G}\cdot\boldsymbol{e}_l。$$

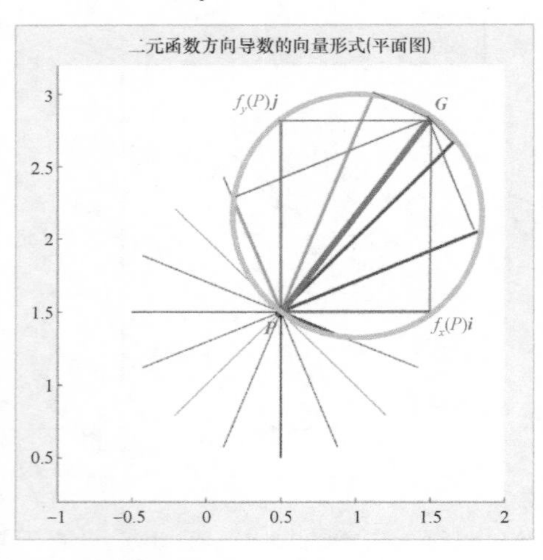

（2）回应前面所提出的问题 2：

◆ 什么条件下，使得方向导数达到最大值的方向存在且唯一？

分析：前面所讲的例子中，使得方向导数取得最大值的方向是唯一的。观察下面几种情况，取得最大方向导数的方向是否唯一？

</td>
<td>

<u>提问：</u>

能否找到方向导数最大值？
从点 P 出发的直径上方向导数可达最大。

<u>引导思考：</u>

什么情况下，使得方向导数达到最大的方向存在唯一？
引导观察发现切平面与该问题的联系。

</td>
</tr>
</table>

（续）

教学意图	教学内容	教学环节设计
	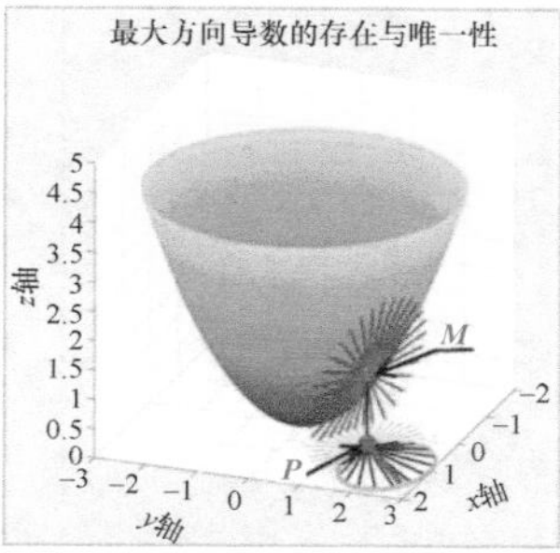 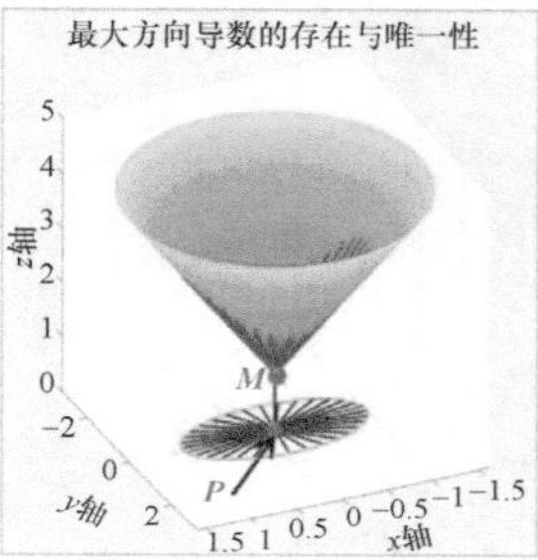 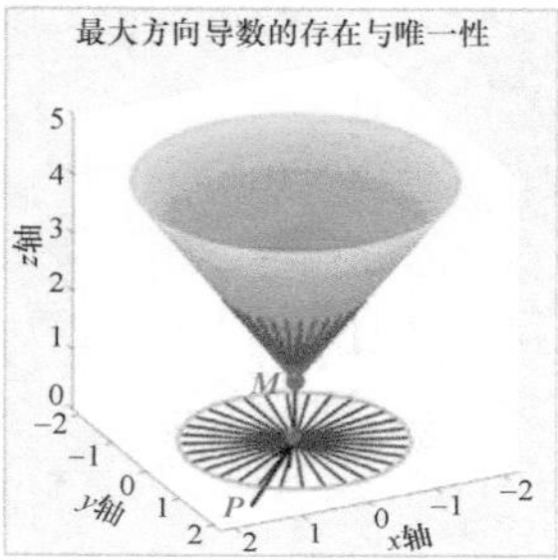 观察可知： 情况1：前面例子，曲面在一点处切平面存在，只有一个方向使得该点处的方向导数达到最大值。 情况2：椭圆锥面，曲面在锥顶点处切平面不存在，有两个方向使得该点处的方向导数达到最大值。 情况3：圆锥面，曲面圆锥顶点处切平面不存在，有无穷多个方向使得该点处的方向导数达到最大值。	
给出梯度的定义。（共3min）	**梯度的定义**：观察与分析表明，$\boldsymbol{G}=(f_x(P),f_y(P))$很特别，该方向上能取得方向导数的最大值，从而引出梯度的定义： 设函数$f(x,y)$在平面区域D内具有一阶连续偏导数，则对于区域D内的每一点$P(x_0,y_0)$，都可以确定出一个向量$f_x(x_0,y_0)\boldsymbol{i}+f_y(x_0,y_0)\boldsymbol{j}$，称该向量为函数$f(x,y)$在点$P(x_0,y_0)$处的梯度，记作$\mathbf{grad}f(x_0,y_0)$或$\mathbf{grad}f(P)$，即 $$\mathbf{grad}f(x_0,y_0)=f_x(x_0,y_0)\boldsymbol{i}+f_y(x_0,y_0)\boldsymbol{j}。$$ 说明1：二元函数的梯度是平面上的一个向量，是该函数关于x的偏导数向量与关于y的偏导数向量的和向量。 说明2：函数在点P处的梯度方向即为前面图示中从点P出发的直径方向，也即能够使得方向导数取得最大值的方向。 说明3：由于方向导数表明了在点P处沿某方向函数值的变化率，方向导数取得最大值意味着函数值增加得最快，因此梯度方向是函数值增加最快的方向。 例1：设函数$f(x,y)=\ln(x+y^2)$，求其在点（0，1）处的梯度。 解：函数在点（0，1）处的偏导数为	时间：3min *提问：* 该定义中为什么要求一阶偏导连续？ 主要考虑到切平面的存在。 *举例讲解：* 梯度的计算。按学生掌握情况做出反馈。

（续）

教学意图	教学内容	教学环节设计
	$f_x(x_0, y_0)=\dfrac{1}{x_0+y_0^2}=1$， $f_y(x_0, y_0)=\dfrac{2y_0}{x_0+y_0^2}=2$， 可得该函数在点（0，1）处的梯度为 $\mathbf{grad}f(0,1)=(f_x(x_0,y_0),f_y(x_0,y_0))=(1,2)$。	
证明梯度与方向导数的关系。（共3min）	**梯度与方向导数的关系：** 设函数 $z=f(x, y)$ 在点 $P(x_0, y_0)$ 处可微，则有 $\Delta z=f_x(P)\Delta x+f_y(P)\Delta y+o(\rho)$， 其中，$\rho=\sqrt{(\Delta x)^2+(\Delta y)^2}$。 对以点 $P(x_0, y_0)$ 为起点的射线 l：$\begin{cases}\Delta x=\rho\cos\theta,\\ \Delta y=\rho\sin\theta,\end{cases}$ 有 $\Delta z\mid_l=f_x(P)\rho\cos\theta+f_y(P)\rho\sin\theta+o(\rho)$， 可得 $\left.\dfrac{\partial f}{\partial l}\right\|_P=\lim\limits_{\rho\to0^+}\dfrac{\Delta z\mid_l}{\rho}$ $=\lim\limits_{\rho\to0^+}\left(f_x(P)\cos\theta+f_y(P)\sin\theta+\dfrac{o(\rho)}{\rho}\right)$ $=f_x(P)\cos\theta+f_y(P)\sin\theta$ $=\mathbf{grad}f(P)\cdot\boldsymbol{e}_l$， 其中 $\boldsymbol{e}_l=(\cos\theta, \sin\theta)$。	时间：3min 梯度与方向导数关系的数学推导。
由证明的结论，反过来说明在 P 点处沿任意方向的方向导数的矢端必在一个圆周上。	从而有如下结论成立： 设函数 $f(x, y)$ 在点 $P(x_0, y_0)$ 处可微，$\boldsymbol{e}_l=(\cos\theta, \sin\theta)$ 是与方向 $\boldsymbol{l}$ 同向的单位向量，则 $\left.\dfrac{\partial f}{\partial l}\right\|_P=f_x(P)\cos\theta+f_y(P)\sin\theta=\mathbf{grad}f(P)\cdot\boldsymbol{e}_l$ $=\|\mathbf{grad}f(P)\|\cos\gamma=\mathrm{Prj}_{\boldsymbol{e}_l}\mathbf{grad}f(P)$， 其中 γ 是 $\mathbf{grad}f(P)$ 与 $\boldsymbol{l}$ 的夹角。 梯度与方向导数的这一关系可由下图给出直观解释： 即，函数沿 $\boldsymbol{l}$ 方向的方向导数是梯度 $\mathbf{grad}f(P)$ 在 $\boldsymbol{l}$ 方向上的投影。与此同时，我们也从理论上验证了： • $\mathbf{grad}f(P)$ 方向是使得方向导数达到最大值的方向； • $\mathbf{grad}f(P)$ 的模就是函数在点 P 的最大方向导数。	引导思考： 可否利用图形直观地表示梯度和方向导数的关系？ 借助投影的概念，以及前面所讲内容。

（续）

<table>
<tr><th>教学意图</th><th>教学内容</th><th>教学环节设计</th></tr>
<tr><td>梯度的等值线解释。（共 3min）

展示动画程序。</td><td>二元函数的等值线：
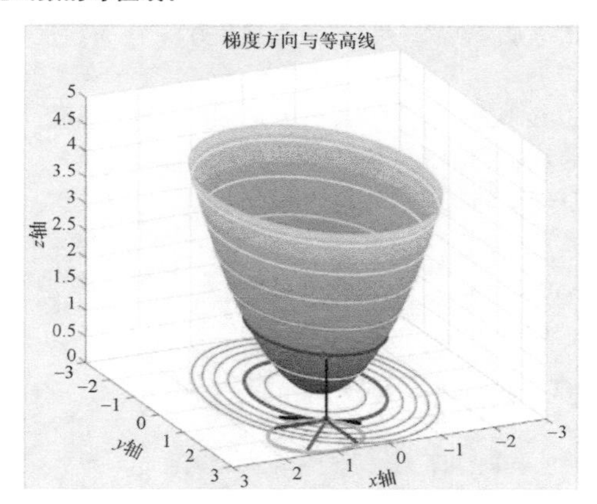

（1）函数 $z=f(x,\ y)$ 的等值线是曲线 $\begin{cases}z=f(x,\ y),\\ z=C\end{cases}$ 在 xOy 平面上的投影曲线；
（2）二元函数 $f(x,\ y)$ 过点 $P(x_0,\ y_0)$ 的等值线方程是
$$\begin{cases}f(x,y)=f(x_0,\ y_0),\\ z=0;\end{cases}$$
（3）等值线在点 $P(x_0,\ y_0)$ 处的法线的方向向量为
$$\boldsymbol{n}=(f_x(x_0,y_0),f_y(x_0,y_0))=\mathbf{grad}f(P)。$$
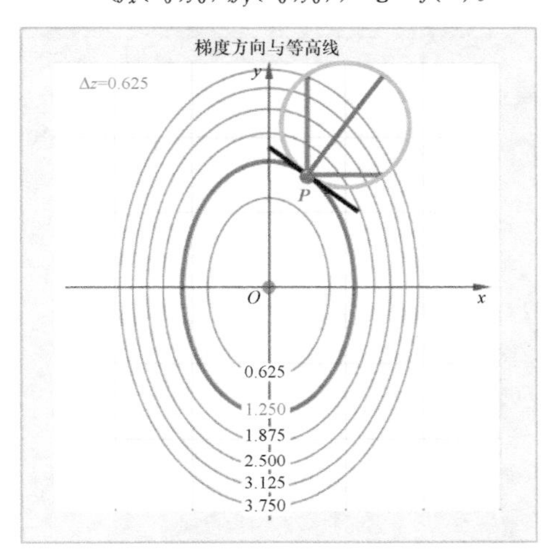

梯度的等值线解释：梯度 $\mathbf{grad}f(P)$ 的方向垂直于函数 $f(x,\ y)$ 经过点 $P(x_0,\ y_0)$ 的等值线，且从函数值较低的等值线指向函数值较高的等值线。
观察可见，点 P 处所有方向导数向量所在的圆周与经过点 P 的等值线相切。</td><td>时间：3min
<u>动画演示：</u>
帮助学生理解等值线的直观意义及梯度的等值线解释。</td></tr>
</table>

（续）

教学意图	教学内容	教学环节设计
利用梯度与方向导数关系的计算问题。（共3min）	例2：求函数$f(x,y)=x^2-xy+y^2$在点（1，1）处沿与x轴方向逆时针夹角为α的方向射线$\boldsymbol{l}$的方向导数，并指出在怎样的方向上，此方向导数 （1）达最大值；（2）达最小值；（3）等于0。 解：与x轴方向夹角为α的方向射线$\boldsymbol{l}$的单位向量 $\boldsymbol{e}_l=(\cos\alpha,\ \sin\alpha)$， 函数$f(x,y)$的梯度为 $\mathbf{grad}f(1,1)=(2x-y,\ 2y-x)\big\|_{(1,1)}=(1,\ 1)$， 利用梯度与方向导数的关系，可得 $\left.\frac{\partial f}{\partial l}\right\|_{(1,1)}=\mathbf{grad}f(1,\ 1)\cdot\boldsymbol{e}_l=\cos\alpha+\sin\alpha$。 当$\boldsymbol{e}_l$与$\mathbf{grad}f(1,\ 1)=(1,\ 1)$同向，即$\alpha=\frac{\pi}{4}$时，方向导数可达最大值$\sqrt{2}$； 当$\boldsymbol{e}_l$与$\mathbf{grad}f(1,\ 1)=(1,\ 1)$反向，即$\alpha=\frac{5\pi}{4}$时，方向导数可达最小值$-\sqrt{2}$； 当$\boldsymbol{e}_l$与$\mathbf{grad}f(1,\ 1)=(1,\ 1)$垂直，即$\alpha=\frac{3\pi}{4}$或$\frac{7\pi}{4}$时，方向导数等于0。	时间：3min 提问： 如何利用梯度计算方向导数？ 思考：方向导数何时能取得最小值？ 启发学生练习利用所学的关系式计算，并给出点评。
4. 三元函数的梯度（5min）		
类比至三元函数梯度的定义。（共2min）	（1）三元函数的梯度 设函数$f(x,\ y,\ z)$在空间区域D内具有一阶连续偏导数，则对于区域D内的每一点$P(x_0,\ y_0,\ z_0)$，都可以确定出一个向量$f_x(x_0,\ y_0,\ z_0)\boldsymbol{i}+f_y(x_0,\ y_0,\ z_0)\boldsymbol{j}+f_z(x_0,\ y_0,\ z_0)\boldsymbol{k}$，称该向量为函数$f(x,\ y,\ z)$在点$P(x_0,\ y_0,\ z_0)$处的梯度，记作$\mathbf{grad}f(x_0,\ y_0,\ z_0)$或$\mathbf{grad}f(P)$，即 $\mathbf{grad}f(P)=f_x(P)\boldsymbol{i}+f_y(P)\boldsymbol{j}+f_z(P)\boldsymbol{k}$。 说明：三元函数的梯度是空间中的一个向量，是以该函数关于x，y，z的偏导数为分量的向量，可视为其各偏导数向量的和向量。 例3：设函数$u=x^2+2y^2+3z^2+3x-2y$，求其在点（1，1，2）处的梯度，并指出在哪些点处梯度为$\mathbf{0}$。 解：由梯度的定义 $\mathbf{grad}u=(2x+3)\boldsymbol{i}+(4y-2)\boldsymbol{j}+6z\boldsymbol{k}$， 故而，$\mathbf{grad}u(1,\ 1,\ 2)=5\boldsymbol{i}+2\boldsymbol{j}+12\boldsymbol{k}=(5,\ 2,\ 12)$， 可知，在点$\left(-\frac{3}{2},\ \frac{1}{2},\ 0\right)$处该函数的梯度为$\mathbf{0}$。	时间：2min 教学互动： 引导学生将梯度的概念推广至三元函数。

（续）

教学意图	教学内容	教学环节设计
推导三元函数的梯度与方向导数的关系。（共3min） 引导学生从理论上推导三元函数的梯度与方向导数的关系。	（2）三元函数梯度与方向导数的关系 分析：设函数 $u=f(x,\ y,\ z)$ 在点 $P(x_0,\ y_0,\ z_0)$ 处可微，则有 $\Delta u=f_x(P)\Delta x+f_y(P)\Delta y+f_z(P)\Delta z+o(\rho)$， 其中，$\rho=\sqrt{(\Delta x)^2+(\Delta y)^2+(\Delta z)^2}$。 以点 $P(x_0,\ y_0,\ z_0)$ 为起点的射线 l：$\begin{cases}\Delta x=\rho\cos\alpha,\\ \Delta y=\rho\cos\beta,有\\ \Delta z=\rho\cos\gamma,\end{cases}$ $\Delta z\mid_l=f_x(P)\rho\cos\alpha+f_y(P)\rho\sin\beta+f_z(P)\rho\sin\gamma+o(\rho)$， 可得 $\left.\dfrac{\partial f}{\partial l}\right\|_P=\lim\limits_{\rho\to 0^+}\dfrac{\Delta z\mid_l}{\rho}$ $=\lim\limits_{\rho\to 0^+}\left(f_x(P)\cos\alpha+f_y(P)\sin\beta+f_z(P)\cos\gamma+\dfrac{o(\rho)}{\rho}\right)$ $=f_x(P)\cos\alpha+f_y(P)\sin\beta+f_z(P)\cos\gamma$ $=\mathbf{grad}f(P)\cdot\boldsymbol{e}_l=\mathrm{Prj}_{\boldsymbol{e}_l}\mathbf{grad}f(P)$， 其中 $\boldsymbol{e}_l=(\cos\alpha,\ \cos\beta,\ \cos\gamma)$。 结论：设三元函数 $f(x,\ y,\ z)$ 在点 $P(x_0,\ y_0,\ z_0)$ 处可微，$\boldsymbol{e}_l=(\cos\alpha,\ \cos\beta,\ \cos\gamma)$ 是与方向 $\boldsymbol{l}$ 同向的单位向量，则 $\left.\dfrac{\partial f}{\partial l}\right\|_P=f_x(P)\cos\alpha+f_y(P)\sin\beta+f_z(P)\cos\gamma$ $=\mathbf{grad}f(P)\cdot\boldsymbol{e}_l=\mathrm{Prj}_{\boldsymbol{e}_l}\mathbf{grad}f(P)$。 可见，三元函数沿 $\boldsymbol{l}$ 方向的方向导数仍是梯度 $\mathbf{grad}f(P)$ 在 $\boldsymbol{l}$ 方向上的投影。 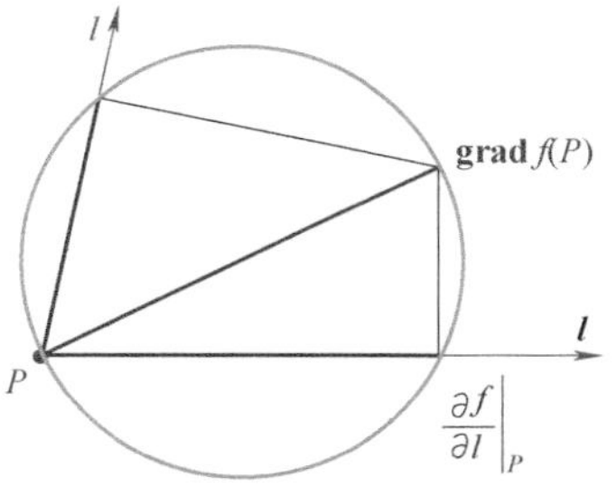 进一步地，注意到 $\left.\dfrac{\partial f}{\partial l}\right\|_P=\|\mathbf{grad}f(P)\|\cos\theta$，这里 θ 是 $\mathbf{grad}f(P)$ 与 $\boldsymbol{l}$ 的夹角，故而，与二元函数类似，仍有： ■ $\mathbf{grad}f(P)$ 的模就是函数在点 P 的最大方向导数； ■ $\mathbf{grad}f(P)$ 方向是使得方向导数达到最大值的方向。	时间：3min 提问： 三元函数梯度与方向导数的关系是什么？ 启发学生用类似二元函数的方法推导关系式，进而得出结论。

（续）

教学意图	教学内容	教学环节设计
	5. 梯度的应用（9min）	
瞎子爬山问题的解决方案。（共4min） 展示动画程序。 展示自制教具。	（1）瞎子爬山问题的解决方案 设山的高度函数为 $f(x, y)=xye^{-\frac{x^2}{1.5}-\frac{y^2}{2}}$，已知点 $P(2, 0.5)$，求该点处的梯度 $\mathbf{grad}f(P)$。 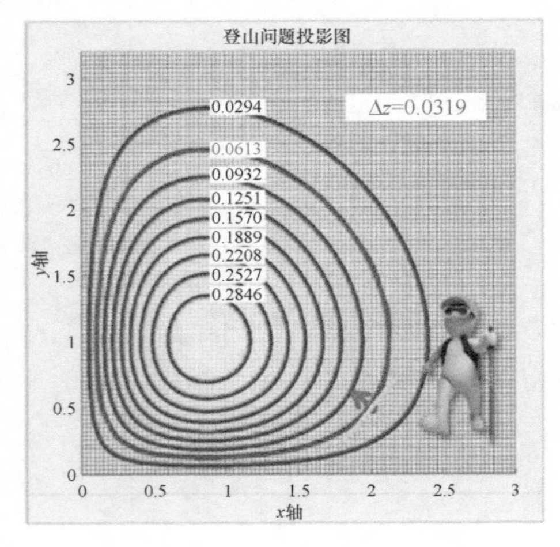 $$f_x=\left(1-\frac{4}{3}x^2\right)ye^{-\frac{x^2}{1.5}-\frac{y^2}{2}},$$ $$f_y=(1-y^2)xe^{-\frac{x^2}{1.5}-\frac{y^2}{2}},$$ 则 $$\mathbf{grad}f(P)=f_x(P)\boldsymbol{i}+f_y(P)\boldsymbol{j}\approx -0.13\boldsymbol{i}+0.09\boldsymbol{j}$$ 由于梯度方向是函数值（山的高度值）增加最快的方向，也就是上山最快的方向，要想尽快到达山顶，可考虑如下爬山方案： 假设登山者从当前点 $P(2, 0.5)$ 出发，沿着梯度方向 $\mathbf{grad}f(P)$ 走一小段，到达一个新的点后，再沿着新点的梯度方向走一小段……如此一来，在每个点处均是沿着上山最快的方向走，不断向上爬，可望较快地到达山顶。 根据上述方案，给出爬山问题的动态演示。 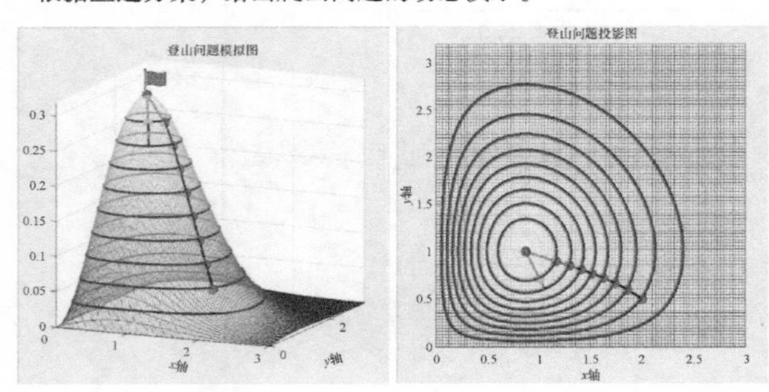 	时间：4min 提问： 如何利用梯度这个方向的特殊之处，设计尽快爬到山顶的方案？ 提示： 梯度方向是函数值（山的高度值）增加最快的方向，也就是上山最快的方向。 用 3D 打印机设计打印了山峰的教具： 

（续）

教学意图	教学内容	教学环节设计
延伸思考和问题的最终解决。（共2min）	**进一步的思考**：在前述方案中，为了尽快地爬到山顶，指明了站在一点处应朝什么方向走，但是尚未明确沿着这个方向应该走多远。那么走多远才是最好的选择呢？ 分析：确定从点 P 出发沿着梯度方向 $\mathbf{grad}f(P)$ 行进后，在此方向上，山的高度函数已转化为一元函数： $$\varphi(t)=f(P+t\mathbf{grad}f(P)),$$ 其中 P 为已知点，$\mathbf{grad}f(P)$ 经计算可得到，故而只有一个未知量 t。 我们的想法是：从点 P 出发沿着 $\mathbf{grad}f(P)$ 方向爬山，爬到越高越好。那么，最高点在哪里？这就化成了求一元函数 $\varphi(t)$ 的极大值问题。 根据高等数学前面所学，极大值点应满足一阶必要性条件 $\varphi'(t)=0$。至此，我们发现，从点 P 出发沿着梯度 $\mathbf{grad}f(P)$ 方向行进的距离即是满足 $\varphi'(t)=0$ 的 t。到达新点后，所处高度上升了，再重复这一过程，直至山顶。	时间：2min <u>思维训练：</u> 引导学生逐层深入地分析，并应用所学知识解决问题，训练数学思维。
介绍梯度的应用。（共3min） 介绍机器学习中的梯度下降法。	（2）机器学习中的梯度下降法 在机器学习（深度学习）领域，“梯度下降法”是一种经典方法。因为对各种学习模型往往要寻找最优的参数，使得损失函数（Loss Function）或代价函数（Cost Function）达到最小。 设极小化损失函数 $L(\boldsymbol{\theta})$，其中 $\boldsymbol{\theta}=(\theta_1,\theta_2,\cdots,\theta_n)$ 是未知参数。梯度下降法主要步骤如下： 步骤1：选择下降方向 $-\mathbf{grad}L(\boldsymbol{\theta})$； 步骤2：选择步长，更新参数 $\boldsymbol{\theta}\leftarrow\boldsymbol{\theta}-\alpha\mathbf{grad}L(\boldsymbol{\theta})$； 步骤3：重复以上两个步骤，直到满足终止条件。 在该算法中，为了尽快地极小化损失函数 $L(\boldsymbol{\theta})$，每步迭代中选择的下降方向即是 $L(\boldsymbol{\theta})$ 的负梯度方向。 在实际应用中，考虑到样本数据量大小的问题，梯度下降法又发展为： 批量梯度下降法（Batch Gradient Descent）， 小批量梯度下降法（Mini-batch Gradient Descent）， 随机梯度下降法（Stochastic Gradient Descent）。 无论算法如何变形，负梯度方向均是其核心所在。	时间：2min <u>引导思考：</u> 如何使得函数值尽快地下降以达到极小？ 利用梯度的反方向——负梯度方向。

（续）

教学意图	教学内容	教学环节设计
	（3）梯度在各个领域中的应用 现实生活中，我们经常会用到梯度或负梯度。金融投资中，如何选择投资方案以最大化收益，极小化风险？工程设计中，如何选择设计方案才能既满足工程要求，又极小化成本？物资运输中，如何选择运输线路以极小化成本，尽快到达？……对于这些实际应用问题，只要有了收益函数、风险函数、成本函数，便可利用其梯度或负梯度方向为之设计极大化或极小化算法。	时间：1min 介绍梯度和负梯度在各个领域中的应用。
6. 小结与思考（2min）		
梯度小结。（共1min）	本次课主要内容包括： （1）二元函数的梯度 $\mathbf{grad}f(x_0, y_0)=f_x(x_0, y_0)\boldsymbol{i}+f_y(x_0, y_0)\boldsymbol{j}$。 （2）三元函数的梯度 设 $u=f(x, y, z)$，在 $P(x_0, y_0, z_0)$ 处， $\mathbf{grad}f(P)=f_x(P)\boldsymbol{i}+f_y(P)\boldsymbol{j}+f_z(P)\boldsymbol{k}$。 （3）梯度与方向导数的关系 $\left.\frac{\partial f}{\partial l}\right\|_P=\mathbf{grad}f(P)\cdot\boldsymbol{e}_l=\mathrm{Prj}_{\boldsymbol{e}_l}\mathbf{grad}f(P)$。 （4）梯度的模与方向 $\mathbf{grad}f(P)$ 的模就是函数在点 P 的最大方向导数，$\mathbf{grad}f(P)$ 的方向是使得方向导数达到最大值的方向。 （5）梯度与等值线 $\mathbf{grad}f(P)$ 的方向垂直于函数过点 P 的等值线，且从函数值较低的等值线指向函数值较高的等值线。	时间：1min 单元小结，回顾主要内容。
课后思考。（共1min）	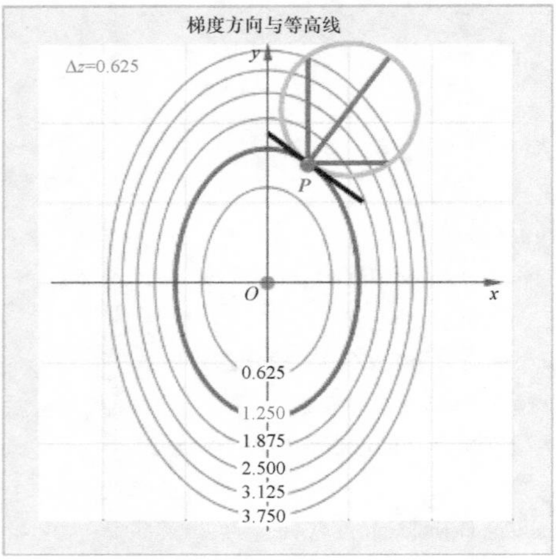 梯度方向与等高线 $\Delta z=0.625$ y, x, O, P 0.625, 1.250, 1.875, 2.500, 3.125, 3.750 课后思考问题： （1）证明二元函数的梯度方向是函数过点 P 的等值线的法线方向。 （2）求点 P 处等值线的切线方程。	时间：1min 提出思考题。

四、学情分析与教学评价

本教学内容的对象为理工科一年级第二学期的学生，通过高等数学上册内容的学习，他们的数学思想和素养正在初步形成。特别是通过第6章的学习，他们已熟悉常见的曲线、曲面的方程及其图形，并对投影有所了解。

在教学过程中注重数学思维的培养和逻辑推理能力的训练，并且通过贴近生活的实际应用案例，激发学生的学习兴趣，引导学生逐层深入地思考，帮助学生深刻理解相关知识，提高他们的学习热情，培养他们学以致用的意识。

针对重难点内容，通过引入偏导数与方向导数的向量形式，辅以图形和动画演示，启发学生自主观察和思考，帮助学生掌握梯度的概念及其几何意义，直观地理解梯度和方向导数的关系。通过分析和解决“瞎子爬山问题”，让学生体验如何应用所学到的数学知识解决实际问题。进而，通过介绍机器学习等领域中对于梯度的应用，扩展学生的知识面，开阔其视野，为将来学以致用打下基础。

五、预习任务与课后作业

预习　微分法在几何上的应用。

作业

1. 求函数 $u=2xy-z^2$ 在点 $P_0(2,\ -1,\ 1)$ 处沿从点 P_0 到点 $P(3,\ 1,\ -1)$ 方向的方向导数。

2. 求下列函数在点 P 处的梯度。

（1）$z=4x^2+9y^2$，$P(2,\ 1)$；

（2）$u=\ln(x+\sqrt{y^2+z^2})$，$P(1,\ 0,\ 1)$；

（3）$z=10+6\cos x\cos y+3\cos 2x+4\cos 3y$，$P\left(\dfrac{\pi}{3},\ \dfrac{\pi}{3}\right)$；

（4）$u=\dfrac{1}{\sqrt{x^2+y^2+z^2}}$，$P(1,\ -1,\ 0)$；

（5）$u=xy+\mathrm{e}^z$，$P(1,\ 1,\ 0)$。

3. 求二元函数 $z=\ln(x+y)$ 在位于抛物线 $y^2=4x$ 上点 $P_0(1,\ 2)$ 处沿着这条抛物线在此点切线方向的方向导数。

4. 设 $\boldsymbol{l}$ 与 x 轴正向夹角为 α，求函数 $f(x,\ y)=\begin{cases}\dfrac{xy}{\sqrt{x^2+y^2}} & x^2+y^2\neq 0\\ 0 & x^2+y^2=0\end{cases}$ 在点 $(0,\ 0)$ 处沿 $\boldsymbol{l}$ 方向的方向导数。

二重积分的计算

一、教学目标

二重积分的计算方法是多元函数微积分学中最基本、最重要的内容之一，对二重积分计算的讲解一方面是一元函数积分学的应用，另一方面也是为三重积分、曲面积分等后续教学内容做基础准备。

本次课通过平行截面面积已知立体的体积计算，推导得到二重积分转化为二次积分的基本公式；其后结合丰富的例题讲解二次积分的积分顺序选择以及积分上下限确定的原则和技巧；通过牟合方盖及中国历史上探求球体体积公式的历史资料来体现二重积分的简便和应用。通过本次课程的学习，使学生能熟练掌握二重积分的计算方法和技巧，不仅能为课程后续内容，如：三重积分、曲面积分的计算等打好基础，还能为后续课程如概率论、数学物理方法等其他课程做基础准备。

本次课的教学目标是：

1. 学好基础知识，理解二重积分在直角坐标系下化为二次积分的原理和推导。
2. 掌握基本技能，熟练掌握二重积分表示为二次积分的方法和技巧。
3. 培养思维能力，能够对具体问题中的方法进行归纳、总结，提炼出计算二重积分的技巧。

二、教学内容

1. 教学内容

1） 二重积分计算公式的导出；

2） 在直角坐标系下二重积分化为二次积分的方法；

3） 二次积分交换积分顺序的方法；

4） 了解牟合方盖的构造和体积计算方法。

2. 教学重点

1） 熟练掌握二重积分在直角坐标系下的计算方法；

2） 掌握二次积分交换积分顺序的方法。

3. 教学难点

1） 理解二重积分化为二次积分的推导过程；

2） 根据具体问题选择合适的二次积分顺序；

3） 二次积分上下限的确定。

三、教学进程安排

1. 教学进程框图（45min）

2. 教学环节设计

教学意图	教学内容	教学环节设计
1. 问题引入（6min）		
梳理本次课之前学过的二重积分知识点。（共2min） 回顾二重积分的定义。 回顾二重积分的存在性和基本性质。	（1）二重积分的定义 设 $f(x, y)$ 是有界闭区域 D 上的有界函数， ❖ 将闭区域 D 任意分成 n 个小闭区域，记第 i 个小闭区域的面积为 $\Delta\sigma_i$； ❖ 在第 i 个小闭区域内任意取点 (ξ_i, η_i)，做乘积 $f(\xi_i, \eta_i)\Delta\sigma_i(i=1, 2, \cdots, n)$； ❖ 作和 $\sum_{i=1}^{n} f(\xi_i, \eta_i)\Delta\sigma_i$； ❖ 若当各小闭区域的直径最大值趋于 0 时，和的极限总存在，则称此极限值为函数 $f(x, y)$ 在闭区域 D 上的二重积分，记作 $\iint_D f(x,y)\mathrm{d}\sigma$， 这里 D 为积分区域，$f(x, y)$ 称为被积函数，$\mathrm{d}\sigma$ 称为面积元素。 （2）二重积分的存在性和基本性质 二重积分的存在定理：若函数 $f(x, y)$ 在有界闭区域 D 上连续，则 $f(x, y)$ 在 D 上的二重积分存在。 二重积分的性质： ❖ （线性性质）设 α, β 为常数，则 $\iint_D (\alpha f(x,y) + \beta g(x,y))\mathrm{d}\sigma = \alpha\iint_D f(x,y)\mathrm{d}\sigma + \beta\iint_D g(x,y)\mathrm{d}\sigma$。 ❖ （积分区域的可加性）若 $D = D_1 \cup D_2$，则	时间：2min 提问式复习，达到以下目的： 1）集中学生的注意力，使学生尽快进入上课状态； 2）再次强调上节课内容的重点，加深印象。 3）考察上节课程内容的掌握情况，对学生的回答进行评述。 4）考勤。 二重积分和定积分有类似的性质。

（续）

教学意图	教学内容	教学环节设计
回顾曲顶柱体的概念和二重积分的几何意义，为本节内容的讲述做准备。	$\iint\limits_{D} f(x,y)\mathrm{d}\sigma = \iint\limits_{D_1} f(x,y)\mathrm{d}\sigma + \iint\limits_{D_2} f(x,y)\mathrm{d}\sigma$。 ❖ 若 σ 为区域 D 的面积，则 $\sigma = \iint\limits_{D} 1\mathrm{d}\sigma = \iint\limits_{D} \mathrm{d}\sigma$。 ❖ （保不等式性）若在 D 上 $f(x,\ y) \leqslant g(x,\ y)$，则 $\iint\limits_{D} f(x,y)\mathrm{d}\sigma \leqslant \iint\limits_{D} g(x,y)\mathrm{d}\sigma$。 ❖ （估值不等式）设 M，m 分别是 $f(x,\ y)$ 在闭区域 D 上的最大值和最小值，σ 为 D 的面积，则 $m\sigma \leqslant \iint\limits_{D} f(x,y)\mathrm{d}\sigma \leqslant M\sigma$。 ❖ 设函数 $f(x,\ y)$ 在闭区域 D 上连续，σ 为 D 的面积，则在 D 上至少存在一点 $(\xi,\ \eta)$ 使得 $\iint\limits_{D} f(x,y)\mathrm{d}\sigma = f(\xi,\eta)\sigma$。  曲顶柱体的体积 （3）曲顶柱体 曲顶：$z=f(x,\ y)$，$f(x,\ y)\geqslant 0$ 且在 D 上连续；底面：$D\subset xOy$ 面；侧面：以 D 的边界为准线，母线平行于 z 轴的柱面。 （4）二重积分的几何意义 若 $f(x,\ y)$ 在 D 上连续且非负，则二重积分 $\iint\limits_{D} f(x,y)\mathrm{d}\sigma$ 在数值上表示以曲面 $z=f(x,\ y)$ 为顶，以 D 为底的曲顶柱体体积。	本次课将借助曲顶柱体的体积计算来导出二重积分的计算公式。
介绍牟合方盖及其历史故事，引入本节内容，即二重积分的计算。（共4min）	（5）问题引入 由如下的三视图想象立体的形状。	时间：3min

（续）

教学意图	教学内容	教学环节设计
动画展示。	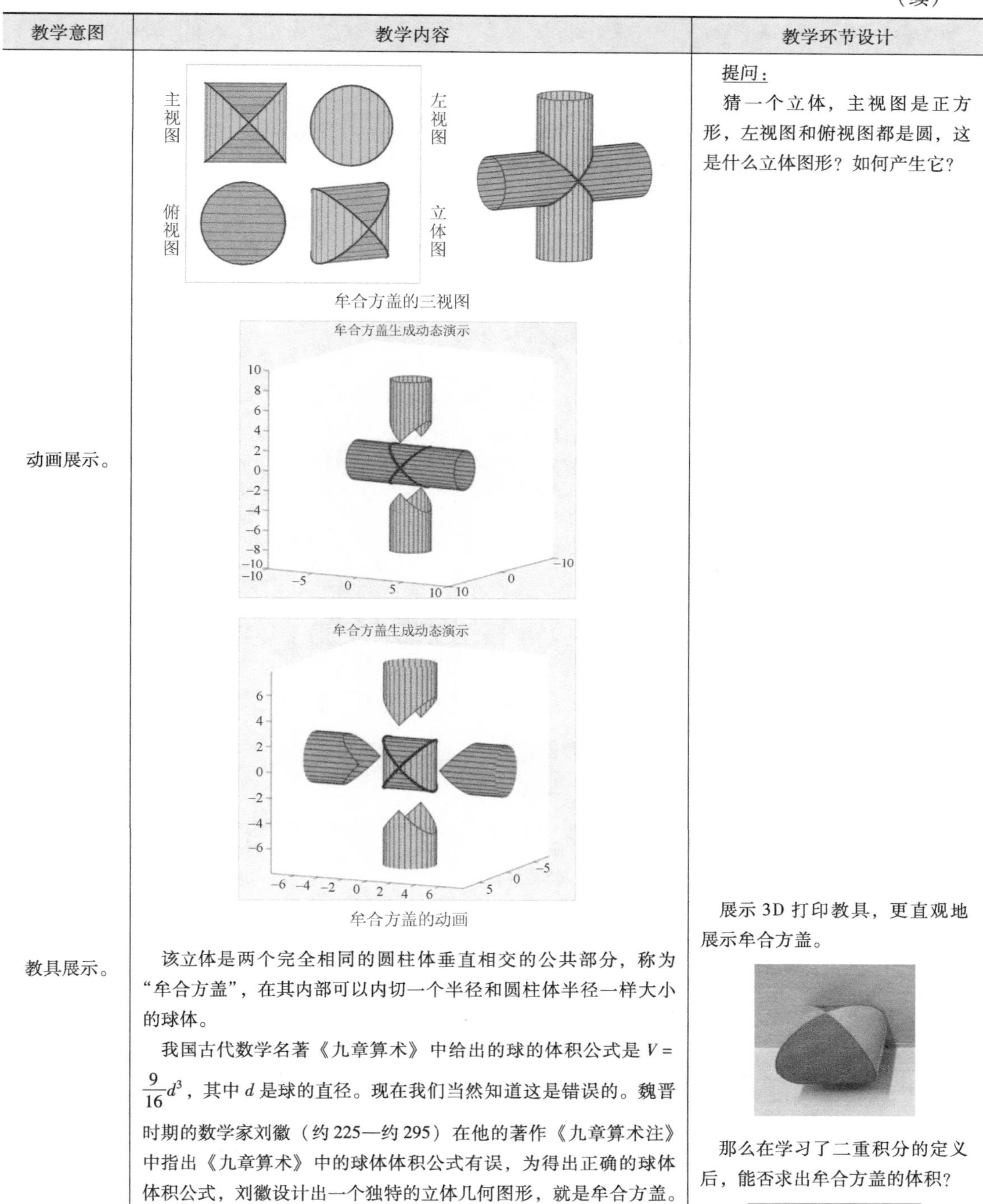 牟合方盖的三视图 牟合方盖的动画	**提问：** 猜一个立体，主视图是正方形，左视图和俯视图都是圆，这是什么立体图形？如何产生它？
教具展示。	该立体是两个完全相同的圆柱体垂直相交的公共部分，称为“牟合方盖”，在其内部可以内切一个半径和圆柱体半径一样大小的球体。 我国古代数学名著《九章算术》中给出的球的体积公式是 $V=\frac{9}{16}d^3$，其中 d 是球的直径。现在我们当然知道这是错误的。魏晋时期的数学家刘徽（约225—约295）在他的著作《九章算术注》中指出《九章算术》中的球体体积公式有误，为得出正确的球体体积公式，刘徽设计出一个独特的立体几何图形，就是牟合方盖。当时他已经知道牟合方盖与其内接球体体积的比为 $4:\pi$，这样只需求出“牟合方盖”的体积便可得到球体的体积公式。 可惜，由于牟合方盖的形状太过复杂，刘徽始终没有计算得出牟合方盖的体积。	展示3D打印教具，更直观地展示牟合方盖。 那么在学习了二重积分的定义后，能否求出牟合方盖的体积？

（续）

教学意图	教学内容	教学环节设计
	（6）牟合方盖的体积 如下图（左）建立空间直角坐标系。 牟合方盖具有很好的对称性质，利用对称性简化体积计算。记V_1为牟合方盖在第一卦限部分（下图中）的体积，则总体积$V=8V_1$。 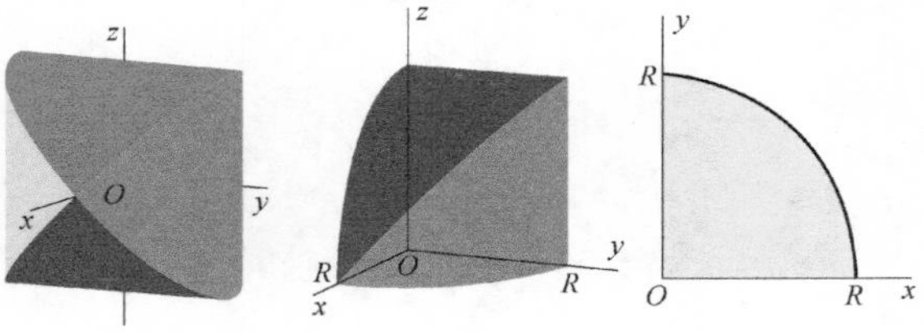 而第一卦限部分的体积V_1的计算问题可以转化为曲顶柱体体积的计算，由二重积分的几何意义，可以表示成二重积分。	时间：1min 展示牟合方盖图形，是否可以简化其体积计算？ 要求出牟合方盖的体积，就要知道如何计算二重积分。
	2. 问题分析（6min）	
介绍平面直角坐标系下二重积分的常见形式。（共1min）	（1）二重积分在平面直角坐标系的形式 设二重积分$\iint\limits_D f(x,y)\mathrm{d}\sigma$存在，注意到积分值与区域$D$的划分方式无关。因此，可以用平行于坐标轴的两组直线对D划分，有$\Delta\sigma=\Delta x\Delta y$，面积元素在平面直角坐标系中的形式为 $\mathrm{d}\sigma=\mathrm{d}x\mathrm{d}y$， 故在平面直角坐标系中二重积分可表示为 $\iint\limits_D f(x,y)\,\mathrm{d}x\mathrm{d}y$。 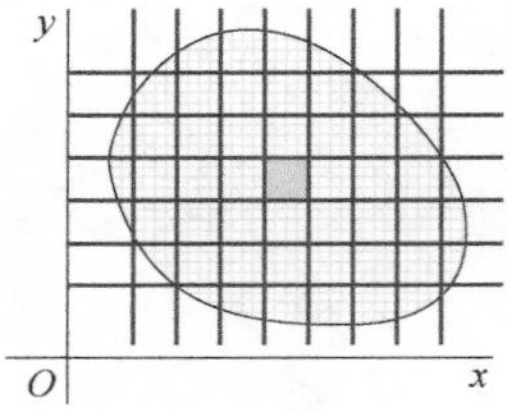	时间：1min 引导思考： 哪种划分方式最简单？ 此时的小区域的面积是什么？
回顾平行截面面积已知的立体体积计算方法。（共2min） 回顾用定积分计算体积的方法。	（2）问题——如何计算曲顶柱体体积 计算依据：平行截面面积为已知的立体体积。 步骤一：设立体V位于两个平行平面$x=a$和$x=b$之间； 步骤二：记$A(x)$为过点x的垂面截得立体的截面的面积； 步骤三：对截面面积$A(x)$在区间$[a,b]$上积分得立体体积。 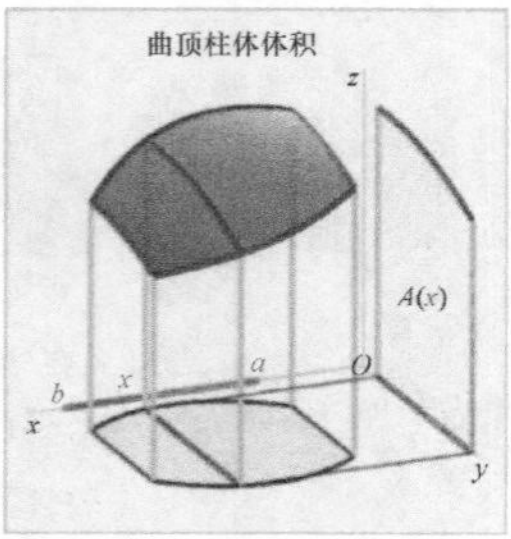 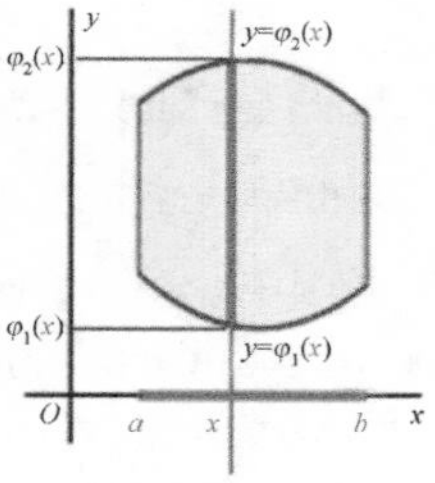 步骤一中立体V位于两个垂直于x轴的平面之间决定了计算时应将立体投影到x轴，从而决定了外层的积分变量和积分区间。步骤二中的截面面积$A(x)$决定了被积函数。步骤三，结合一二两步的结果，将立体体积表示成定积分。	时间：2min 提问： 此时应向哪个坐标轴投影？ 提问：积分区间是什么？是对哪个函数做积分？

（续）

教学意图	教学内容	教学环节设计
推导二重积分的计算方法。（共3min）	下面将曲顶柱体体积的计算转化为平行截面面积已知的立体体积计算问题。 设曲顶柱体的顶面方程为 $z=f(x,\ y)$。曲顶柱体 V 夹在两个平面之间，则 V 在 xOy 平面的投影区域 D 夹在两条直线 $x=a$，$x=b$ 之间。要求投影区域 D 满足：过点 x 处的垂线与 D 内部的交点不多于两个，此时区域 D 可以表示为 D：$\varphi_1(x)\leqslant y\leqslant\varphi_2(x)$，$a\leqslant x\leqslant b$。称具有上述特点的平面区域为X型区域。 则对任意的 $[a,\ b]$ 上的 x，有 $$A(x)=\int_{\varphi_1(x)}^{\varphi_2(x)}f(x,y)\,\mathrm{d}y。$$ 于是 $$V=\int_a^b A(x)\,\mathrm{d}x。$$ 即 $$V=\iint_D f(x,y)\,\mathrm{d}x\mathrm{d}y=\int_a^b\mathrm{d}x\int_{\varphi_1(x)}^{\varphi_2(x)}f(x,y)\,\mathrm{d}y。$$ 上式将表示曲顶柱体的体积的二重积分转化为两次定积分来计算，依次积分便可求得二重积分的值，上式右端的积分简称为二次积分。 这里计算曲顶柱体的体积，自然要求被积函数，即曲顶柱体的顶面函数 $z=f(x,\ y)$ 非负。 而对于一般的被积函数，利用 $$f(x,y)=\frac{1}{2}(f(x,y)+\lvert f(x,y)\rvert)-\frac{1}{2}(\lvert f(x,y)\rvert-f(x,y))$$ 可将其表示为两个非负函数相减，因此，其二重积分依然可以按照上述结论转化为二次积分来计算。	时间：3min 引导思考：截面面积怎么求？ 截面实际上是一个曲边梯形。曲边对应的函数是什么？曲边梯形的底边是哪个区间？如何用定积分表示该曲边梯形的面积？ 思考：如果被积函数在积分区间上变号，如何转化为非负函数的积分，从而可以利用上述化为二次积分的结果？
3. 二重积分的计算（22min）		
介绍X型区域、Y型区域，以及一般区域上的二次积分。（共7min）	（1）二重积分化为二次积分 X型区域：过点 x 处的垂线与 D 边界的交点不多于两个，此时区域 D 可以表示为 D：$\varphi_1(x)\leqslant y\leqslant\varphi_2(x)$，$a\leqslant x\leqslant b$。 内层积分为 $\int_{\varphi_1(x)}^{\varphi_2(x)}f(x,y)\,\mathrm{d}y$， 外层积分为 $\int_a^b\left(\int_{\varphi_1(x)}^{\varphi_2(x)}f(x,y)\,\mathrm{d}y\right)\mathrm{d}x$， 于是二次积分 $\iint_D f(x,y)\,\mathrm{d}x\mathrm{d}y=\int_a^b\mathrm{d}x\int_{\varphi_1(x)}^{\varphi_2(x)}f(x,y)\,\mathrm{d}y$。 Y型区域：过点 y 处的垂线与 D 边界的交点不多于两个，此时区域 D 可以表示为 $$D:\begin{cases}\psi_1(y)\leqslant x\leqslant\psi_2(y),\\ c\leqslant y\leqslant d。\end{cases}$$ 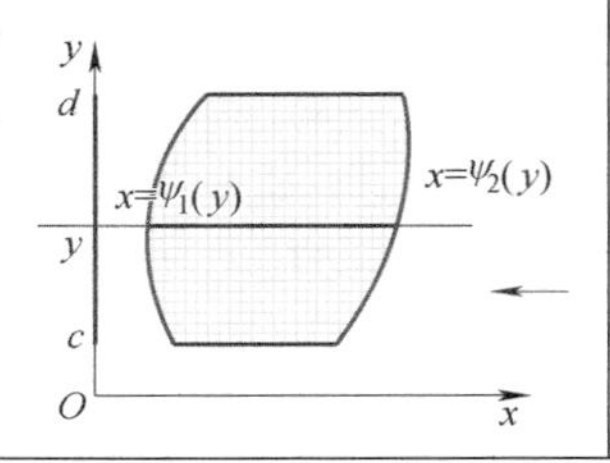 	时间：4min 提问：X型区域的上下边界曲线对应什么形式的函数？ 是否有其他形式的区域？ Y型区域的左右边界曲线对应什么形式的函数？

（续）

教学意图	教学内容	教学环节设计
	内层积分为 $\int_{\psi_1(y)}^{\psi_2(y)} f(x,y)\,\mathrm{d}x$， 外层积分为 $\int_c^d \left(\int_{\psi_1(y)}^{\psi_2(y)} f(x,y)\,\mathrm{d}x\right)\mathrm{d}y$， 于是二次积分 $\iint\limits_D f(x,y)\,\mathrm{d}x\mathrm{d}y = \int_c^d \mathrm{d}y \int_{\psi_1(y)}^{\psi_2(y)} f(x,y)\,\mathrm{d}x$。	
介绍二次积分交换积分顺序的公式。 介绍复杂区域上的二重积分计算方法。	若 D 既是 X 型区域，又是 Y 型区域（右图），则二次积分可以交换积分顺序 $\int_a^b \mathrm{d}x \int_{\varphi_1(x)}^{\varphi_2(x)} f(x,y)\,\mathrm{d}y$ $= \int_c^d \mathrm{d}y \int_{\psi_1(y)}^{\psi_2(y)} f(x,y)\,\mathrm{d}x$。 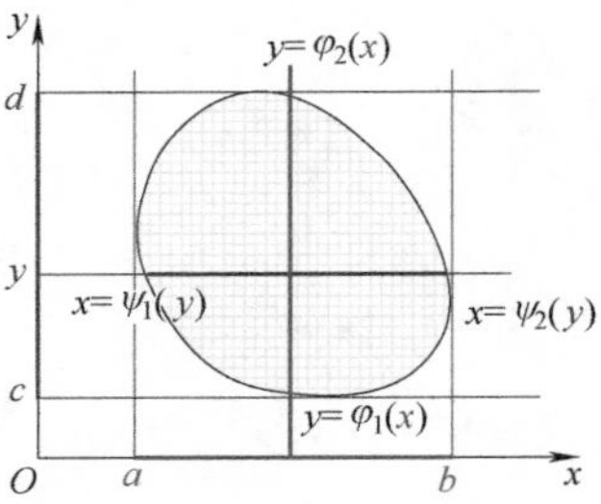 若 D 既不是 X 型区域，又不是 Y 型区域（右图），则可通过划分将其视为若干 X 型区域或 Y 型区域之并。 分别求出每个子区域上的二重积分值，再利用二重积分关于积分区域的可加性，将子区域上的积分值相加即为整个区域上的二重积分值。 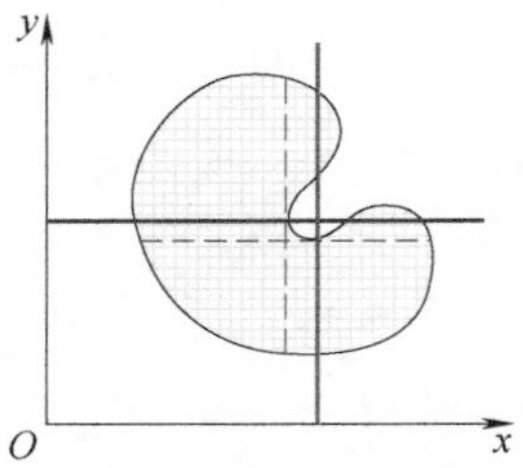	时间：3min 任给一个平面区域一定是 X 型区域或 Y 型区域？ 请动手画一下，思考是否有既是 X 型区域，又是 Y 型区域？其上的两种二次积分有何关系？
介绍二重积分的计算步骤。（共3min） 详细介绍 X 型区域上的二重积分具体计算步骤。	（2）二重积分的计算步骤： 第一步：选择积分顺序， 第二步：写出二次积分， 第三步：计算二次积分。 积分顺序是计算二重积分的关键，其选择依赖于两点，一是积分区域，一是被积函数。选择的原则应是使得积分可行且方便。 对于 X 型区域： ➢ 积分区域 D 向 x 轴投影，确定投影范围 $[a,\ b]$； ➢ 确定下曲线 $L_{下}$：$y=\varphi_1(x)$，和上曲线 $L_{上}$：$y=\varphi_2(x)$； ➢ D 的表达式： $\varphi_1(x) \leqslant y \leqslant \varphi_2(x),\ a \leqslant x \leqslant b$； ➢ 二次积分： $\int_a^b \mathrm{d}x \int_{\varphi_1(x)}^{\varphi_2(x)} f(x,y)\,\mathrm{d}y$； ➢ 二次积分顺序：先 y 后 x。 具体计算时先将被积函数 $f(x,\ y)$ 中的 x 视作常数，将其看作自变量为 y 的一元函数，计算其在区间 $[\varphi_1(x),\ \varphi_2(x)]$ 上的（内层）定积分；内层积分结果为自变量为 x 的一元函数，再计算外层的关于 x 的定积分。 对于 Y 型区域：	时间：3min 整理二重积分的计算步骤。 针对两种基本区域详细整理二重积分化二次积分的步骤。

（续）

教学意图	教学内容	教学环节设计
详细介绍Y型区域上的二重积分具体计算步骤。	➢ D 向 y 轴投影，确定投影范围 $[c,\ d]$； ➢ 确定左曲线 $L_{左}$：$x=\psi_1(y)$，和右曲线 $L_{右}$：$x=\psi_2(y)$； ➢ D 的表达式： $$\psi_1(y)\leqslant x\leqslant\psi_2(y),\ c\leqslant y\leqslant d;$$ ➢ 二次积分： $$\int_c^d \mathrm{d}y\int_{\psi_1(y)}^{\psi_2(y)} f(x,y)\,\mathrm{d}x;$$ ➢ 二次积分顺序：先 x 后 y。 具体计算时先将被积函数 $f(x,\ y)$ 中的 y 视作常数，将其看作自变量为 x 的一元函数，计算其在区间 $[\psi_1(x),\ \psi_2(x)]$ 上的（内层）定积分；内层积分结果为自变量为 y 的一元函数，再计算外层的关于 y 的定积分。	Y型区域的情形与X型区域的情形是对称的。
通过具体问题介绍二重积分的计算方法和基本技巧。（共8min）	（3）二重积分的计算例题分析 例1：计算 $I=\iint\limits_D(x^2+y^2)\,\mathrm{d}x\mathrm{d}y$，其中区域 D 为由直线 $y=x$，$y=\frac{x}{2}$，$x=1$，$x=2$ 围成的区域。 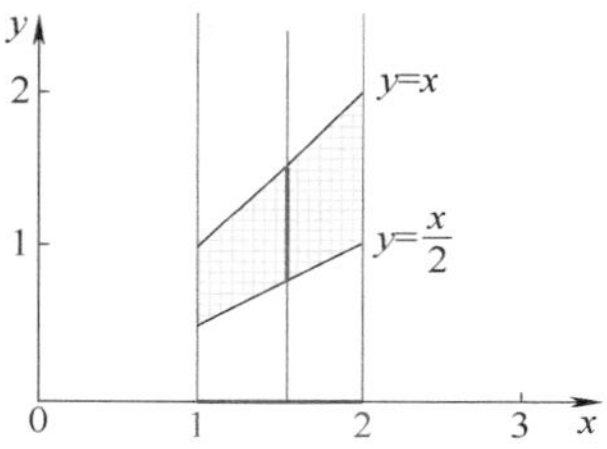 解：画出积分区域 D 如右图所示。D 是X型区域，表示为 D：$\frac{x}{2}\leqslant y\leqslant x$，$1\leqslant x\leqslant 2$。 于是 $$I=\int_1^2 \mathrm{d}x\int_{\frac{x}{2}}^{x}(x^2+y^2)\,\mathrm{d}y=\int_1^2\left(x^2\cdot\frac{x}{2}+\frac{1}{3}y^3\Big\vert_{\frac{x}{2}}^{x}\right)\mathrm{d}x$$ $$=\frac{19}{24}\int_1^2 x^3\,\mathrm{d}x=\frac{95}{32}。$$	时间：4min 注意例题计算过程中是如何选择积分顺序的。 提问：D 是X型区域还是Y型区域？
通过具体问题，介绍二重积分化二次积分的积分顺序选择方法。	例2：计算 $I=\iint\limits_D x^2\mathrm{e}^{-y^2}\,\mathrm{d}x\mathrm{d}y$，其中区域 D 为由直线 $y=x$，$y=1$，y 轴围成的区域。 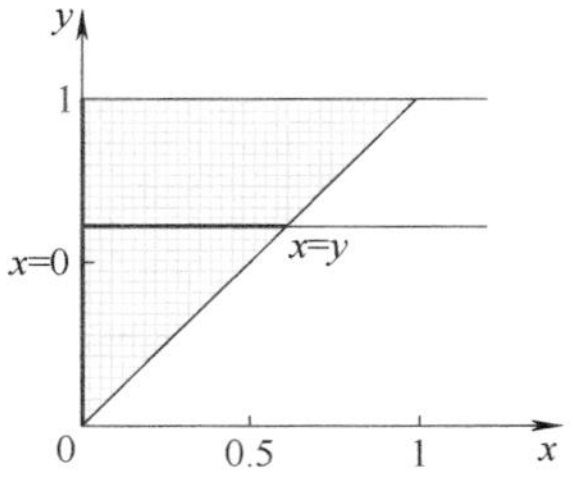 解：画出积分区域 D 如右图所示。将 D 看作Y型区域，表示为 D：$0\leqslant x\leqslant y$，$0\leqslant y\leqslant 1$。 于是 $$I=\int_0^1 \mathrm{d}y\int_0^y x^2\mathrm{e}^{-y^2}\,\mathrm{d}x=\frac{1}{3}\int_0^1 \mathrm{e}^{-y^2}y^3\,\mathrm{d}y$$ $$=\frac{1}{6}\int_0^1 \mathrm{e}^{-y^2}y^2\,\mathrm{d}y^2。$$ 令 $y^2=t$，做变量代换，再使用分部积分公式得 $$I=\frac{1}{6}\int_0^1 \mathrm{e}^{-t}t\,\mathrm{d}t=-\frac{1}{6}\left(t\mathrm{e}^{-t}\Big\vert_0^1-\int_0^1\mathrm{e}^{-t}\,\mathrm{d}t\right)=\frac{1}{6}\left(1-\frac{2}{\mathrm{e}}\right)。$$	时间：4min 提问： 区域本身既是X型区域，又是Y型区域，应如何选择积分顺序？ 该例题是否可将积分区域看成X型区域来计算？ 应根据具体的被积函数来选择。

（续）

教学意图	教学内容	教学环节设计
通过具体问题介绍由二次积分交换积分顺序的方法。（共4min） 介绍二次积分上下限的确定方法。	例 3：交换积分顺序 $I=\int_0^{2a}\mathrm{d}x\int_{\sqrt{2ax-x^2}}^{\sqrt{2ax}}f(x,y)\mathrm{d}y$。 解：先画出对应的二重积分的积分区域 D 如右图所示。 该区域不是 Y 型区域，要交换积分顺序，需将该区域分成三个 Y 型区域，即 $D=D_1\cup D_2\cup D_3$，其中 $D_1:\ \dfrac{y^2}{2a}\leqslant x\leqslant a-\sqrt{a^2-y^2},\ 0\leqslant y\leqslant a;$ $D_2:\ a+\sqrt{a^2-y^2}\leqslant x\leqslant 2a,\ 0\leqslant y\leqslant a;$ $D_3:\ \dfrac{y^2}{2a}\leqslant x\leqslant 2a,\ a\leqslant y\leqslant 2a。$ 因此 $I=\iint\limits_{D}f(x,y)\mathrm{d}x\mathrm{d}y$ $=\iint\limits_{D_1}f(x,y)\mathrm{d}x\mathrm{d}y+\iint\limits_{D_2}f(x,y)\mathrm{d}x\mathrm{d}y+\iint\limits_{D_3}f(x,y)\mathrm{d}x\mathrm{d}y$ $=\int_0^a\mathrm{d}y\int_{\frac{y^2}{2a}}^{a-\sqrt{a^2-y^2}}f(x,y)\mathrm{d}x+\int_0^a\mathrm{d}y\int_{a+\sqrt{a^2-y^2}}^{2a}f(x,y)\mathrm{d}x+\int_a^{2a}\mathrm{d}y\int_{\frac{y^2}{2a}}^{2a}f(x,y)\mathrm{d}x。$	时间：4min 请学生动手画出积分区域，并计算交换积分顺序。 提问：应将三个小区域看成什么型区域？
4. 问题求解（4min）		
介绍牟合方盖的体积解答。（共4min）	牟合方盖的体积求解： 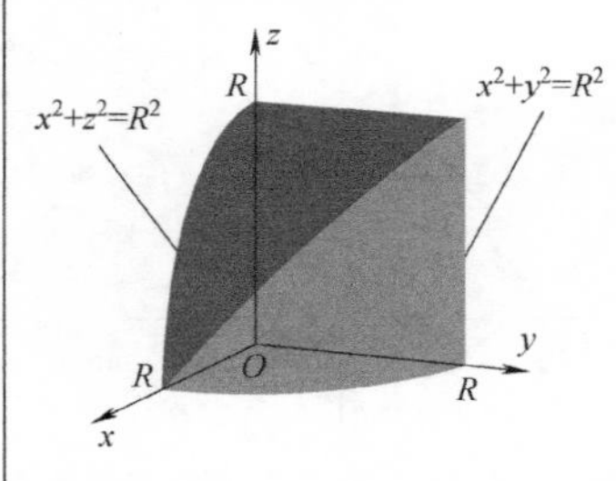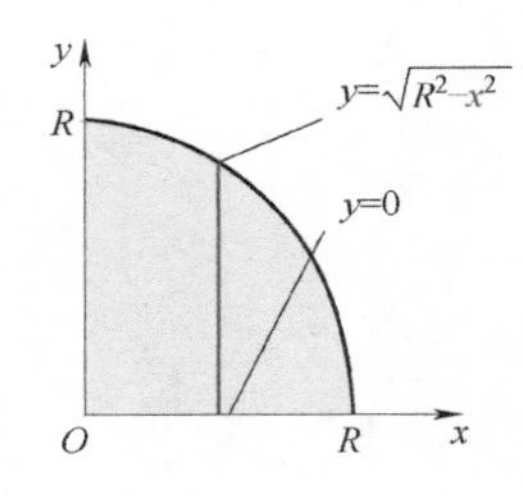 在新课导入中，已将牟合方盖体积求解问题转化为曲顶柱体体积的计算问题。该曲顶柱体的曲顶方程为 $z=\sqrt{R^2-x^2}$，投影区域为 D：$x^2+y^2\leqslant R^2$，$x\geqslant 0$，$y\geqslant 0$；于是牟合方盖在第一卦限部分的体积 $V_1=\iint\limits_{D}\sqrt{R^2-x^2}\mathrm{d}x\mathrm{d}y=\int_0^R\mathrm{d}x\int_0^{\sqrt{R^2-x^2}}\sqrt{R^2-x^2}\mathrm{d}y$ $=\int_0^R(R^2-x^2)\mathrm{d}x=R^3-\dfrac{1}{3}R^3=\dfrac{2}{3}R^3,$ 因此，整个牟合方盖的体积为 $V=8V_1=\dfrac{16}{3}R^3$。 由牟合方盖与内切球的体积之比为 4 : π，因此半径为 R 的球体的体积为 $V_{球}=\dfrac{4}{3}\pi R^3$。	时间：3min 提问：曲顶方程是什么？对应的积分区域如何？ 请动手计算该二重积分，应选择怎样的积分顺序？

（续）

教学意图	教学内容	教学环节设计
介绍相关的历史故事。	在刘徽之后两百多年，我国数学家祖冲之及他的儿子祖暅承袭了刘徽的想法，利用“牟合方盖”彻底地解决了球体体积公式的问题。祖暅使用“幂势既同，则积不容异”的定理计算出了牟合方盖的体积，从而得到了正确的球体体积公式。这个定理，即是“等高处截面面积相等，则两立体的体积相等”，现在一般认为是由意大利数学家卡瓦列利（1598—1647）首先发现，称为卡瓦列利原理。但事实上祖氏父子比他早一千年就发现并使用了这个原理，因此该定理又称“祖暅原理”。	时间：1min 介绍数学史资料，激发学生学习热情。
	5. 小结与拓展思考（7min）	
二重积分的计算小结。（共2min） 小结二重积分的基本计算方法。	本次课利用平行截面面积已知立体的体积计算方法，给出了化二重积分为二次积分的计算方法。 二重积分的计算步骤： （1）选择积分顺序； （2）写出二次积分； （3）计算二次积分。 对于X型区域，积分区域D可以表示为 D：$\varphi_1(x)\leqslant y\leqslant\varphi_2(x),a\leqslant x\leqslant b$。 二次积分 $\iint\limits_D f(x,y)\mathrm{d}x\mathrm{d}y=\int_a^b\mathrm{d}x\int_{\varphi_1(x)}^{\varphi_2(x)}f(x,y)\mathrm{d}y$。 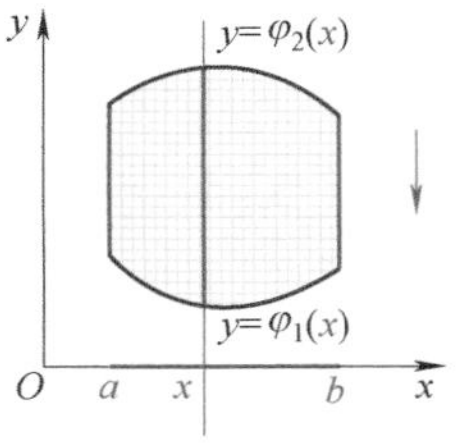 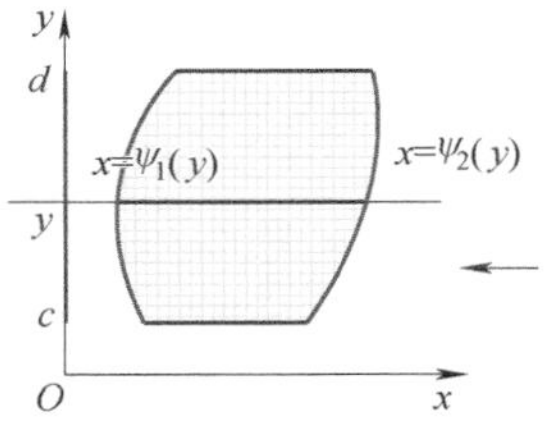 对于Y型区域，积分区域D可以表示为 D：$\psi_1(y)\leqslant x\leqslant\psi_2(y)$，$c\leqslant y\leqslant d$。 二次积分 $\iint\limits_D f(x,y)\mathrm{d}x\mathrm{d}y=\int_c^d\mathrm{d}y\int_{\psi_1(y)}^{\psi_2(y)}f(x,y)\mathrm{d}x$。 对于既是X型，又是Y型的积分区域（下左图），则二次积分可以交换积分顺序 $\int_a^b\mathrm{d}x\int_{\varphi_1(x)}^{\varphi_2(x)}f(x,y)\mathrm{d}y=\int_c^d\mathrm{d}y\int_{\psi_1(y)}^{\psi_2(y)}f(x,y)\mathrm{d}x$。 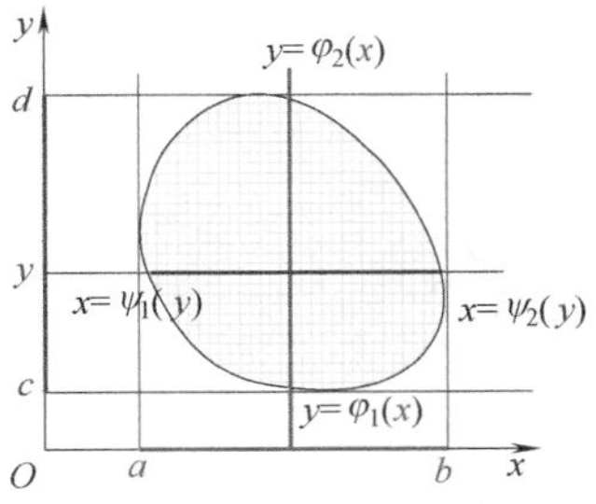 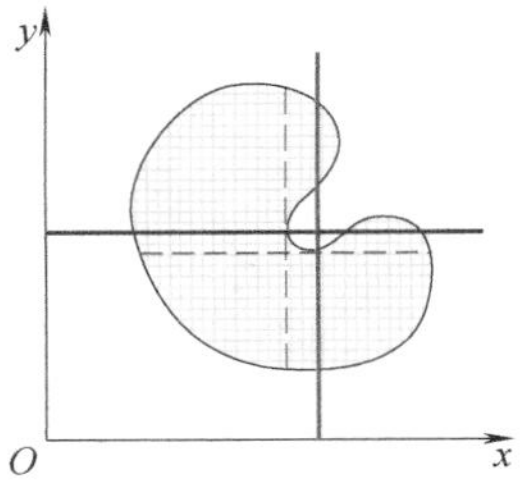	时间：2min 单元小结，回顾本次课的主要内容。 强调本次课的重点和难点。 总结二重积分顺序选择的原则。

（续）

教学意图	教学内容	教学环节设计
	对于既不是X型，又不是Y型的积分区域（上图右），则可通过划分将其视为若干X型区域或Y型区域之并。分别求出每个子区域上的二重积分值，再将子区域上的积分值相加即为整个区域上的二重积分值。 在选择积分顺序时，应综合考虑区域特点和被积函数的形式，保证内外层积分都能够顺利方便地求出。	
拓展思考（共5min） 分析牟合方盖的结构特点。 展示“牟合五盖”动画。 展示自制教具。 “牟合六盖”的图形。	观察牟合方盖和它的内切球的截面，可以发现每个截面都是一个正方形与它的内切圆，它们的面积比正好是4∶π。因此牟合方盖和它的内切球的体积比也是4∶π。 顺着刘徽的思路，截面积比恒定，则体积比恒定。 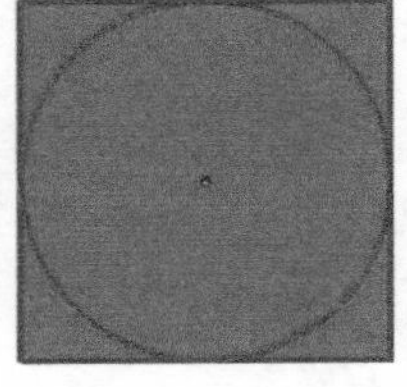 若将正方形换成正五边形，结果会怎样呢？通过动态演示我们从牟合方盖演生出“牟合五盖”。 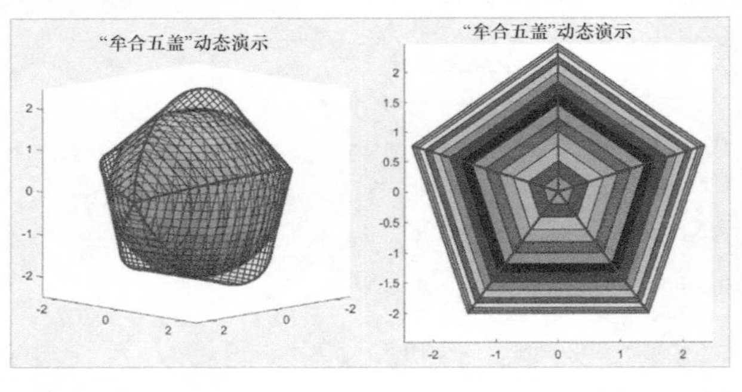 （1）思考一 “牟合六盖”的体积是多少？图如下： 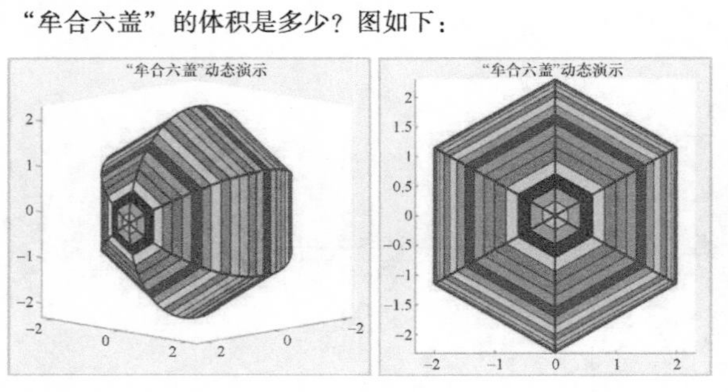	时间：5min 引导思考： 刘徽为什么会知道牟合方盖与其内切球的体积比是4∶π？ 展示牟合方盖截面动画，从直观上解释牟合方盖与其内切球的体积比是4∶π的原因。 观察“牟合五盖”的图形和3D打印出的“牟合五盖”教具。  

（续）

教学意图	教学内容	教学环节设计
展示牟合二十盖的图形，推广问题。	（2）思考二 “牟合 n 盖”的每个截面应是一个正 n 边形。那么，牟合 n 盖的体积是多少？ 当 n 趋于无穷大时，牟合 n 盖的体积的极限是多少？ “牟合二十盖”动态演示 “牟合二十盖”动态演示	想象其立体图形猜测 n 无限大时的牟合 n 盖体积是多少。并给出证明。

四、学情分析与教学评价

本教学内容的对象为理工科一年级第二学期的学生，通过第一学期高等数学及本学期线性代数的学习，他们具备了一定的数学思想和素养。

通过第一学期的大学学习，学生初步适应了大学生活，具备了较为充分的学习心理准备，独立学习能力日益增强。在教学过程中适当提高难度与计算复杂度，通过我国数学家刘徽、祖冲之和祖暅父子利用牟合方盖寻求球体体积公式的数学史资料的介绍，激发学生的学习兴趣，提高学生的数学修养和学习热情。

针对重难点内容，通过对平行截面面积已知立体的体积计算过程的详细分析、并结合动画直观演示，帮助学生理解二重积分化为二次积分公式的推导过程。通过对二重积分计算步骤的详细分析归纳，帮助学生掌握二重积分在直角坐标系下的计算方法。结合具体例题，帮助学生掌握二次积分顺序选择的原则和技巧，以及确定积分上下限的方法。加强课堂互动，引导学生在学习过程中发现问题，思考问题，让学生体验如何利用一元微积分的结果推导二重积分的计算公式。结合数学史资料，增加学生的数学史知识，激发学生的学习兴趣。

五、预习任务与课后作业

预习　利用极坐标系计算二重积分。

作业

1. 计算下列二重积分。

(1) $\iint\limits_D (x^2+y^2)\,\mathrm{d}x\mathrm{d}y$，其中 $D=\{(x,y)\,|\,|x|\leqslant 1,|y|\leqslant 1\}$；

(2) $\iint\limits_D x\cos(x+y)\,\mathrm{d}x\mathrm{d}y$，其中 D 是顶点分别为 $(0,0)$，$(\pi,0)$，(π,π) 的三角形闭区域。

2. 画出积分区域，并计算下列二重积分。

(1) $\iint\limits_D x\sqrt{y}\,\mathrm{d}x\mathrm{d}y$，其中 D 是由两条抛物线 $y=\sqrt{x}$，$y=x^2$ 围成的闭区域；

(2) $\iint\limits_D xy^2\,\mathrm{d}\sigma$，其中 D 是由 $x^2+y^2=4$ 和 y 轴围成的右半闭区域。

3. 设 $f(x,y)$ 连续，交换下列各二次积分的积分次序。

(1) $\int_1^2 \mathrm{d}x \int_{2-x}^{\sqrt{2x-x^2}} f(x,y)\,\mathrm{d}y$；

(2) $\int_0^{\pi} \mathrm{d}x \int_{-\sin\frac{x}{2}}^{\sin x} f(x,y)\,\mathrm{d}y$；

(3) $\int_{-1}^0 \mathrm{d}y \int_{y^2}^1 f(x,y)\,\mathrm{d}x + \int_0^1 \mathrm{d}y \int_y^1 f(x,y)\,\mathrm{d}x$。

4. 计算下列各二次积分（的和）。

(1) $\int_0^{\sqrt{\pi}} \mathrm{d}x \int_x^{\sqrt{\pi}} \sin(y^2)\,\mathrm{d}y$；

(2) $\int_1^2 \mathrm{d}x \int_{\sqrt{x}}^{x} \sin\frac{\pi x}{2y}\,\mathrm{d}y + \int_2^4 \mathrm{d}x \int_{\sqrt{x}}^{2} \sin\frac{\pi x}{2y}\,\mathrm{d}y$。

曲面的面积

一、教学目标

在掌握了二重积分和三重积分的基本概念、性质和计算方法的基础上，本次课将进一步学习重积分的几何应用和物理应用。重积分的应用非常广泛，不仅在理论的相关领域有着重要的应用，而且在实际问题中也发挥着重要的作用，因此对重积分及其应用进行更深层次的研究和探讨是十分必要的。通过探索重积分在各个领域中的应用，提高解题的效率，改进用基本方法解决重积分问题的能力，并提高用重积分解决实际问题的应用能力。

在第 4 章定积分的元素法一节，我们已经学习了通过“划分、近似、求和、取极限”四个步骤建立定积分并以此计算功、压力等实际问题。和定积分类似，本节将把元素法推广到重积分的情形，并运用重积分的元素法来计算空间曲面的面积。此外重积分的应用还包括计算物体的质心、转动惯量、引力等问题。

本次课的教学目标是：

1. 学好基础知识，掌握二重积分的元素法。
2. 掌握基本技能，能够运用二重积分元素法计算曲面的面积。
3. 培养思维能力，能够运用重积分的基本思想解决一些有实际背景的问题。

二、教学内容

1. 教学内容

1）理解重积分元素法的使用条件；

2）理解重积分元素法的一般步骤和公式；

3）应用重积分计算空间曲面的面积；

4）应用参数方程计算曲面面积。

2. 教学重点

1）掌握元素法的基本思想；

2）掌握元素法计算曲面面积的基本步骤和公式；

3）掌握重积分在计算空间曲面面积等问题的应用。

3. 教学难点

1）元素法思想的理解；

2）应用重积分元素法解决实际问题。

三、教学进程安排

1. 教学进程框图（45min）

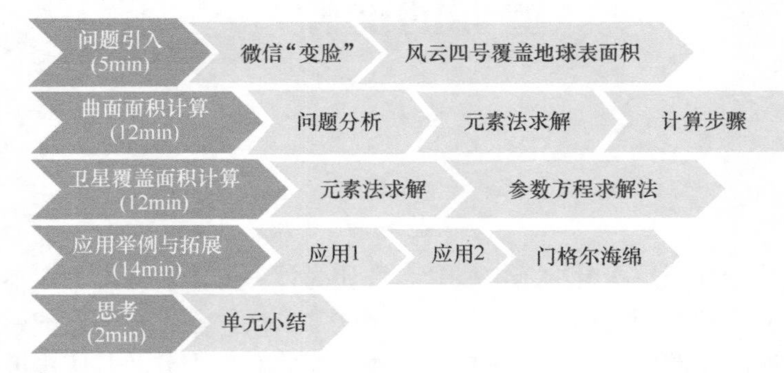

2. 教学环节设计

教学意图	教学内容	教学环节设计
	1. 问题引入（5min）	
梳理本次课之前学过的特殊曲面的方程，引入本节内容。（共4min）	（1）遥感气象卫星“风云四号” 2017年9月25日下午5时，陪伴人们六年的微信启动界面改变了。9月25日至9月28日期间，用户在微信启动时画面上那个小小的身影看到的不再是非洲大陆，而是我们的祖国！它是我国新一代静止轨道定量遥感气象卫星“风云四号”从太空拍摄的最新气象云图。 （2）“蓝色弹珠”地球照片   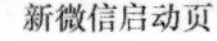 新微信启动页　　蓝色弹珠	时间：4min 提问式复习，达到以下目的： 1）引起学生的注意，使学生尽快进入上课状态； 2）考察上节课程内容的掌握情况，对学生的回答进行评述； 3）考勤。 提问：大家使用微信这么久，有没有注意到微信“变脸”？
以微信“变脸”和“风云四号”的新闻热点激发学生的学习兴趣。	之前的背景照片，选用的是NASA在全世界范围公开的第一张完整的地球照片，画面中所显示的是非洲大陆，名为“蓝色弹珠”，这是人类第一次从太空中看到地球的全貌。1972年12月7日，美国阿波罗17号宇宙飞船的宇航员拍下了蓝色弹珠地球照片。这是第一张能清晰拍到地球发亮一面的照片。阿波罗17号是人类迄今为止最后一次登月任务，那之后再没有人能在这样的距离拍摄到如“蓝色弹珠”般的整个地球的照片。 （3）微信启动页“变脸” “风云四号”是目前最牛的“地球摄影师”。和上一代相比，它的观测时间分辨率提高了1倍；空间分辨率提高了6倍；整星观测数据量提高了160倍；大气温度和湿度观测能力提高了上千倍。为了庆祝“风云四号”取得的巨大突破，微信启动页6年来首次“变脸”。	提问：微信“变脸”前后的照片都是谁拍摄的呢？

（续）

教学意图	教学内容	教学环节设计
	 微信登录界面使用的原始云图  2017.9.25~2017.9.28微信启动页	
	（4）风云四号大事年表 风云四号气象卫星的研制花了 15 年的时间，这之间还经历了不少曲折。最值得一提的是，风云四号的核心技术都是中国的，打的是纯正的中国牌。 立项：风云四号气象卫星工程进入立项阶段，标志风云四号工程正式启动 2008.10.10 成功发射：零时11分，在西昌卫星发射中心用长征三号乙运载火箭成功发射风云四号卫星(A星) 2016.12.11 首幅静止轨道地球大气高光谱图亮相：随着风云四号A星获取首批图像和数据，世界第一幅静止轨道地球大气高光谱图正式亮相 2017.2.27 举行交付仪式：中国新一代静止轨道气象卫星风云四号正式交付用户投入使用，标志着中国静止轨道气象卫星观测系统实现了更新换代 2017.9.25 正式投入业务运行：风云四号A星正式投入业务运行，开始为全球70多个国家和地区、国内2500家用户提供卫星资料和产品 2018.5.1	提问：风云四号的杰出贡献大家了解吗？
课堂互动。	（5）风云四号与腾讯的合作 此次微信换脸，是腾讯与气象部门的首次合作。接下来，腾讯公司将与气象部门进行各种合作。腾讯将借助微信等平台，以及多种形式媒体资源，进一步助力扩大天气预报、微信云图产品服务、科普等受众覆盖面。  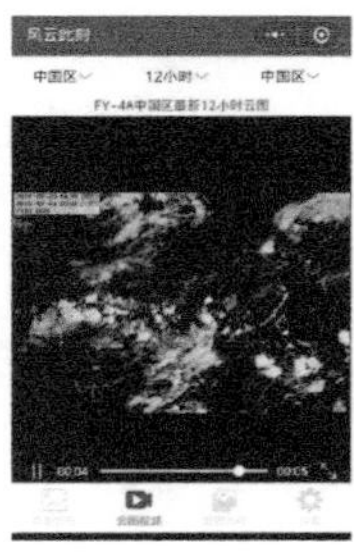 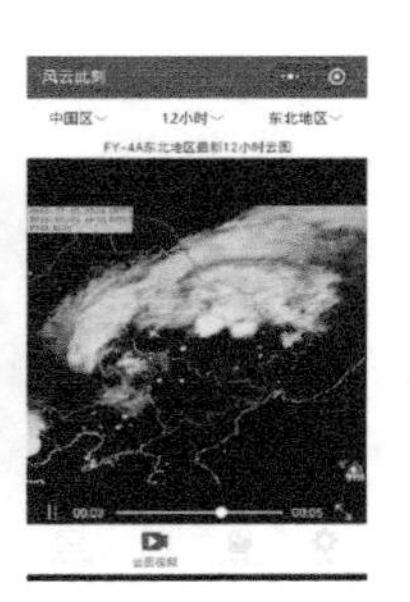	提问： 让学生用手机卫星观看卫星云图，活跃现场气氛。
	打开微信小程序“风云此刻”，可以看中国及其各地区最新 12 ~ 72h 云图。 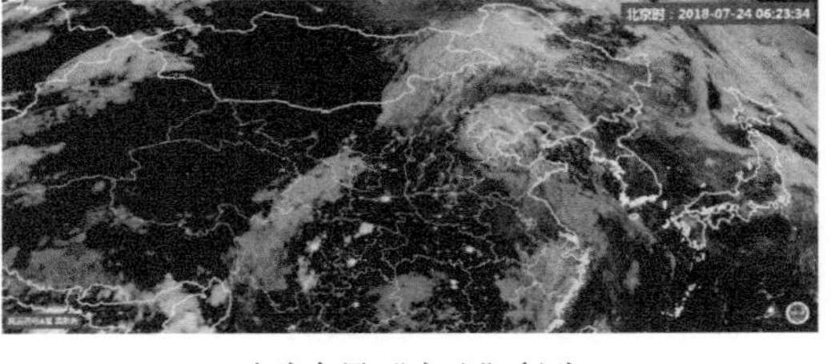 追踪台风“安比”行踪	在 2018 年 7 月下旬的台风“安比”过境时，风云四号每 6min 观测一次。这是动态的云图。

（续）

教学意图	教学内容	教学环节设计
提出本节需要解决的问题。（共1min） 动画程序展示。	（6）提出问题——“风云四号”覆盖地球面积应如何计算？ 首先将该实际问题简化：风云四号是同步轨道通信卫星，它的轨道位于地球赤道平面内，将其近似看作是圆形轨道。它运行的角速率与地球自转的角速率相同。所以人们看到它在天空中的位置是不变的。 为此，设计了一个动画程序，展示风云四号A星的纬度，以及覆盖面的含义。 同步卫星的地球覆盖面积，实际上就是球冠的面积。 风云四号A星轨道位置 东经=99.5° 风云四号A星所覆盖地球面积	时间：1min 借助风云四号的话题，提出了本节的问题。 通过数值模拟来观察风云四号A星的纬度，并了解覆盖面积。
2. 曲面面积计算（12min）		
给出曲面面积计算的元素法及步骤。（共4min）	（1）曲面块面积 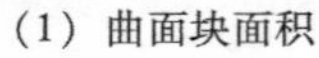  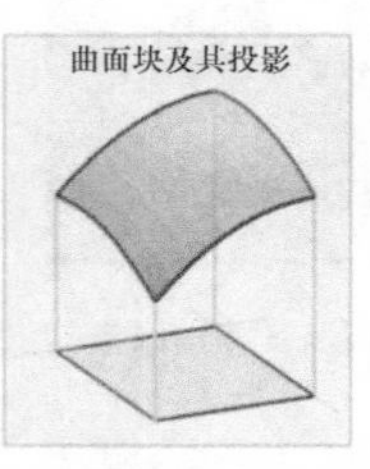 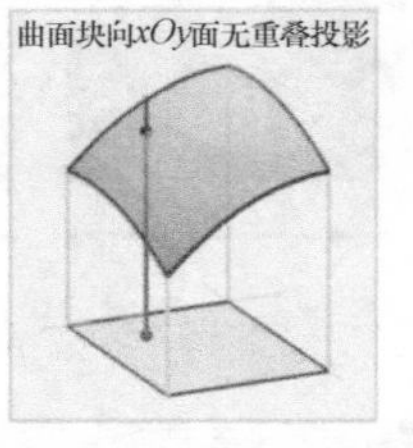 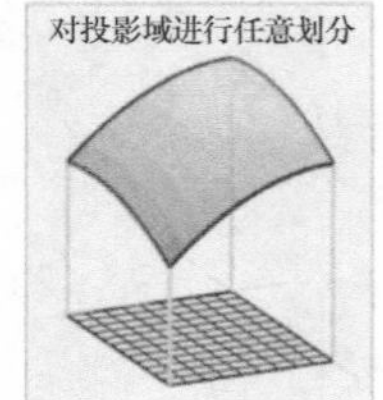  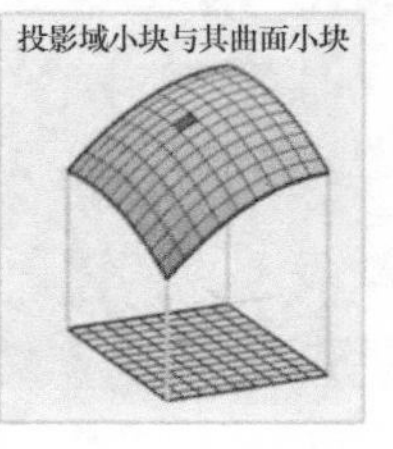	时间：4min <u>引导思考：</u> 从定积分的元素法出发，深入体会元素法的基本思想。

（续）

教学意图	教学内容	教学环节设计
动画程序展示。	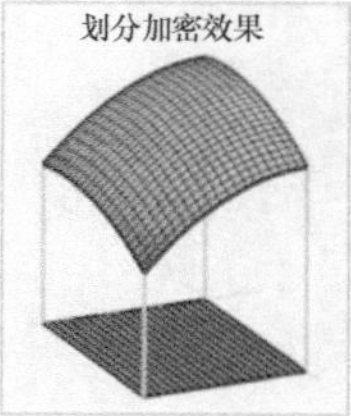  将上一问题进一步简化为计算某曲面块图形的面积。 首先将其置于直角坐标系内，并将该曲面块向下方的 xOy 平面投影，如图中粉色投影区域所示。此时需注意如下两点： 1）该曲面块对应的函数应为单值函数，即图中曲面块向 xOy 面投影无重叠部分； 2）其一阶连续偏导存在。 根据定积分元素法的基本思想，对该投影区域进行任意划分。那么曲面块也会有相应的划分。经过划分后投影区域的每个小块与小曲面块一一对应，若近似计算各小曲面块面积并求和便是所求曲面块整体的近似面积。之后再进一步加密划分求和并取极限后便可计算得到曲面块的面积。 这一思考的过程可以归纳为“投影→划分→近似→逼近”这四个步骤，其中近似的过程是关键也是难点。 针对这四步，做了一个动画程序。  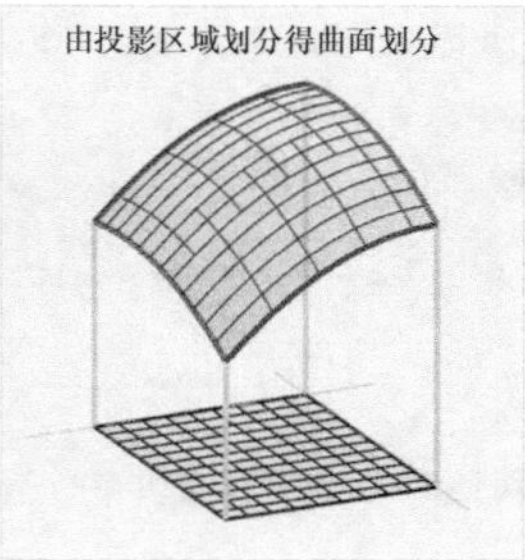	提问：元素法求解的条件是什么？ 通过数值模拟来观察解决曲面面积的步骤和思想。
介绍元素法分析过程。（共5min）	（2）曲面面积——元素法 设曲面方程 S：$z=f(x, y)$；曲面块 S 在 xOy 面上的投影为 D；函数 $f(x, y)$ 在 D 上单值且具有连续偏导数。求曲面块 S 的面积 A。$A\sim(x, y)\in D$。 1）分析： 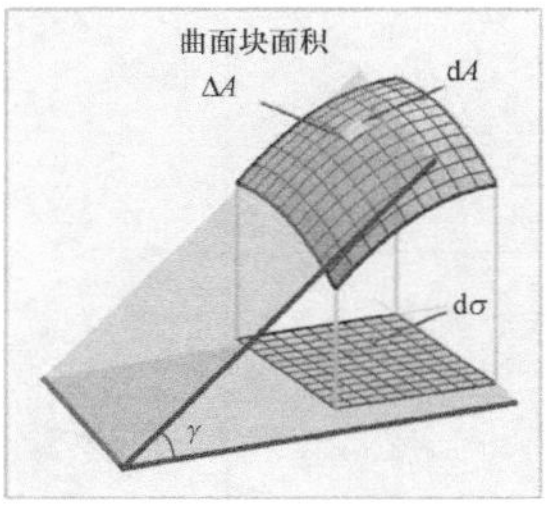 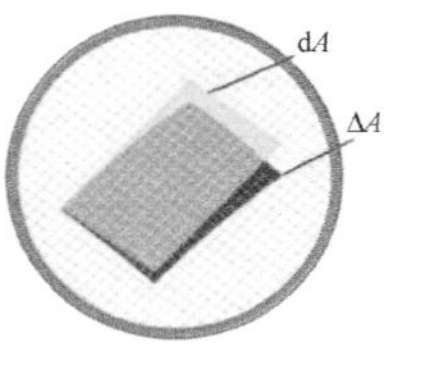	时间：5min 板书： 需求解的重要元素与相互关系。 提问：定积分元素法的基本步骤是什么？

（续）

<table>
<tr><th>教学意图</th><th>教学内容</th><th>教学环节设计</th></tr>
<tr><td></td><td>
首先将投影面划分，其中任取小区域 $d\sigma$ 与其对应的小曲面块 ΔA，再找 ΔA 的近似值 dA，然后任取点 $P(x,\ y)\in d\sigma$，曲面在点 $M(x,\ y,\ f(x,\ y))$处有切平面 π，在点 $M(x,\ y,\ f(x,\ y))$处向上的法向量$\boldsymbol{n}=(-f_x,\ -f_y,\ 1)$ 且有$\frac{1}{|\boldsymbol{n}|}\boldsymbol{n}=\left(-\frac{1}{|\boldsymbol{n}|}f_x,\ -\frac{1}{|\boldsymbol{n}|}f_y,\ \frac{1}{|\boldsymbol{n}|}\right)$，同时该平面与 xOy 坐标平面的夹角为 γ。

2）元素法：
$d\sigma$——投影区域内任取的小区域；
ΔA——$d\sigma$ 对应的曲面小块面积；
dA——ΔA 的近似值（曲面面积元素），即 $d\sigma$ 对应的切平面小块的面积。
于是
$$d\sigma=\cos\gamma dA\Rightarrow dA=\frac{1}{\cos\gamma}d\sigma$$
$$\Rightarrow dA=\sqrt{1+f_x^2+f_y^2}d\sigma,$$
做积分
$$A=\iint_D dA=\iint_D\sqrt{1+f_x^2+f_y^2}d\sigma,$$
便可计算得到曲面的面积了。
</td><td>
强调应用元素法的条件。

<u>反馈：</u>
肯定学生的正确回答，并给予鼓励。
</td></tr>
<tr><td>介绍计算曲面面积的一般步骤和常用公式。（共3min）</td><td>
（3）曲面面积——求解步骤
1）决定积分变量：将曲面投影到 xOy 平面，将 z 表示成 x，y 的函数，即 $F(x,y,z)=0\Rightarrow z=f(x,\ y)$；
2）决定分区域：投影区域$(x,\ y)\in D_{xy}$；
3）决定面积元素：$dA=\sqrt{1+f_x^2+f_y^2}dxdy$；
4）积分求面积：$A=\iint_D\sqrt{1+f_x^2+f_y^2}dxdy$。
当然也可以将曲面向其他两个坐标平面投影，基本思想一样，具体公式如下：
<table>
<tr><th>投影坐标面</th><th>曲面方程</th><th>曲面面积 A 计算公式</th></tr>
<tr><td>$D_{xy}\subset xOy$ 面</td><td>$z=z(x,\ y)$，$(x,\ y)\in D_{xy}$</td><td>$\iint_{Dxy}\sqrt{1+z_x^2+z_y^2}dxdy$</td></tr>
<tr><td>$D_{yz}\subset yOz$ 面</td><td>$x=x(y,\ z)$，$(y,\ z)\in D_{yz}$</td><td>$\iint_{Dyz}\sqrt{1+x_y^2+x_z^2}dydz$</td></tr>
<tr><td>$D_{zx}\subset zOx$ 面</td><td>$y=y(z,\ x)$，$(z,\ x)\in D_{zx}$</td><td>$\iint_{Dzx}\sqrt{1+y_z^2+y_x^2}dzdx$</td></tr>
</table>
</td><td>
时间：3min
<u>提问：</u>该曲面可以向另外两个坐标平面投影吗？
</td></tr>
</table>

（续）

教学意图	教学内容	教学环节设计
3. 卫星覆盖面积计算（12min）		
详细讲解卫星覆盖面积问题的解答过程。（共7min） 根据实际数据求解风云四号A星覆盖地球表面的面积。	（1）地球同步轨道卫星覆盖面积计算——元素法 设有一颗地球静止轨道同步卫星，其运行轨道位于地球的赤道平面内，距地面的高度为 $h=36000\text{km}$，运行的角速度与地球自转的角速度相同。假设地球是球体，计算该卫星所覆盖曲面的面积（地球半径 $R=6400\text{km}$）。 解：取地心为坐标原点，地心到卫星的连线为 z 轴，建立坐标系，地球表面方程为 $x^2+y^2+z^2=R^2$。 卫星覆盖曲面 S 为上半球面被顶角为 α 的圆锥所截的部分。如下图所示： 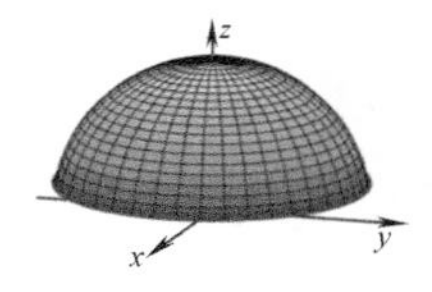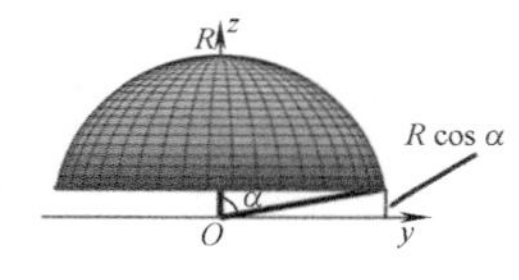 卫星覆盖曲面 S 的方程为 S：$x^2+y^2+z^2=R^2$，$R\cos\alpha<z<R$ 该球冠向三个坐标平面投影如下图所示： 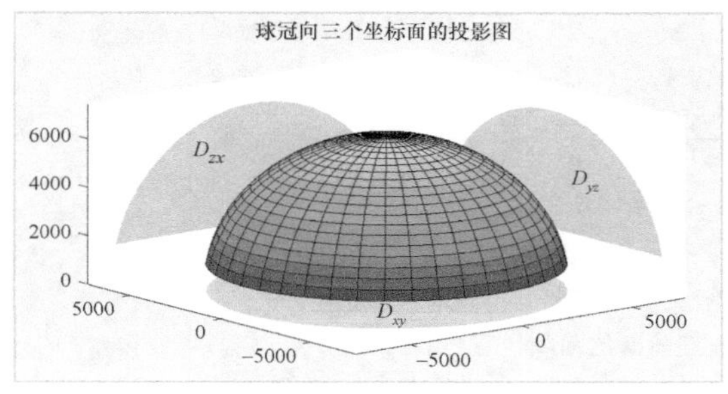 不难发现只有向 xOy 平面投影才满足无重叠部分且偏导连续的要求。因此选择将该球冠向 xOy 平面投影如下： 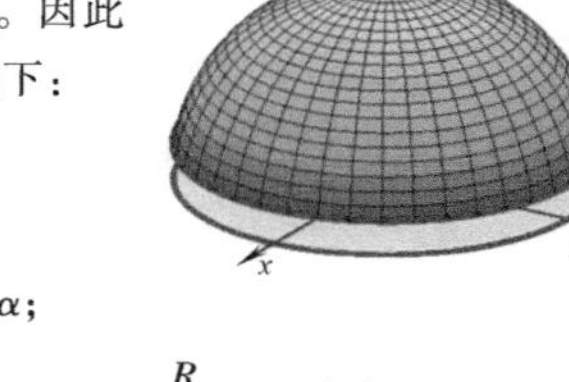 按照元素法步骤分别得到 曲面方程： $z=\sqrt{R^2-x^2-y^2}$； 投影区域：D_{xy}：$x^2+y^2\leqslant R^2\sin^2\alpha$； 面积元素：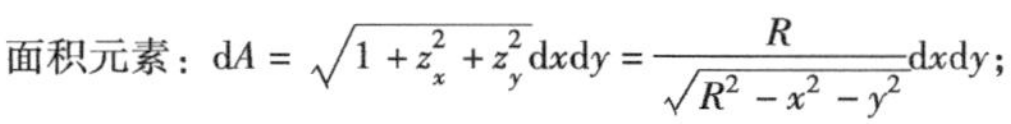 $\mathrm{d}A=\sqrt{1+z_x^2+z_y^2}\,\mathrm{d}x\mathrm{d}y=\dfrac{R}{\sqrt{R^2-x^2-y^2}}\mathrm{d}x\mathrm{d}y$； 覆盖面积： $A=\iint\limits_D\dfrac{R}{\sqrt{R^2-x^2-y^2}}\mathrm{d}x\mathrm{d}y=R\int_0^{2\pi}\mathrm{d}\theta\int_0^{R\sin\alpha}\dfrac{\rho}{\sqrt{R^2-\rho^2}}\mathrm{d}\rho$ $=2\pi R^2(1-\cos\alpha)$； 此时注意到：$\cos\alpha=\dfrac{R}{R+h}$，	时间：7min 引导思考： 如何建立坐标系便于简化计算。 提问：将球冠分别向三个坐标平面投影后，都满足元素法计算的条件吗？

（续）

教学意图	教学内容	教学环节设计
	所以有 $A=2\pi R^2\dfrac{h}{R+h}$。 将 $h=36000\text{km}$，$R=6400\text{km}$ 代入得 $A=2.19\times10^8\text{km}^2$。 地球表面积为 $A=4\pi R^2$， 卫星覆盖面积与地球表面积之比为 $\dfrac{A}{4\pi R^2}=\dfrac{h}{2(R+h)}\approx42.5\%$。 不难得到以下结论： 1）一颗卫星覆盖了地球三分之一以上的面积，三颗相隔$\dfrac{2\pi}{3}$角度的卫星几乎可以覆盖全部地球表面积。 2）地球外一点观测到的地球表面积 A，与其距离地球表面的高度 h 有确定的函数关系。	提问：按照这样的数据，需要几颗卫星才可将地球表面完全覆盖？
详细讲解卫星覆盖面积问题的参数方程求解法。（共5min）	（2）地球同步轨道卫星覆盖面积计算——参数方程解法 若曲面由参数方程$\begin{cases}x=x(u,v),\\y=y(u,v),\\z=z(u,v)\end{cases}$ $((u,v)\in D)$ 给出，其中 D 是平面有界闭区域，又 $x(u,v)$，$y(u,v)$，$z(u,v)$ 在 D 上有连续的一阶偏导数，且$\dfrac{\partial(x,y)}{\partial(u,v)}$，$\dfrac{\partial(y,z)}{\partial(u,v)}$，$\dfrac{\partial(z,x)}{\partial(u,v)}$不全为零，则曲面的面积也可利用下面的公式来计算： $S=\iint\limits_D\sqrt{\left(\dfrac{\partial(x,y)}{\partial(u,v)}\right)^2+\left(\dfrac{\partial(y,z)}{\partial(u,v)}\right)^2+\left(\dfrac{\partial(z,x)}{\partial(u,v)}\right)^2}\,\mathrm{d}u\mathrm{d}v$。 因此上例中计算卫星所覆盖曲面的面积也可以按上述公式来计算。 球面的参数方程为 $\begin{cases}x=R\sin\varphi\cos\theta,\\y=R\sin\varphi\sin\theta,\\z=R\cos\theta\end{cases}$ $((\varphi,\theta)\in D_{\varphi\theta})$， 这里 $D_{\varphi\theta}=\{(\varphi,\theta)\mid 0\leqslant\varphi\leqslant\alpha,0\leqslant\theta\leqslant2\pi\}$， 则可计算得 $\sqrt{\left(\dfrac{\partial(x,y)}{\partial(u,v)}\right)^2+\left(\dfrac{\partial(y,z)}{\partial(u,v)}\right)^2+\left(\dfrac{\partial(z,x)}{\partial(u,v)}\right)^2}$ $=R^2\sin\varphi$。 于是卫星覆盖的地球表面的面积为 $S=\iint\limits_{D_{\varphi\theta}}R^2\sin\varphi\mathrm{d}\varphi\mathrm{d}\theta=2\pi R^2\dfrac{h}{R+h}$。	时间：5min 引导思考： 参数方程计算曲面的思想和一般步骤。 提问：什么条件下可以应用参数方程求解？

（续）

教学意图	教学内容	教学环节设计
	4. 应用举例与拓展（14min）	
重积分计算空间曲面的应用例题。（共5min）	应用1：求由曲面 $x^2+y^2=az$ 和 $z=2a-\sqrt{x^2+y^2}$（$a>0$）所围成立体的表面积。 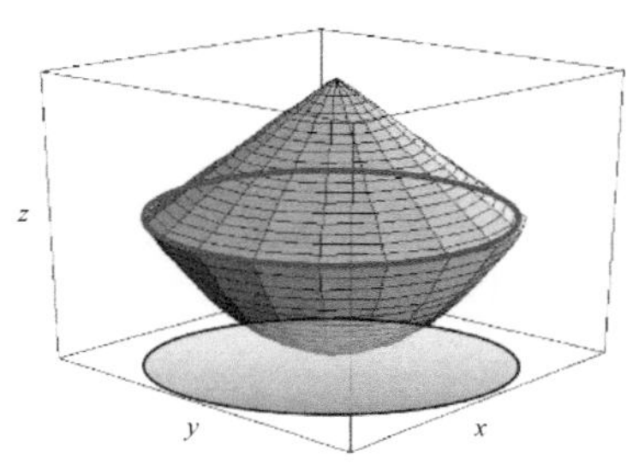 解：通过解方程组 $\begin{cases}x^2+y^2=az,\\ z=2a-\sqrt{x^2+y^2},\end{cases}$ 求得两曲面的交线为圆周 $\begin{cases}x^2+y^2=a^2,\\ z=a,\end{cases}$ 在 xOy 平面上的投影区域为 D_{xy}：$x^2+y^2\leqslant a^2$。 由 $z=\frac{1}{a}(x^2+y^2)$ 得 $z_x=\frac{2x}{a}$，$z_y=\frac{2y}{a}$， $\sqrt{1+z_x^2+z_y^2}=\sqrt{1+\left(\frac{2x}{a}\right)^2+\left(\frac{2y}{a}\right)^2}=\frac{1}{a}\sqrt{a^2+4x^2+4y^2}$。 旋转抛物面的面积为 $A_1=\iint\limits_{D_{xy}}\frac{1}{a}\sqrt{a^2+4x^2+4y^2}\mathrm{d}x\mathrm{d}y$ $=\int_0^{2\pi}\mathrm{d}\theta\int_0^a\frac{1}{a}\sqrt{a^2+4\rho^2}\cdot\rho\mathrm{d}\rho=\frac{\pi a^2}{6}(5\sqrt{5}-1)$， 再由 $z=2a-\sqrt{x^2+y^2}$ 知 $\sqrt{1+z_x^2+z_y^2}=\sqrt{2}$。 则锥面的面积为 $A_2=\iint\limits_{D_{xy}}\sqrt{2}\mathrm{d}x\mathrm{d}y=\sqrt{2}\pi a^2$， 所求曲面的面积为 $A=A_1+A_2=\frac{\pi a^2}{6}(6\sqrt{2}+5\sqrt{5}-1)$	时间：5min 提问：两曲面围成的立体是什么样呢？如何求解其表面积？ 反馈： 肯定学生的正确回答，并给予鼓励。 训练学生的空间想象力，并巩固元素法。
重积分计算空间曲面的应用例题。（共6min）	应用2：求牟合方盖的表面积。 求圆柱面 $x^2+y^2=R^2$，$x^2+z^2=R^2$ 所围成的立体的表面积。 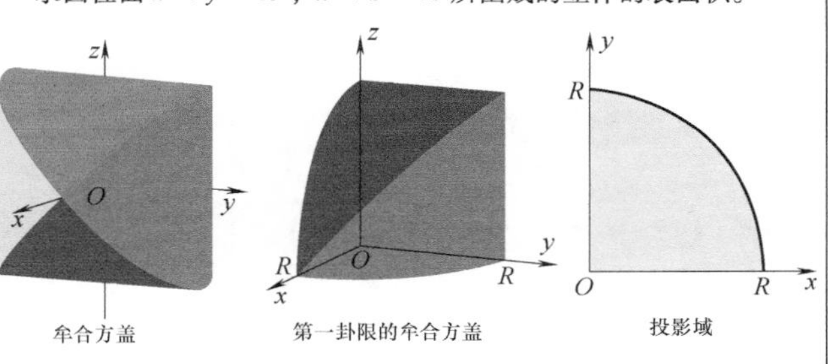 牟合方盖　第一卦限的牟合方盖　投影域	时间：6min 提问：两曲面围成的立体是什么样呢？是否可以用元素法求解呢？

（续）

教学意图	教学内容	教学环节设计
	解：由对称性，只需要先考虑第一卦限内柱面 $x^2+y^2=R^2$ 上的部分，这部分曲面可以表示为 $z=\sqrt{R^2-x^2}$，在 xOy 面上的投影区域为 D：$x^2+y^2\leqslant R^2$，$x\geqslant 0$，$y\geqslant 0$。 由 $\sqrt{1+z_x^2+z_y^2}=\sqrt{1+\frac{x^2}{R^2-x^2}+0}=\frac{R}{\sqrt{R^2-x^2}}$； 那么所求面积为 $S=16\iint\limits_D\sqrt{1+z_x^2+z_y^2}\mathrm{d}\sigma=16\iint\limits_D\frac{R}{\sqrt{R^2-x^2}}\mathrm{d}\sigma$ $=16R\int_0^R\mathrm{d}x\int_0^{\sqrt{R^2-x^2}}\frac{1}{\sqrt{R^2-x^2}}\mathrm{d}y$ $=16R\int_0^R\mathrm{d}x=16R^2$。	
介绍空间曲面面积不存在的例子。强调曲面面积可计算的条件。(共3min) 门格尔海绵是分形几何的经典例子，可拓展学生的知识面。	拓展思考： 在人们的直觉中，曲面和平面一样应该是有面积的。然而实际上曲面面积的定义以及面积的存在性证明是一个极为复杂的问题。本次课重点讨论的是光滑曲面，也就是说空间曲面 S：$F(x,y,z)=0$ 的偏导数 $F_x'(x,y,z)$，$F_y'(x,y,z)$，$F_z'(x,y,z)$ 都连续且不同时为零。如果一曲面可以被曲面上的曲线分割成有限多片光滑的曲面，那么该曲面是分片光滑的。需要指出的是：光滑曲面和分片光滑的曲面都是可以计算其面积的。 不可求面积的曲面如门格尔-谢尔宾斯基（Menger-Sierpinski）海绵，如下图所示。 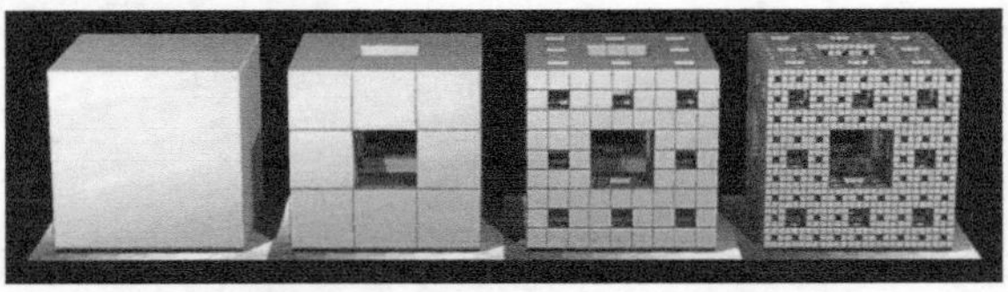 $n=0，1，2，3$ 时的门格尔-谢尔宾斯基海绵  $n=4$ 时的门格尔-谢尔宾斯基海绵 门格尔-谢尔宾斯基海绵，是奥地利数学家卡尔·门格尔（Karl Menger）在1926年提出的一种分形曲线。它结合了“康托尔集”和“谢尔宾斯基地毯”的特征。门格尔海绵的构造过程大致如下：	时间：3min 提问：什么样的曲面面积是可以计算的呢？大家知道面积不可计算的曲面有哪些？ 提问：门格尔海绵的面积为什么不可求呢？

（续）

教学意图	教学内容	教学环节设计
深入理解面积可求的曲面只是理想的、光滑的曲面。	1）假定有一个立方体。 2）将每一个面切分成9个正方形，那么这个立方体可以拆分成27个小立方体。 3）移除每个面中央的那个小立方体以及整个立方体中央的小立方体，那么就剩下20个小立方体。这就是1级门格尔海绵。 4）对剩下的小立方体重复步骤1）~3）。 所以门格尔-谢尔宾斯基海绵的面积是无穷大的。	提问：门格尔海绵的体积是多少呢？
5. 思考（2min）		
重积分计算曲面面积的方法总结。（共1min） 动画程序展示。	再对同步卫星覆盖地球表面积的计算结果进行分析。显然，覆盖面积与地球半径及距离地面高度有密切关系。为说明此点，做了一个动画程序，展示覆盖面积与高度的关系。 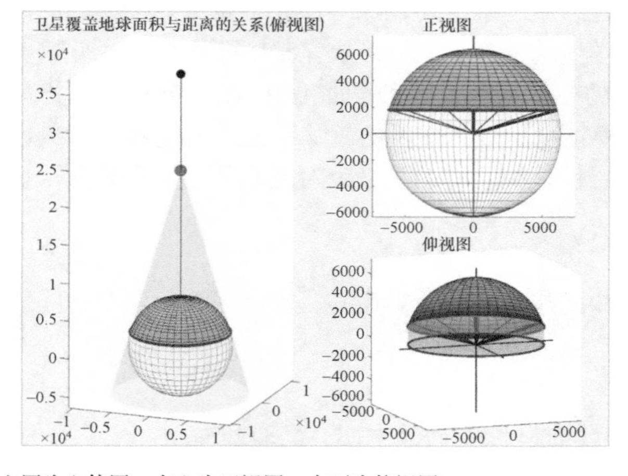 左图为立体图，右上为正视图，右下为仰视图。 随着物体与地面高度变化，覆盖面积也在变化。	时间：1min 通过数值模拟来观察高度与覆盖面的关系。
课后思考。（共1min）	提出两个问题。   （1）从阿波罗17号飞船上可以看到地球的表面积是多少？当时太空船正运行至距离地球45000km之处。 （2）人类可以观察到的地球表面积的最大值是多少？此时距离地球有多远？	时间：1min 运用覆盖地球表面积的公式，可以回答这两个问题。

四、学情分析与教学评价

本节教学内容的对象为理工科一年级第二学期的学生，高等数学作为高校理工科专业的重要基础课，一直受到人们的普遍重视，而重积分是同学们难理解难掌握的一部分，特别是重积分的应用，需要学生在理解重积分定义和掌握计算的基础上，能结合实际问题运用元素法等多种技巧分析解决实际问题。

科学合理的教学方法能使教学效果事半功倍，达到教与学的和谐完美统一。因此，在教学中，不仅要使学生“知其然”而且要使学生“知其所以然”。根据教学内容、教学目标和学生的认知水平，本次课主要采取教师启发讲授、适当点拨和学生探究学习的综合教学方法。在教学过程中由教师启发讲授，充分发挥教师的主导作用，根据教材提供的线索，结合我国时事新闻热点“风云四号”背景，让同学们有机会切实体会重积分应用的重要性和广泛性。同时引导学生独立自主地开展思维活动，深入探究，思考体会动态图像模拟过程中所蕴含的数学方法和思想，激发学生的兴趣，从而形成完整的概念体系，并培养学生创造性地解决问题的能力，突出了学生的主体地位。在教学过程中除了传统的板书设计和教学演示PPT的应用以外，计算机程序模拟也是极其重要的教学手段。通过程序模拟可以更快捷、生动、形象地为学生提供直观的感性认识，有助于学生对问题的充分理解和认识。

五、预习任务与课后作业

预习　重积分在物理问题中的应用：如计算质心、转动惯量以及引力问题等。

作业

1. 求下列曲面的面积。

（1）求锥面 $z=\sqrt{x^2+y^2}$ 被柱面 $z^2=2x$ 所割下部分的曲面面积；

（2）平面 $3x+2y+z=1$ 被椭圆柱面 $2x^2+y^2=1$ 截下的部分；

（3）半球面 $z=\sqrt{a^2-x^2-y^2}$ 含在圆柱面 $x^2+y^2=ax$ 内部的部分。

对弧长的曲线积分

一、教学目标

本次课是曲线积分与曲面积分中的第一部分，是学生在已经学习了空间曲面与空间曲线以及重积分的相关知识的基础上进行学习的。通过这一节的学习，学生不仅将学习对弧长的曲线积分等相关概念以及计算步骤，还将详细了解从求柱面侧面积转化到曲线积分的数学思维。同时，通过计算机的动态模拟过程，使学生有一个直观的感受，不仅能更好地理解所授内容，还可以激发学生的学习兴趣，培养学生的数学思维以及应用数学知识解决实际问题的能力，为今后的学习与研究奠定扎实的基础。

本次课的教学目标是：

1. 学好基础知识，学习对弧长的曲线积分的相关知识。

2. 掌握基本技能，掌握对弧长的曲线积分的求解方法和步骤。

3. 培养思维能力，能够将实际问题转化为一个数学问题，通过分析问题，建立不同变量对应的函数关系，求解对弧长的曲线积分，培养学生分析问题、转化问题和解决问题的数学思维方法和求解能力。

二、教学内容

1. 教学内容

1）掌握对弧长的曲线积分的定义及性质；

2）理解对弧长的曲线积分的几何意义及物理意义；

3）掌握对弧长的曲线积分的积分方法并熟练运用；

4）学习将柱面侧面积问题转化为对弧长的曲线积分问题的思维过程和方法。

2. 教学重点

1）掌握对弧长的曲线积分的定义；

2）掌握对弧长的曲线积分的计算方法；

3）将实际问题中柱面侧面积问题转化为对弧长的曲线积分问题。

3. 教学难点

1）对弧长的曲线积分的计算方法；

2）将柱面侧面积问题转化为对弧长的曲线积分问题。

三、教学进程安排

1. 教学进程框图（45min）

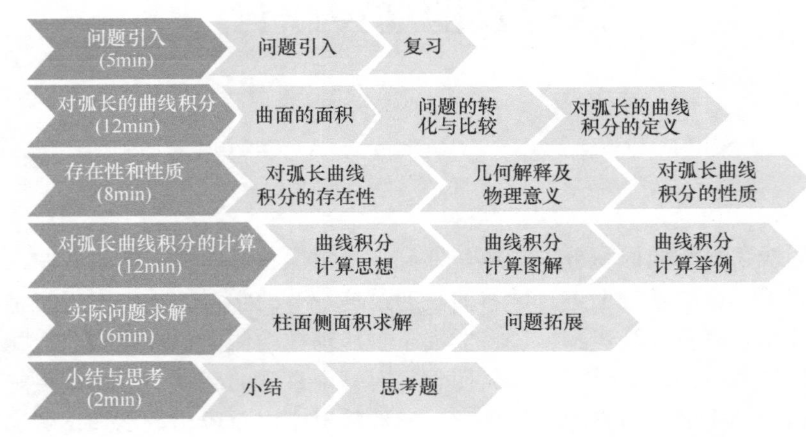

2. 教学环节设计

教学意图	教学内容	教学环节设计
1. 问题引入（5min）		
以实例引入本次课的内容。（共3min）	（1）求不规则曲面块的面积问题 求一个柱面 $x^2+y^2=ax$ 被球面 $x^2+y^2+z^2=a^2$ 截下有限部分的面积。 如图所示： 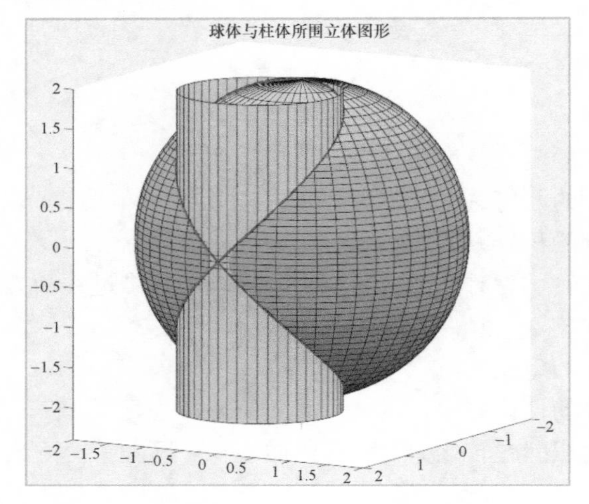 一个半径是 $\frac{a}{2}$ 的柱面，与一个半径是 a 的球相交出来的曲线是什么样的图形呢？ 下面给出动态演示过程：	时间：3min 动态演示一个球面与一个柱面的相交过程，其中柱面的直径是球的半径。 目的： 1）动态给出不规则曲面块的产生过程，使学生更直观看到这一图形，为后续讲解做铺垫； 2）培养学生空间思维能力。 本次课将围绕求柱面侧面积问题展开。

（续）

教学意图	教学内容	教学环节设计
展示动画程序。 展示自制教具。	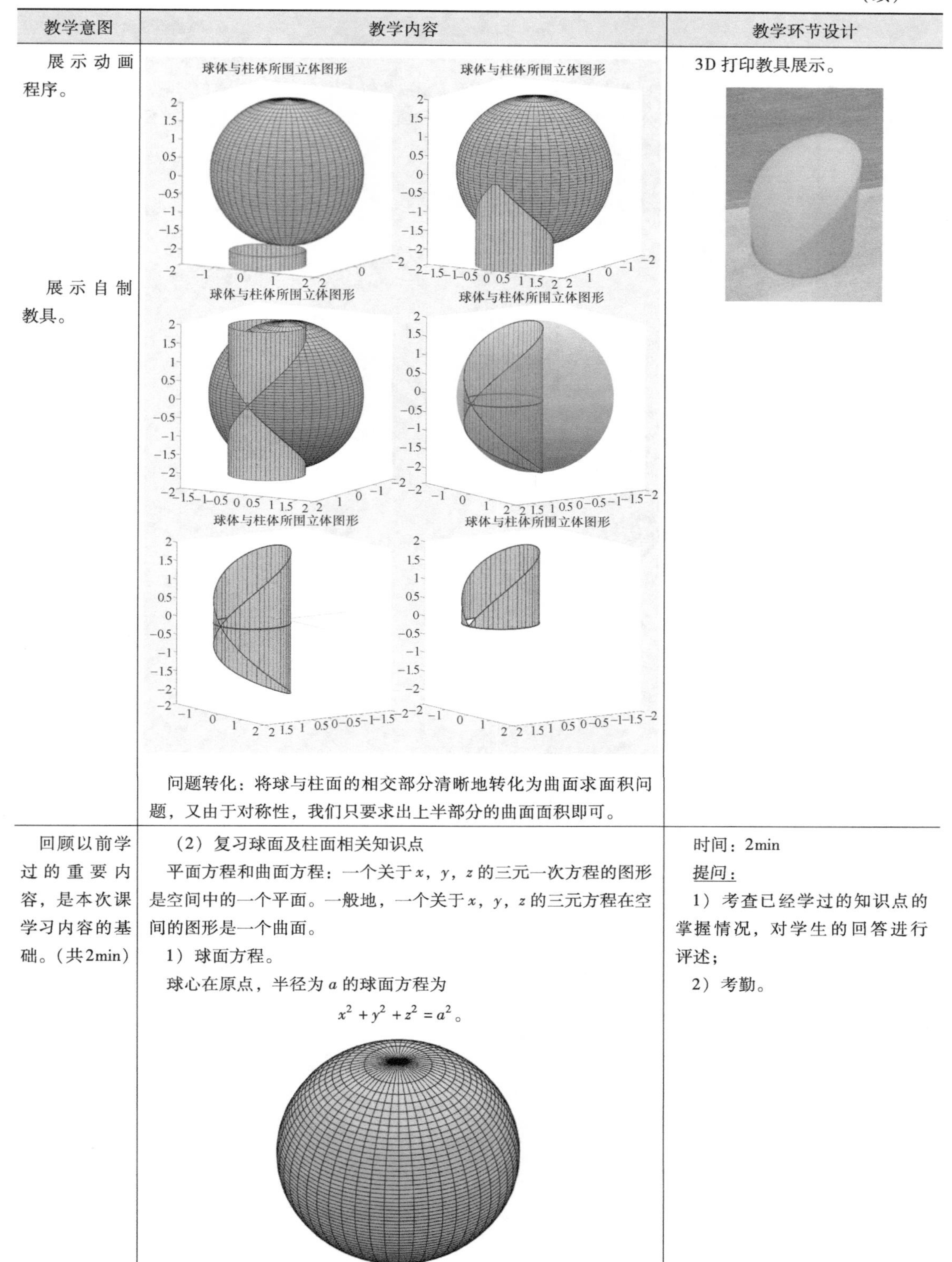 问题转化：将球与柱面的相交部分清晰地转化为曲面求面积问题，又由于对称性，我们只要求出上半部分的曲面面积即可。	3D 打印教具展示。
回顾以前学过的重要内容，是本次课学习内容的基础。（共2min）	（2）复习球面及柱面相关知识点 平面方程和曲面方程：一个关于 x，y，z 的三元一次方程的图形是空间中的一个平面。一般地，一个关于 x，y，z 的三元方程在空间的图形是一个曲面。 1）球面方程。 球心在原点，半径为 a 的球面方程为 $$x^2+y^2+z^2=a^2$$。	时间：2min 提问： 1）考查已经学过的知识点的掌握情况，对学生的回答进行评述； 2）考勤。

（续）

<table>
<tr><th>教学意图</th><th>教学内容</th><th>教学环节设计</th></tr>
<tr><td>对球面及柱面方程以及求交线的回顾。</td><td>2）柱面方程
由平行于定直线 l 并沿曲线 C 移动的动直线 L 形成的轨迹称为柱面，定直线 C 称为柱面的准线，动直线 L 称为柱面的母线。例如：母线平行于 z 轴的柱面方程 $x^2+y^2=ax$。
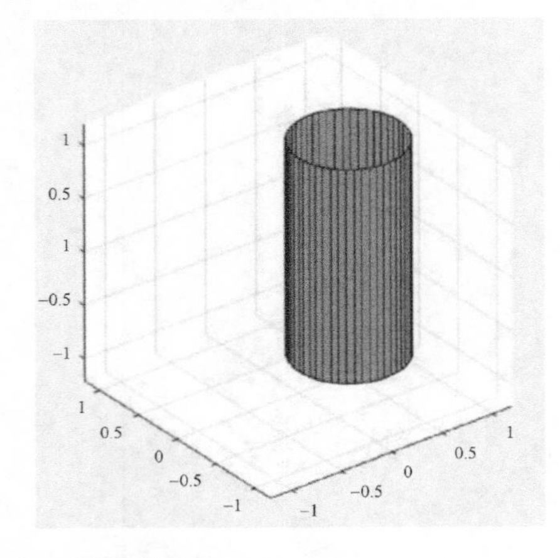
3）求球面和柱面的交线
联立方程
$$\begin{cases}x^2+y^2=ax,\\x^2+y^2+z^2=a^2。\end{cases}$$
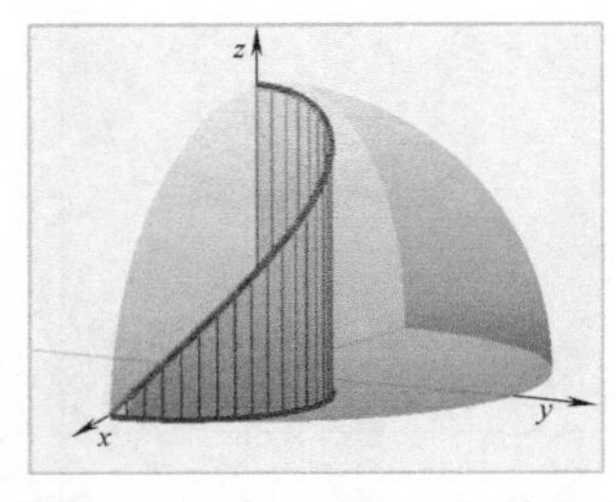
</td><td>通过对球面、柱面及其求交线等知识点的回顾，使同学们能更好地理解本次课程。</td></tr>
<tr><td colspan="3">2. 对弧长的曲线积分（12min）</td></tr>
<tr><td>曲面面积问题转化为对弧长的曲线积分问题。（共5min）</td><td>（1）求曲面面积
曲面方程为 $y=\sqrt{R^2-x^2}$；
投影区域：由曲线 $ax+z^2=a^2$ 及直线 $x=0$，$z=0$（$z\geqslant 0$）围成，记为 D_{zx}。
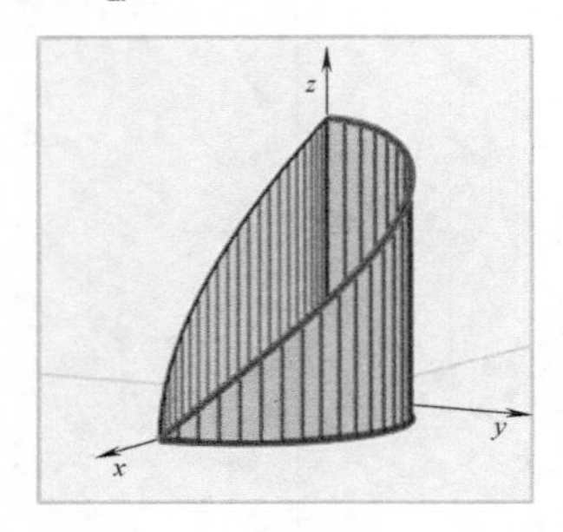

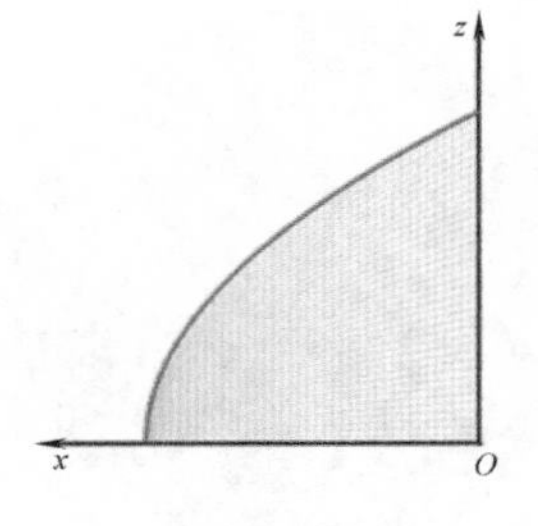
</td><td>时间：5min
板书：
在黑板上画出相对应的投影区域，并针对不同面上的投影让学生思考如何求解，是否容易求解等问题。</td></tr>
</table>

（续）

教学意图	教学内容	教学环节设计
引出对弧长的曲线积分的定义。	面积元素：$\mathrm{d}A=\sqrt{1+y_z^2+y_x^2}\mathrm{d}z\mathrm{d}x=\frac{a}{2\sqrt{ax-x^2}}\mathrm{d}z\mathrm{d}x$； 所求面积：$A=\iint\limits_{D_{zx}}\frac{a}{2\sqrt{ax-x^2}}\mathrm{d}z\mathrm{d}x$； （Z 型区域）$=\int_0^a\mathrm{d}z\int_0^{\frac{a2-z2}{a}}\frac{a}{2\sqrt{ax-x^2}}\mathrm{d}x$； （X 型区域）$=\int_0^a\mathrm{d}x\int_0^{\sqrt{a2-ax}}\frac{a}{2\sqrt{ax-x^2}}\mathrm{d}z$。 是否可以找到一种比较简洁的办法？	思考： 通过尝试不同的投影区域发现，不好计算，是否可以另辟蹊径？引出对弧长的曲线积分定义。
将曲面面积问题转化为对弧长曲线积分问题的具体过程。（共7min）	（2）问题的转化与比较 例1：求一个柱面 $x^2+y^2=ax$ 被球面 $x^2+y^2+z^2=a^2$ 截下有限部分的面积。 解：由于对称性，只求上半球与柱面相交部分的面积，如下图所示： 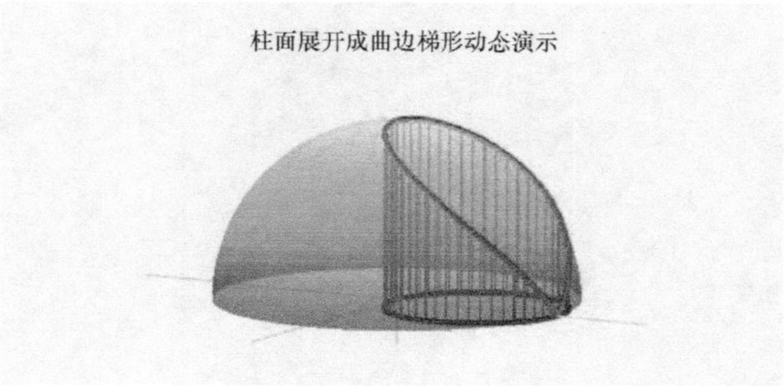 柱面展开成曲边梯形动态演示 由于此图形的面积不容易求出，故将问题转化为弧长的曲线积分问题，为了更好地理解此问题，动态演示柱面展开的过程，如图所示：	时间：7min 动态演示： 为了使学生更加直观地理解此问题的具体转化过程，编写MATLAB动态演示程序，引导学生思考。
分析比较求曲边梯形面积和求柱面面积。	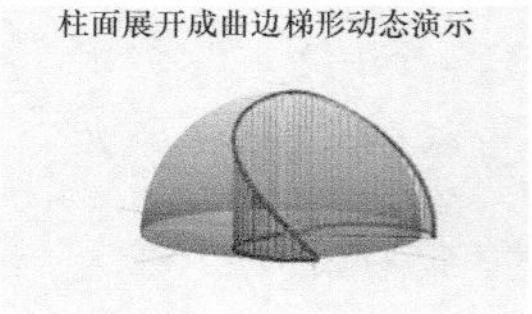 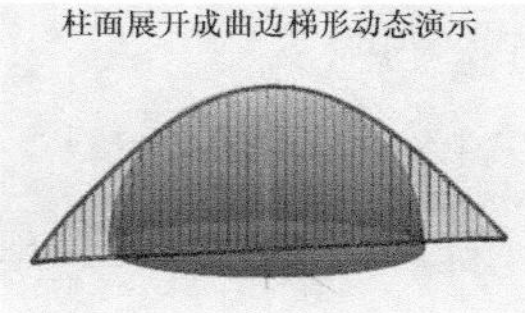 柱面展开成曲边梯形动态演示　柱面展开成曲边梯形动态演示 此时，上半球与柱面相交部分的面积动态展开为曲边梯形的面积，而曲边梯形面积前面已经学过，下面我们来比较求曲边梯形面积和求柱面面积的过程： ❖划分　❖近似　❖求和　❖逼近 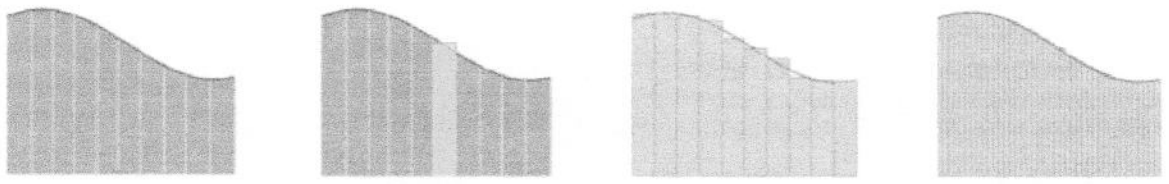 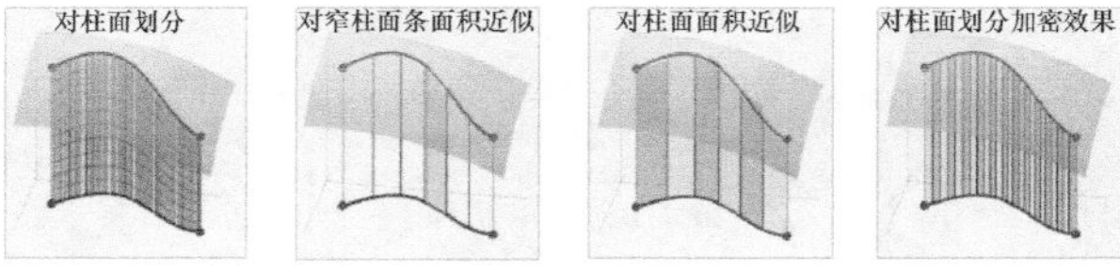 对柱面划分　对窄柱面条面积近似　对柱面面积近似　对柱面划分加密效果	通过类比曲边梯形面积的求解过程，启发同学自己总结出求解柱面侧面积的方法。

（续）

教学意图	教学内容	教学环节设计
分析比较求曲边梯形面积和求柱面面积。	仍然是四部曲：划分、近似、求和、逼近。 设函数$f(x, y)$在区间D内有界，l为区域D内的一条光滑的曲线， 划分：在l上任意插入$n-1$个点P_1，P_2，…，P_{n-1}，记第i个小段的弧长为Δs_i； 近似：在第i个小段上任取一点（ξ_i，η_i），作乘积 $f(\xi_i, \eta_i)\Delta s_i \quad (i=1, 2, \cdots, n)$； 求和：作和$\sum_{i=1}^{n} f(\xi_i, \eta_i)\Delta s_i$； 逼近：当各小段弧长最大值$\lambda \to 0$时，求极限$\lim_{\lambda \to 0}\sum_{i=1}^{n} f(\xi_i, \eta_i)\Delta s_i$。	
分析比较曲边梯形面积和柱面面积的局部近似思想。	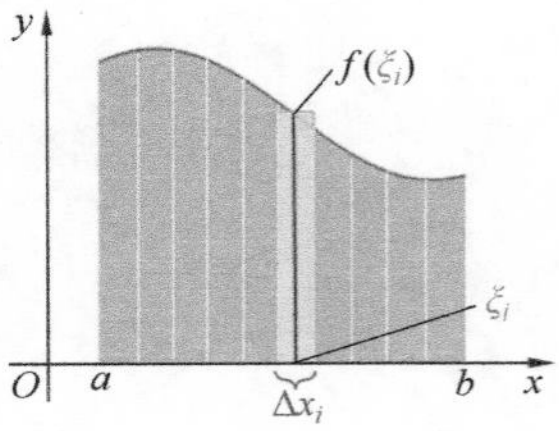 $\Delta A_i \approx f(\xi_i)\Delta x_i$ 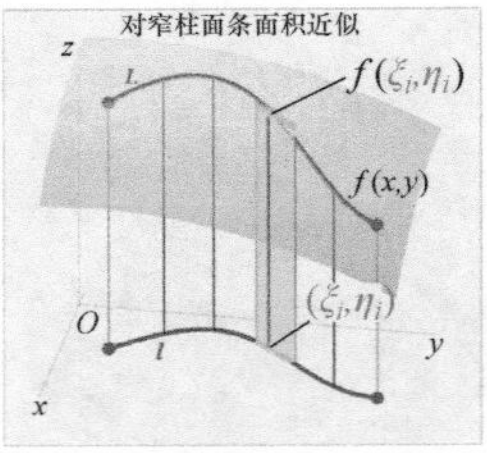　　　$\Delta A_i \approx f(\xi_i, \eta_i)\Delta s_i$ （3）对弧长的曲线积分定义 设函数$f(x, y)$在区间D内有界，l为区域D内的一条光滑曲线，在l上任意插入$n-1$个点P_1，P_2，…，P_{n-1}，记第i个小段的弧长为Δs_i，在第i个小区间上任取一点（ξ_i，η_i）（$i=1$，2，…，n），作和$\sum_{i=1}^{n} f(\xi_i, \eta_i)\Delta s_i$，若当各小段弧长最大值$\lambda \to 0$时，和的极限总存在，则称此极限为函数$f(x, y)$在曲线$l$上对弧长的曲线积分，也称为函数$f(x, y)$沿曲线$l$的第一型曲线积分，记为$\int_l f(x,y)\mathrm{d}s$，即 $\int_l f(x,y)\mathrm{d}s = \lim_{\lambda \to 0}\sum_{i=1}^{n} f(\xi_i, \eta_i)\Delta s_i$。 其中$f(x, y)$称为被积函数，$\mathrm{d}s$称为弧长元素，$l$称为积分弧段。 根据这个定义，前面讨论的柱面的侧面积就可以用对弧长的曲线积分来表示。 类似地，可推广到积分弧段为空间曲线 $\int_L f(x,y,z)\mathrm{d}s = \lim_{\lambda \to 0}\sum_{i=1}^{n} f(\xi_i, \eta_i, \delta_i)\Delta s_i$。	

（续）

教学意图	教学内容	教学环节设计
	3. 存在性和性质（8min）	
对弧长的曲线积分的存在性、几何解释及物理意义。(共4min)	（1）存在性 设函数$f(x, y)$在区域D内有界，l为区域D内的一条光滑曲线，若函数$f(x, y)$在l上连续，则对弧长的曲线积分$\int_l f(x,y)\mathrm{d}s$存在。 （2）对弧长的曲线积分的几何意义 若函数$f(x, y)$在l上连续且非负，则积分$\int_l f(x,y)\mathrm{d}s$数值上表示高为$f(x, y)$，母线平行于z轴，准线为l的柱面的侧面积。 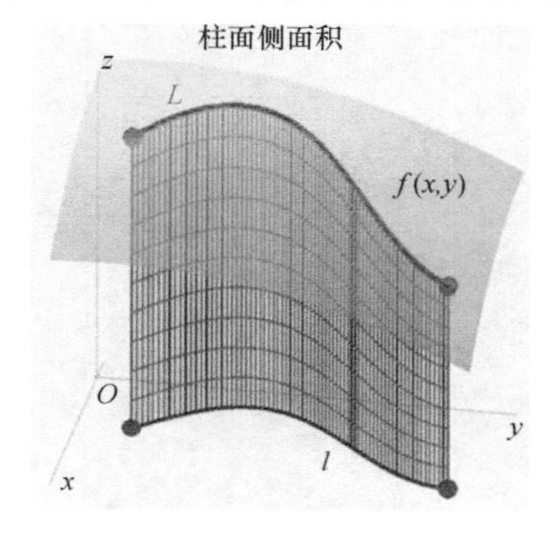 （3）对弧长的曲线积分的物理意义 若已知xOy平面内一条曲线l，其上每一点的线密度为$\rho(x, y)$，当$\rho(x, y)$在l上连续时，其质量即为$\rho(x, y)$沿l的第一型曲线积分，即 $$M = \lim_{\lambda \to 0}\sum_{i=1}^{n}\rho(\xi_i,\eta_i)\Delta s_i = \int_l \rho(x,y)\mathrm{d}s。$$	时间：4min 使学生掌握基本理论知识。通过前面曲面面积转化问题，使学生更好地理解对弧长的曲线积分的几何意义。
对弧长的曲线积分的性质。(共4min)	（4）对弧长的曲线积分的性质 1）第一型曲线积分与曲线的方向（由A到B或由B到A）无关，即 $$\int_{\widehat{AB}} f(x, y)\mathrm{d}s = \int_{\widehat{BA}} f(x, y)\mathrm{d}s。$$ 2）对弧长的曲线积分满足如下线性性质： $$\int_l [\alpha f(x,y) + \beta g(x,y)]\mathrm{d}s = \alpha\int_l f(x,y)\mathrm{d}s + \beta\int_l g(x,y)\mathrm{d}s。$$ 3）对弧长的曲线积分对积分弧满足可加性。 如果曲线是分段光滑的，那么函数在曲线上的积分等于在各部分弧段上积分之和。即 $$\int_{l_1+l_2} f(x,y)\mathrm{d}s = \int_{l_1} f(x,y)\mathrm{d}s + \int_{l_2} f(x,y)\mathrm{d}s。$$ 如果l是闭曲线，那么函数$f(x, y)$在曲线上的第一型曲线积分记为$\oint_l f(x,y)\mathrm{d}s$。 4）对弧长的曲线积分的绝对值不等式 $$\left\| \int_L f(x,y)\mathrm{d}s \right\| \leqslant \int_L \|f(x,y)\|\mathrm{d}s。$$	时间：4min 学习对弧长的曲线积分的性质。 练习： 通过让学生自己练习，证明对弧长的曲线积分的性质，更能使学生掌握牢固并灵活使用这些性质。

（续）

<table>
<tr><th>教学意图</th><th>教学内容</th><th>教学环节设计</th></tr>
<tr><td colspan="3">4. 对弧长曲线积分的计算（12min）</td></tr>
<tr><td>对弧长的曲线积分的计算。（共5min）

动态演示，使学生能更好地理解对弧长的曲线积分公式。</td><td>

（1）对弧长的曲线积分的计算

设函数$f(x,\ y)$在曲线弧l上有定义且连续，l的参数方程为

$$\begin{cases}x=\varphi(t),\\ y=\psi(t),\end{cases}\ \alpha\leqslant t\leqslant\beta,$$

其中$\varphi(t)$，$\psi(t)$在$[\alpha,\ \beta]$上具有一阶连续导数，且$\varphi'^2(t)+\psi'^2(t)\neq0$，则曲线积分$\int_l f(x,y)\,\mathrm{d}s$存在，且

$$\int_l f(x,y)\,\mathrm{d}s=\int_\alpha^\beta f(\varphi(t),\psi(t))\sqrt{\varphi'^2(t)+\psi'^2(t)}\,\mathrm{d}t,$$

此时将曲线积分转化为定积分。

公式的具体理解用动态图形解释：

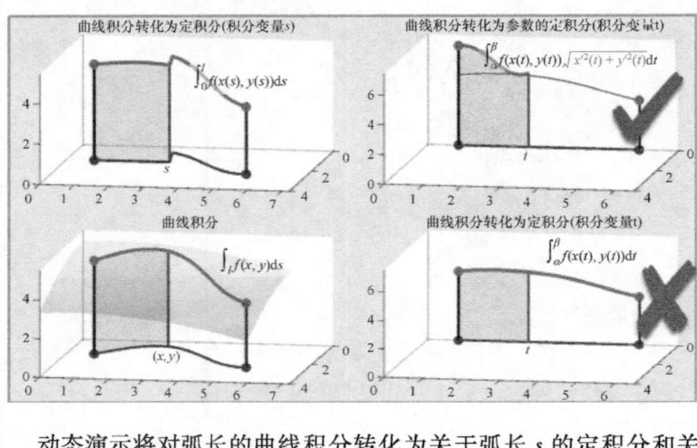

动态演示将对弧长的曲线积分转化为关于弧长s的定积分和关于参数t的定积分的过程，并在对比中强调对弧长的曲线积分的计算公式。

</td><td>时间：5min
通过参数方程给出对弧长的曲线积分的计算公式，要求学生熟练掌握。

思考：
1）积分变量的转化。
2）为什么被积函数内多了$\sqrt{\varphi'^2(t)+\psi'^2(t)}$一项？</td></tr>
<tr><td>通过例题使学生能熟练计算对弧长的曲线积分。（共7min）</td><td>

（2）例题选讲

例2：求积分$I=\int_l(x+y)\,\mathrm{d}s$，其中曲线$l$为以三点$O(0,\ 0)$，$A(1,\ 0)$，$B(1,\ 1)$为顶点的直角三角形的边界，如下图所示。

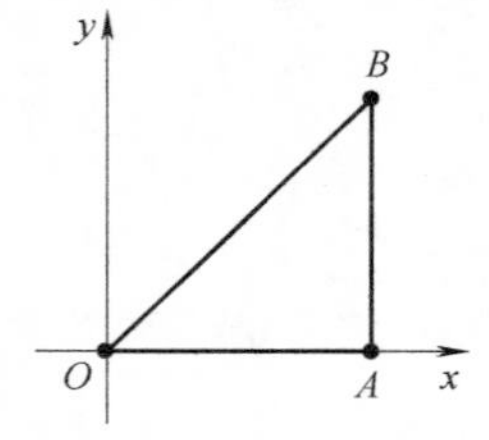

解：在曲线l上的积分为在线段$\overline{OA}$，$\overline{AB}$及$\overline{BO}$上的积分之和，即

$$I=\int_l(x+y)\,\mathrm{d}s=\left(\int_{\overline{OA}}+\int_{\overline{AB}}+\int_{\overline{BO}}\right)(x,y)\,\mathrm{d}s,$$

在直线段$\overline{OA}$上$y=0$，$\mathrm{d}s=\mathrm{d}x$，得

$$\int_{\overline{OA}}(x+y)\,\mathrm{d}s=\int_0^1 x\,\mathrm{d}x=\frac{1}{2},$$

在直线段$\overline{AB}$上$x=1$，$\mathrm{d}s=\mathrm{d}y$，得

</td><td>时间：7min
互动：
师生互动，求解例题，加深学生对曲线积分公式的运用。</td></tr>
</table>

（续）

教学意图	教学内容	教学环节设计
	$$\int_{\overline{AB}}(x+y)\mathrm{d}s=\int_0^1(1+y)\mathrm{d}y=\frac{3}{2},$$ 在直线段$\overline{BO}$上 $y=x$，$\mathrm{d}s=\sqrt{2}\mathrm{d}x$，得 $$\int_{\overline{BO}}(x+y)\mathrm{d}s=\int_0^1 2x\sqrt{2}\mathrm{d}x=\sqrt{2},$$ 故 $$I=\frac{1}{2}+\frac{3}{2}+\sqrt{2}=2+\sqrt{2}。$$	
	例3：计算摆线的一拱l：$\begin{cases}x=a(t-\sin t),\\ y=a(1-\cos t)\end{cases}$ $(0<t<2\pi)$ 的弧长。	动态模拟： 使学生清晰直观地看到摆线的轨迹，同时提高同学们的学习兴趣，吸引同学们的注意力，激发学生的求知欲。
展示动画程序。	摆线生成动态演示	
展示自制教具。		自制教具可以让学生现场动手画摆线。
通过摆线的例题结合实际问题，激发学生们的学习兴趣，扩展学生知识面。	分析：首先了解摆线。 摆线是一个圆在一条直线上运动时圆周上某定点的轨迹。 弧长元素：$\mathrm{d}s=\sqrt{\varphi'^2(t)+\psi'^2(t)}\mathrm{d}t=2a\sin\frac{t}{2}\mathrm{d}t$， 一拱弧长： $$L=\int_l \mathrm{d}s=2a\int_0^{2\pi}\sin\frac{t}{2}\mathrm{d}t=-4a\cos\frac{t}{2}\bigg\vert_0^{2\pi}=8a。$$ 摆线一拱的弧长是其生成圆直径的4倍，即弧长值与π无关！ 知识拓展： 摆线一拱的弧长是其生成圆直径的4倍； 摆线一拱的面积是其生成圆面积的3倍； 摆线具有等时性； 摆线是最速下降线。	这个计算结果你能想到吗？ 摆线最早可见于公元1501年出版的C. 鲍威尔的一本书中。
	摆线的等时性动态演示 在17世纪，大批卓越的数学家（如伽利略、帕斯卡、托里拆利、笛卡儿、费马、惠更斯、约翰·伯努利、莱布尼茨、牛顿等）热心于研究这一曲线的性质。	伴随着许多发现，摆线被贴上了引发争议的“金苹果”和“几何的海伦”的标签。

（续）

教学意图	教学内容	教学环节设计
5. 实际问题求解（6min）		
对柱面的侧面积运用刚刚学习的对弧长的曲线积分求解。（共4min）	（1）柱面侧面积 在实际问题中经常会遇到求图形相交部分的面积，例如求一个球面和一个柱面相交部分的曲面面积（回到课程开篇的问题）。 例4：求一个柱面 $x^2+y^2=ax$ 被球面 $x^2+y^2+z^2=a^2$ 截下有限部分的面积。 解决方案：转化为弧长的曲线积分。 柱面高：$z=\sqrt{a^2-x^2-y^2}$； 准线：l：$\left(x-\frac{a}{2}\right)^2+y^2=\left(\frac{a}{2}\right)^2$，$y\geqslant 0$； 准线参数方程：$l$：$\begin{cases}x=a\cos t,\\ y=a\sin t,\end{cases}$ $0\leqslant t\leqslant\pi$； 弧长元素：$\mathrm{d}s=\sqrt{x'^2+y'^2}\mathrm{d}t=a\mathrm{d}t$； $A_1=\int_l\sqrt{R^2-x^2-y^2}\mathrm{d}s=\frac{a^2}{2}\int_0^{\pi}\sin\frac{t}{2}\mathrm{d}t$ $=a^2\int_0^{\frac{\pi}{2}}\sin t\mathrm{d}t=a^2$； 所求面积为 $A=4A_1=4a^2$。 所求柱面的第一卦限部分　　xOy面上的投影曲线	时间：4min 解决了本次课开始时提出的问题，一根主线贯穿始终，用今天学习的对弧长的曲线积分解决了柱面侧面积的计算问题。
问题拓展，计算牟合方盖的表面积。（共2min）	（2）问题拓展： 牟合方盖是由我国古代数学家刘徽首先发现并采用的一种用于计算球体体积的方法，类似于现在的微元法。 “以周三径一为圆率，则圆幂伤少；令圆困为方率，则丸积伤多。互相通补，是以九与十六之率，偶与实相近，而丸犹伤多耳。” 即是说，用 $\pi=3$ 来计算圆面积时，则较实际面积要少；若按 $\pi=4$ 的比率来计算球和外切直圆柱的体积时，则球的体积又较实际多了一些。然而可以互相通补，但按 9：16 的比率来计算球和外切立方体体积时，则球的体积较实际多一些。因此，刘徽创造了一个独特的立体几何图形，希望用这个图形可以求出球体体积公式，称之为“牟合方盖”。	时间：2min 知识拓展： 了解一下相关知识，拓展知识面，在计算表面积的同时提高学生的学习兴趣。

（续）

教学意图	教学内容	教学环节设计
6. 小结与思考（2min）		
小结本次课程内容，给出课后思考。（共2min）	小结： 1）对弧长的曲线积分定义、性质。 2）对弧长的曲线积分计算方法。 思考： 用试验的方法验证摆线的弧长是生成圆直径的4倍 用两种方法计算牟合方盖的表面积	时间：2min 给出课后思考，培养学生学以致用的能力。

四、学情分析与教学评价

本次课的教学内容对象为理工科一年级第二学期的学生，通过空间解析几何及重积分的学习，学生对空间的曲线、曲面以及重积分的几何意义及求解方法已经有了一定的理解。本次课是这章中的第一节课，关乎着学生对本章课程的理解和感兴趣的程度，所以，本次课的教学十分关键。在本次课程中主要研究对弧长的曲线积分问题及其对应的实际应用问题。

课程开始由学生较熟悉的空间两曲面求相交部分的面积引入，为了能使学生更直观的理解此部分内容，通过 MATLAB 编程实现计算机的动态模拟过程，使学生有一个直观的感受，能更好地理解所授内容。课程重点讲解了如何将柱面侧面积转化为对弧长曲线积分问题，同时给出了问题引申及知识拓展，可以使学生在学习相关知识内容的过程中，激发学生的学习兴趣，培养学生的数学思维以及应用数学知识解决实际问题的能力。

通过本次课的学习，学生学习了对弧长的曲线积分的相关概念以及计算方法，详细了解了柱面侧面积到曲线积分的转化过程，把一个未知问题转化为已知问题去求解，用已经学过的知识去解决新的问题，这个过程也是知识和方法的积累过程，从而使学生学习的知识有一个螺旋式上升的过程。同时，通过计算机的动态演示，使学生有一个直观的感受，能更好地理解所授内容。此外，对知识的拓展部分，也开阔了学生的知识面，激发了学生对实际问题的思考，培养了学生的探究意识和初步的科研意识，为今后的学习与研究奠定扎实的基础。

五、预习任务与课后作业

预习　对面积的曲面积分。

作业

1. 计算下列第一型曲线积分。

(1) $\int_C (x^2+y^2)\mathrm{d}s$，其中 C 是以 $O(0,0)$，$A(2,0)$，$B(0,1)$ 为顶点的三角形；

（2）$\int_C e^{\sqrt{x^2+y^2}}ds$，其中 C 是由曲线 $x^2+y^2=a^2$，直线 $y=x$ 和 x 轴在第一象限所围成的图形的边界；

（3）$\int_C xyzds$，其中 C 是曲线 $x=t$，$y=\frac{1}{3}\sqrt{8t^3}$，$z=\frac{1}{2}t^2$ 上对应于 $0\leqslant t\leqslant 1$ 的一段。

2. 设悬链线 $y=\frac{a}{2}(e^{\frac{x}{a}}+e^{-\frac{x}{a}})$ 上每一点的密度与该点的纵坐标成反比，且在点 $(0,a)$ 的密度等于 δ，试求曲线在横坐标 $x_1=0$ 及 $x_2=a$ 之间一段的质量 $(a>0)$。

3. 计算 $\int_C x^2ds$，其中 C 是球面 $x^2+y^2+z^2=a^2$ 与平面 $x+y+z=0$ 相交的圆周。

4. 计算 $I=\int_C xds$，其中 C 为对数螺线 $\rho=ae^{k\theta}(k>0)$ 在圆 $\rho=a$ 内的部分。

5. 求平面曲线 L_1：$y=\frac{1}{3}x^3+2x(0\leqslant x\leqslant 1)$ 绕直线 L_2：$y=\frac{4}{3}x$ 旋转所成的旋转曲面的面积。

可变量分离的微分方程

一、教学目标

微分方程是高等数学的重要组成部分，建立了理论联系实际的桥梁。微分方程的理论和方法是研究力学、物理、化学、生物、天文、各种技术科学及社会科学问题的有力工具。本章将介绍几种特殊类型的常微分方程及其解法，而变量可分离方程是一阶常微分方程的一种最基本的形式，熟练掌握可变量分离方程的求解方法，对后续的其他类型方程的求解起到很好的促进作用。

本次课由最速降线问题引出变量分离方程及其求解。通过本节内容，培养学生的数学建模能力，让学生了解数学建模在实际问题中的应用，并使学生掌握变量分离方程的几种表现形式及具体求解方法。通过对最速降线满足的常微分方程的求解，得到最速降线问题的解为摆线，进一步运用数值模拟和理论相结合的方法分析摆线性质，理解数学结果。

本次课的教学目标是：

1. 学好基础知识，可变量分离微分方程的几种不同的表现形式；

2. 掌握基本技能，求解可变量分离微分方程的具体方法；

3. 培养思维能力，培养学生从实际问题入手，建立数学模型，求解模型，分析模型的能力。

二、教学内容

1. 教学内容

1）变量分离方程的各种形式；

2）求解变量分离方程的方法；

3）理解最速降线的建模过程和摆线的性质。

2. 教学重点

1）掌握变量分离方程的各种形式；

2）掌握变量分离方程的求解方法。

3. 教学难点

1）最速降线的数学建模过程；

2）可变量分离的微分方程的求解；

3）摆线方程及其性质。

三、教学进程安排

1. 教学进程框图（45min）

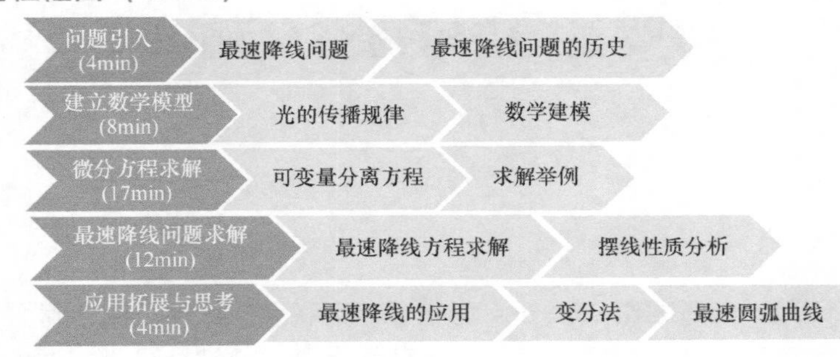

2. 教学环节设计

教学意图	教学内容	教学环节设计
	1. 问题引入（4min）	
通过动手小实验，观察小球沿不同路径的下滑快慢情况，从而引出最速降线问题。(共2min) 展示自制教具。 展示动画程序。 进一步启发学生寻找最速降线。	（1）最速降线问题 问题的描述：在一个垂直平面内，一个质点在重力作用下，由静止出发从一个给定点 A 到不在它垂直下方的另一点 B，如果不计摩擦力，问该质点沿什么曲线滑下所需时间最短？ 1）教具演示不同路径上小球的运动情况：  对给定的三条曲线路径，教具演示结果显示，下降最快的是下凹的黄色曲线，红色直线路径次之，绿色路径上的小球下滑时间最长。 2）利用数学软件 MATLAB 作图，模拟演示不同路径上小球的运动情况： 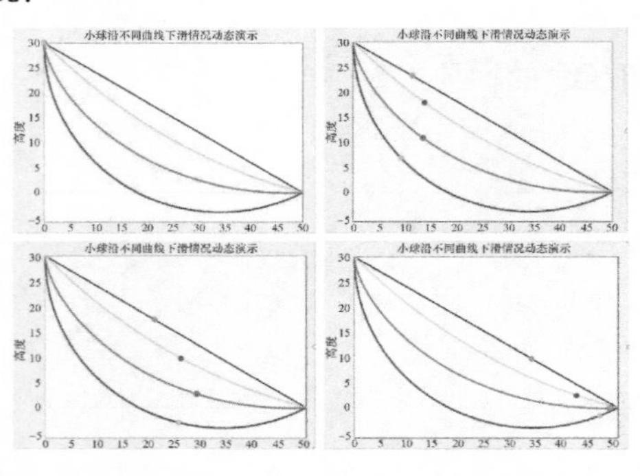 由模拟结果可知，粉色路径上的小球下滑时间最短。进一步考虑，在无数条下凹曲线中，哪条曲面上的小球下滑最快？如何用数学方程描述？这就是历史上有名的最速降线问题。	时间：2min 自制教具，结合教具提出最速降线问题，引起学生的兴趣。 提问：连接两点的直线路径上的小球下滑时间最短吗？ 追问：为什么下凹路径上的小球比较快？ 追问：两点之间的下凹曲线有无数条，哪一条下滑的时间最短呢？

（续）

教学意图	教学内容	教学环节设计
激发学生对科学研究的兴趣。（共2min）	（2）最速降线问题的历史发展 最速降线是一条充满传奇故事的几何曲线。1630 年伽利略首次提出了这个问题，并认为最速降线为圆弧线。1696 年 6 月约翰·伯努利在《教师学报》上再次提出了这个问题，并向全欧洲的数学家发起挑战，这也是数学史上最激动人心的一次公开挑战。      参与这一挑战的人数众多，很多数学家都被这个挑战的新颖和别出心裁所吸引，最后得出正确结果的人在数学史上都赫赫有名，除了约翰·伯努利本人以外，还包括牛顿、莱布尼茨、洛必达及其约翰·伯努利的哥哥雅各布·伯努利，他们的解答均发表在 1697 年 5 月出版的《教师月报》上。他们的解法各有千秋，其中牛顿、莱布尼茨、洛必达用微积分的方法给出了这个问题的正确答案，只是具体步骤不同；雅各布·伯努利的解法虽然麻烦，但却更具一般性。约翰·伯努利的解法最为漂亮，类比了费马原理，巧妙地将物理和几何方法融合在一起，解决了最速降线问题，彰显了他超凡的天赋和想象力。本次课将介绍约翰·伯努利的解法。	时间：2min 给出最速降线问题的发展历史和数学家们的贡献。 明确本次课讲解的方法出自约翰·伯努利。
2. 建立数学模型（8min）		
光学类比建立最速降线的数学模型。（共4min）	最速降线问题是求时间最短的问题，这点与光的传播在本质上是相似的，约翰·伯努利发现这一点，并大胆地将其进行光学类比，将质点在重力场中的最速下降线问题看作光在连续变化介质中的行进路线问题。因此，约翰·伯努利得出在最速降线上任意一点都满足相应的光学定律（斯涅尔定律）。下面首先介绍光在介质中的传播规律，然后用极限的思想，得到最速降线的几何特点。最后再建立坐标系，进行速度分析，得到最速降线满足的微分方程。 （1）光在介质中的传播规律 费马原理：光的传播路径是用时最短的路径！ 根据费马原理，光在同一均匀介质中沿直线传播，在不同介质中传播会发生折射。以下分析光在两层介质、三层介质中的传播规律。如下图所示。	时间：4min 提问：斯涅尔定律是什么？

（续）

教学意图	教学内容	教学环节设计
分析两层介质，再分析三层介质。	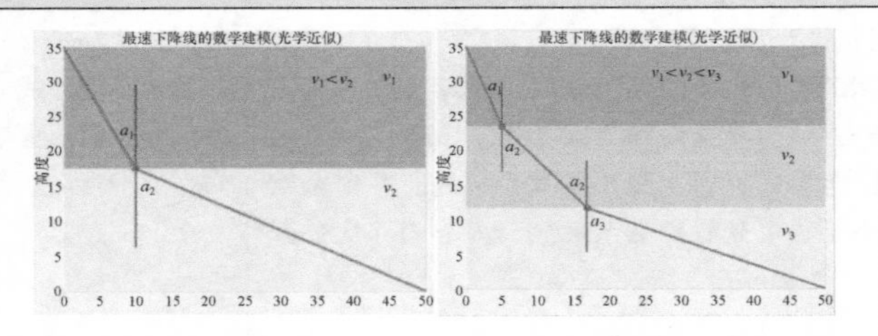 图中不同颜色表示不同的介质，光在这些介质中的传播速度分别为 v_1，v_2，v_3，不妨设 $v_1<v_2<v_3$，而 α_1，α_2，α_3 分别表示光的入射角和折射角。	
逐渐增加介质的层数，运用斯涅尔定律，得出在不同介质的边界处入射角、折射角及光在不同介质中的传播速度的关系。	根据斯涅尔定律，在两层介质中有 $$\frac{\sin\alpha_1}{v_1}=\frac{\sin\alpha_2}{v_2},$$ 在三层介质中有 $$\frac{\sin\alpha_1}{v_1}=\frac{\sin\alpha_2}{v_2}=\frac{\sin\alpha_3}{v_3},$$ 以此类推，在 n 层介质中有 $$\frac{\sin\alpha_1}{v_1}=\frac{\sin\alpha_2}{v_2}=\frac{\sin\alpha_3}{v_3}=\cdots=\frac{\sin\alpha_n}{v_n},$$ 其中 α_k 表示相应的入射角或折射角，v_k 表示光在不同介质中的传播速度，$k=1$，2，…，n。	提问：若介质连续变化会怎么样？
	运用极限的思想，随着介质的连续变化，光在其中的传播速度连续增加，光的传播路径便形成一条光滑的曲线。	用 MATLAB 数值模拟手段直观展示光的传播路径。
	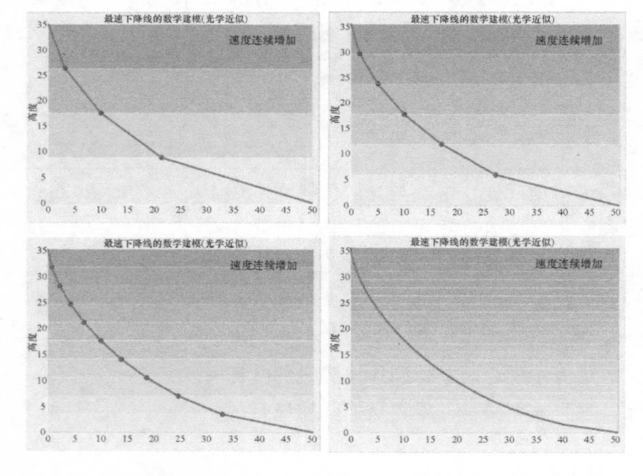 曲线上每一点都应该满足斯涅尔定律，在曲线上任取一点，设光在该点对应的介质中的传播速度为 v，入射角为 α，则 α 即为曲线在该点处的切线与垂直方向的夹角，且有 $\frac{\sin\alpha}{v}=c$，其中 c 为某一常数。	用图像帮助学生理解各参数的意义。 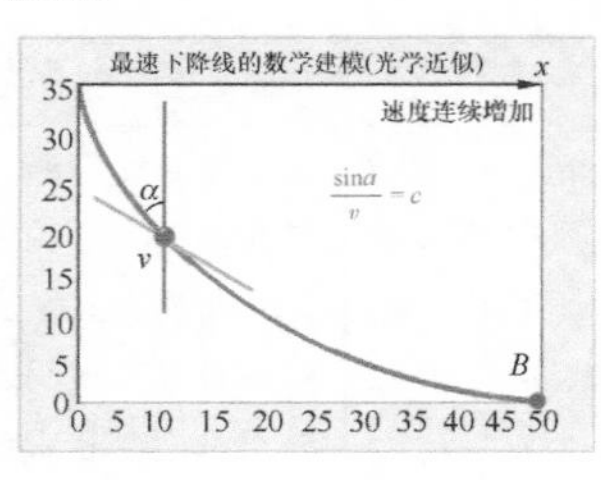

（续）

<table>
<tr><th>教学意图</th><th>教学内容</th><th>教学环节设计</th></tr>
<tr><td>建立数学模型。（共4min）</td><td>（2）数学模型的建立
将最速降线问题与光的传播路径联系起来，以最速降线问题中给定两点中的较高的一点为坐标原点，水平方向为 x 轴，垂直向下为 y 轴，如图所示建立平面直角坐标系：
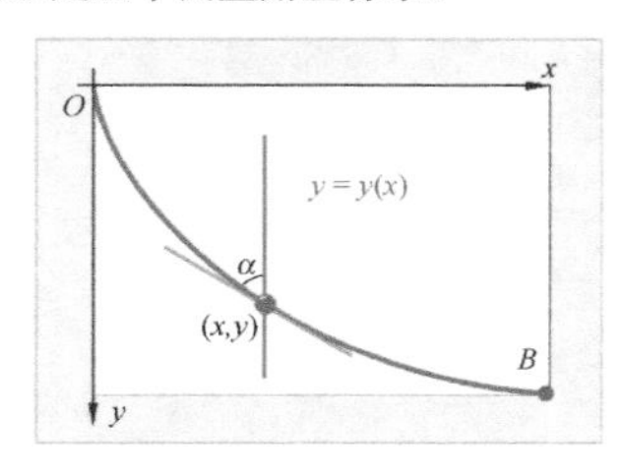

则最速降线就对应着一个函数 $y=y(x)$。曲线上任意一点（x，y）都应满足关系式：$\frac{\sin\alpha}{v}=c$。下面需要将方程中 α，v 用函数 $y=y(x)$ 表示。首先根据能量守恒，得 $\frac{1}{2}mv^2=mgy$，即 $v=\sqrt{2gy}$。再如图所示引入角度 β，
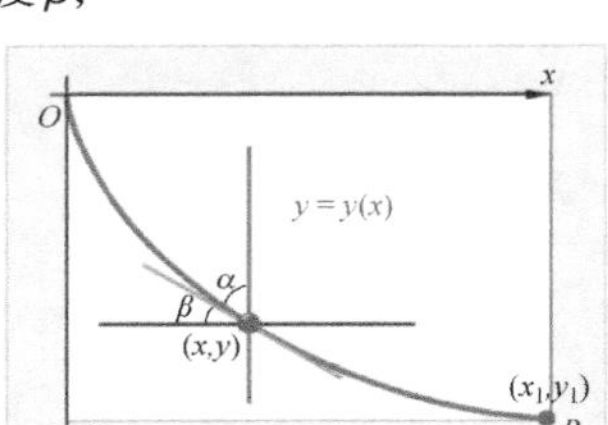

由几何关系和导数的定义得
$$\sin\alpha=\cos\beta=\frac{1}{\sqrt{1+(\tan\beta)^2}}=\frac{1}{\sqrt{1+(y')^2}}。$$
将上述表达式代入 $\frac{\sin\alpha}{v}=c$，整理可得
$$y[1+(y')^2]=C\left(C=\frac{1}{2gc^2}\right),$$
这是一阶常微分方程。设最速降线问题另一端点坐标为（x_1，y_1），$x_1>0$，$y_1>0$，进而得到特解条件 $y(0)=0$，$y(x_1)=y_1$。</td><td>时间：4min

先建立坐标系。

<u>引导思考：</u>
利用物理知识和几何关系表示 $\sin\alpha$ 和 v。</td></tr>
<tr><td colspan="3">3. 微分方程求解（17min）</td></tr>
<tr><td>给出一阶方程的概念与形式。（共1min）</td><td>可变量分离方程及其求解：
（1）一阶常微分方程的三种形式
显式 $y'=f(x,y)$；
隐式 $F(x,y,y')=0$；
微分式（对称式）$P(x,y)\mathrm{d}x+Q(x,y)\mathrm{d}y=0$。
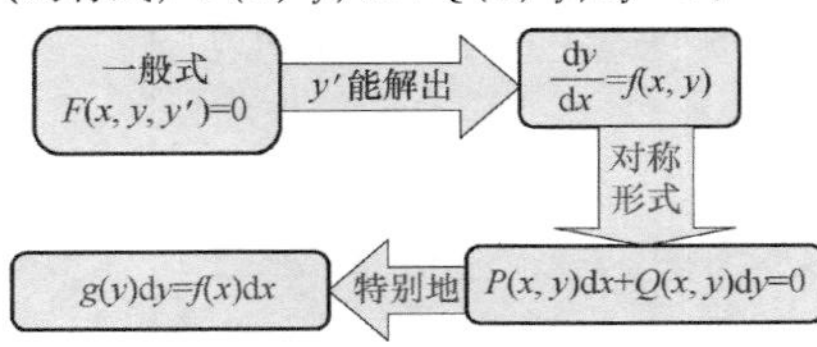
</td><td>时间：1min
<u>提问：</u>这些形式的方程有什么特征？</td></tr>
</table>

（续）

教学意图	教学内容	教学环节设计
给出可变量分离方程的概念。(共3min) 理解变量分离的本质，x与y相互分离。	（2）可分离变量方程的概念及其常见形式 如果一阶微分方程 $P(x, y)\mathrm{d}x+Q(x, y)\mathrm{d}y=0$ 中的 $P(x, y)$ 和 $Q(x, y)$ 均可以表示为x的函数与y的函数的乘积，则称该方程为变量分离的方程。因此只要令 $P(x, y)=M_1(x)M_2(y), \quad Q(x, y)=N_1(x)N_2(y),$ 变量分离方程可以写成如下的形式： $M_1(x)M_2(y)\mathrm{d}x+N_1(x)N_2(y)\mathrm{d}y=0$。 当 $N_1(x)M_2(y)\neq 0$ 时，上述方程可化为 $\dfrac{M_1(x)}{N_1(x)}\mathrm{d}x+\dfrac{N_2(y)}{M_2(y)}\mathrm{d}y=0$。 令 $f(x)=-\dfrac{M_1(x)}{N_1(x)}$，$g(y)=\dfrac{N_2(y)}{M_2(y)}$，则 $g(y)\mathrm{d}y=f(x)\mathrm{d}x$。 当 $g(y)\neq 0$ 时，上述方程可进一步转化为显式形式， 即$\dfrac{\mathrm{d}y}{\mathrm{d}x}$可以表示为$x$的函数与$y$的函数的乘积。 综上所述，可变量分离方程的常见形式有 $M_1(x)M_2(y)\mathrm{d}x+N_1(x)N_2(y)\mathrm{d}y=0,$ $g(y)\mathrm{d}y=f(x)\mathrm{d}x, \dfrac{\mathrm{d}y}{\mathrm{d}x}=f(x)h(y)$。	时间：3min 给出分离变量方程的定义及常见形式。
方程的隐式通解。(共1min)	（3）求解可变量分离方程 $g(y)\mathrm{d}y=f(x)\mathrm{d}x, \quad (1)$ 对式（1）两边积分 $\int g(y)\mathrm{d}y=\int f(x)\mathrm{d}x$。 $\quad (2)$ 命题：方程（1）与方程（2）同解。 设 $G(y)$ 及 $F(x)$ 依次为 $g(y)$ 及 $f(x)$ 的原函数，于是有 $G(y)=F(x)+C,$ 称为式（1）的隐式解或隐式通解。 值得注意的是，在分离变量的过程中可能会丢掉一些特解，必须补上。	时间：1min 写成式（1）后，启发学生自己想到求解方法。
例题分析。(共6min) 例1特解并不包含在通解中。	例1：求微分方程 $y'=2xy$。 解：此方程为可分离变量方程，当 $y\neq 0$ 时，分离变量得 $\dfrac{1}{y}\mathrm{d}y=2x\mathrm{d}x,$ 两边积分得 $\int\dfrac{1}{y}\mathrm{d}y=\int 2x\mathrm{d}x,$ 即 $\ln\|y\|=x^2+C_1,$ 由此推出 $y=\pm\mathrm{e}^{x^2+C_1}=\pm\mathrm{e}^{C_1}\mathrm{e}^{x^2}$。 记 $C=\pm\mathrm{e}^{C_1}$，显然C是任意非零常数。注意 $y=0$ 显然满足方程，是原方程的特解，因此规定常数C可以取零值，则原方程的解为 $y=C\mathrm{e}^{x^2},$ 其中C是任意常数。	时间：6min 先让学生课堂上自己求解，再讲解。 需要补上特解 $y=0$。

（续）

教学意图	教学内容	教学环节设计
例题分析。（共6min） 实际问题有助于培养数学建模能力和求解模型能力。	例2：设降落伞在空气中自由下落，所受空气阻力与速度成正比，阻尼系数为 k，并设降落伞离开跳伞塔时速度为零。求降落伞下落速度与时间的函数关系。 解：设降落伞下落速度为 $v(t)$。降落伞所受外力为 $F=mg-kv$。根据牛顿第二运动定律，得函数 $v(t)$ 应满足的方程为 $m\frac{\mathrm{d}v}{\mathrm{d}t}=mg-kv$，初始条件为 $v(0)=0$。 方程分离变量，得 $\frac{\mathrm{d}v}{mg-kv}=\frac{\mathrm{d}t}{m}$， 两边积分，得 $-\frac{1}{k}\ln(mg-kv)=\frac{t}{m}+C_1$， 整理得 $v=\frac{mg}{k}+Ce^{-\frac{k}{m}t}\left(C=-\frac{e^{-kC_1}}{k}\right)$， 考虑初始条件 $v(0)=0$，得 $C=-\frac{mg}{k}$， 于是降落伞下落速度与时间的函数关系为 $$v=\frac{mg}{k}\left(1-e^{-\frac{k}{m}t}\right)。$$	时间：6min 解决实际问题，需要先建立数学建模，之后再求解。 实际问题中，方程参数比较多，求解时需细心。
4. 最速降线问题求解（12min）		
求解最速降线问题。（共2min） 有些方程不是可变量分离方程的常见形式，需要做相应的变形。 识别出方程是可变量分离的方程后，接下来求解只需要积分即可。	（1）求最速降线方程的解。 求解微分方程 $y[1+(y')^2]=C$，$y(0)=0$，$y(x_1)=y_1$。 解：从中解出 y'，将原方程改写成显式的一阶微分方程： $$y'=\pm\sqrt{\frac{C-y}{y}},$$ 这是变量分离方程。分离变量，得 $$\mathrm{d}x=\pm\sqrt{\frac{y}{C-y}}\mathrm{d}y。$$ 注意到 $y(0)=0$，有 $$\int_0^x\mathrm{d}x=\int_0^y\sqrt{\frac{y}{C-y}}\mathrm{d}y,$$ 令 $\sqrt{\frac{y}{C-y}}=u$，即 $y=C-\frac{C}{1+u^2}$， 则 $\mathrm{d}y=\frac{2Cu}{(1+u^2)^2}\mathrm{d}u$，从而 $$\int_0^y\sqrt{\frac{y}{C-y}}\mathrm{d}y=\int_0^{\sqrt{\frac{y}{C-y}}}\frac{2Cu^2}{(1+u^2)^2}\mathrm{d}u$$ $$=C\arctan\sqrt{\frac{y}{C-y}}-\sqrt{y(C-y)}。$$ 进而，有 $x=C\arctan\sqrt{\frac{y}{C-y}}-\sqrt{y(C-y)}$。再结合另外一个边值条件，可确定参数 C。这实际上就是最速降线 $y=y(x)$ 的隐式表达式，但表达式相对复杂。	时间：2min <u>设问：</u>观察该方程，是否属于变量分离方程？ <u>提问：</u>如何对等式右端的无理函数进行积分？ 再次提醒学生掌握积分的基本方法。

（续）

<table>
<tr><th>教学意图</th><th>教学内容</th><th>教学环节设计</th></tr>
<tr><td>继续求解最速降线问题。（共2min）

要求学生掌握积分的换元法。结合具体建模过程选择换元变量。</td><td>（2）将隐式通解改写成参数式。
由于在建模中出现$\frac{\sin\alpha}{\sqrt{y}}=\sqrt{2gc}$，可将其改写成
$$y=C\sin^2\alpha\left(C=\frac{1}{2gc^2}\right),$$
自然地可以联想到，将 α 作为参数，给出最速降线的参数方程。接下来，只需要用 α 表示 x 即可。
由 $y=C\sin^2\alpha$ 可知，$\mathrm{d}y=2C\sin\alpha\cos\alpha\mathrm{d}\alpha$，
$$\sqrt{\frac{y}{C-y}}=\sqrt{\frac{C\sin^2\alpha}{C-C\sin^2\alpha}}=\sqrt{\tan^2\alpha}=\tan\alpha,$$
将其代入 $\mathrm{d}x=\pm\sqrt{\frac{y}{C-y}}\mathrm{d}y$，有
$$\mathrm{d}x=2C\sin^2\alpha\mathrm{d}\alpha=C(1-\cos2\alpha)\mathrm{d}\alpha。$$
再次积分得
$$x=\frac{C}{2}[2\alpha-\sin(2\alpha)]+C_0。$$
最后将表达式 y 中的三角函数降幂，得方程通解
$$\begin{cases}x=\frac{C}{2}[2\alpha-\sin(2\alpha)]+C_0,\\ y=\frac{C}{2}[1-\cos(2\alpha)],\end{cases}$$
其中 C_0，C 的值和 α 的取值范围都待定。</td><td>时间：2min

<u>引导思考：</u>
是否有其他的换元方式？提示最速降线问题的建模过程。</td></tr>
<tr><td>求解常微分方程的边值问题。（共2min）</td><td>（3）考虑边值条件，求特解。
<table><tr><th>边值条件</th><th>α</th><th>坐标</th><th>参数</th></tr><tr><td>$y(0)=0$</td><td>$\alpha=0$</td><td>$0=\frac{C}{2}[0-\sin(0)]+C_0$</td><td>$C_0=0$</td></tr><tr><td>$y(x_1)=y_1$
$x_1>0,y_1>0$</td><td>$\alpha=\alpha_1$</td><td>$x_1=\frac{C}{2}[2\alpha_1-\sin(2\alpha_1)]$
$y_1=\frac{C}{2}[1-\cos(2\alpha_1)]$</td><td>$\alpha_1$
C</td></tr></table>
事实上，参数 α_1 和 C 的值可以通过终点坐标（x_1，y_1）确定，其中 $C=\frac{2x_1}{2\alpha_1-\sin2\alpha_1}$，
而 $\alpha_1\in(0,\pi)$ 是满足$\frac{y_1}{x_1}=\frac{1-\cos2\alpha_1}{2\alpha_1-\sin2\alpha_1}$的唯一解，
特别地，当 $\frac{y_1}{x_1}\geqslant\frac{2}{\pi}$ 时，$\alpha_1\in\left(0,\frac{\pi}{2}\right]$，当 $\frac{y_1}{x_1}<\frac{2}{\pi}$ 时，$\alpha_1\in\left(\frac{\pi}{2},\pi\right)$。
最后令 $a=\frac{C}{2}$，$\theta=2\alpha$，可知连接（0，0）和（x_1，y_1）两点（$x_1>0$，$y_1>0$）的最速降线的参数方程是
$$\begin{cases}x=a(\theta-\sin\theta),\\ y=a(1-\cos\theta),\end{cases}0<\theta<2\alpha_1<2\pi。$$</td><td>时间：2min

结合边值条件，求特解。</td></tr>
</table>

（续）

教学意图	教学内容	教学环节设计
对摆线进行分析。(共2min) 展示自制教具。 展示动画程序。	（4）回顾一下摆线及生成过程。 摆线（Cycloid）是一个圆沿一条直线运动时，圆边界上一定点所形成的轨迹。 为了让学生直观理解，展示自制摆线教具。 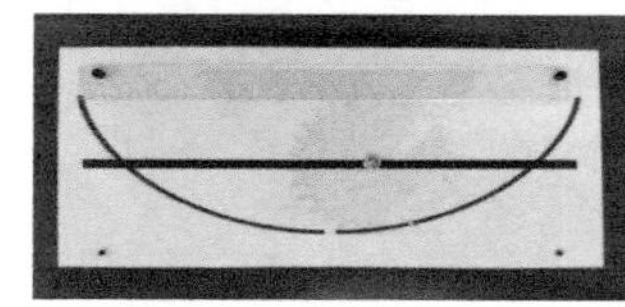 演示动画程序： 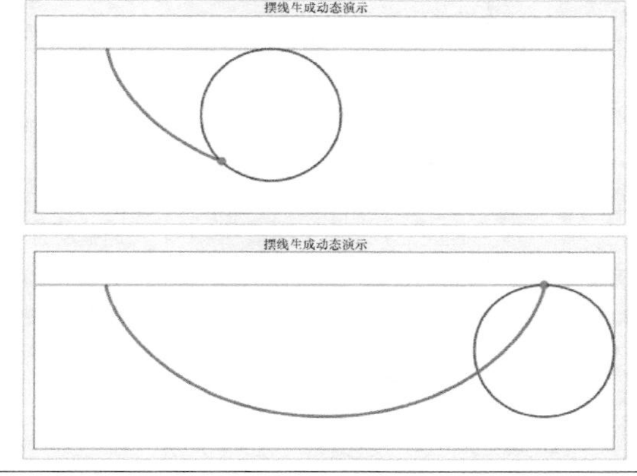 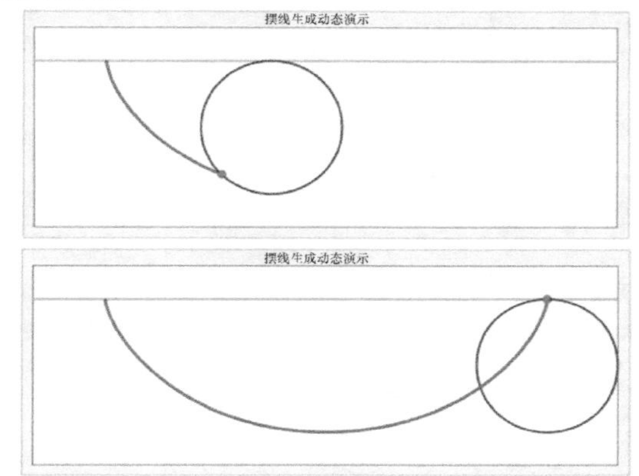 	时间：2min 提问：大家对这个参数方程熟悉吗？ 最速降线竟然就是摆线！ 利用 MATLAB 软件编程直观展现摆线的生成。
进一步分析摆线性质，验证其满足建模的关系等式。(共2min) 展示动画程序。	（5）摆线性质动态分析。 数值模拟验证摆线方程满足建模过程中的等式： $$\frac{\sin\alpha}{\sqrt{y}}=\sqrt{2gc}。$$ 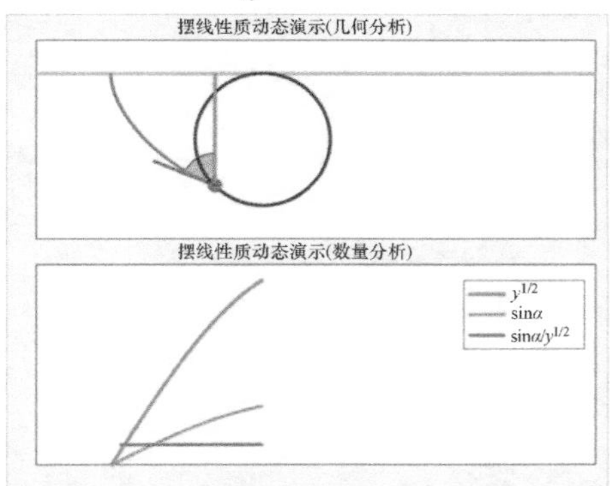 结合摆线的生成过程，在摆线性质动态演示（几何分析）中任取摆线上一点，α 为摆线切线与垂直方向的夹角，y 为该点到水平线的距离，并在摆线性质动态演示（数量分析）中记录该点处的 $\sin\alpha$ 值（用橙色曲线表示）、$\sqrt{y}$ 的值（绿色曲线）及相应的比值 $\frac{\sin\alpha}{\sqrt{y}}$（粉色曲线）。不同点处的 $\frac{\sin\alpha}{\sqrt{y}}$ 恒为常数，满足建模的关系等式。	时间：2min 提问： 摆线是由圆沿直线滚动生成的，为什么它会是最速降线？ 再次回顾建模过程。 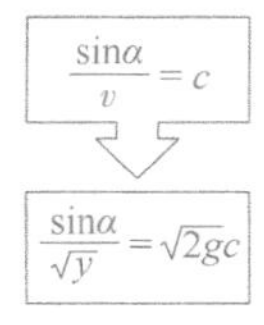 用 MATLAB 编程做数值模拟验证摆线满足该等式。

（续）

教学意图	教学内容	教学环节设计
进一步揭示建模等式中常数的意义。（共2min）	（6）摆线性质定量分析。 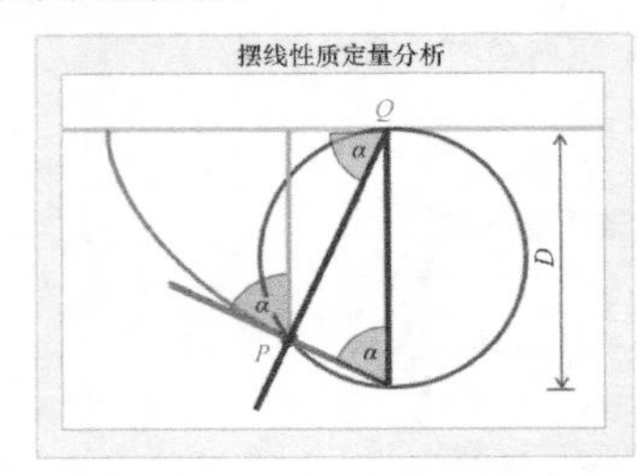 首先明确一点：在点 P 作摆线的法线，该法线一定交圆周于 Q 点，即圆与直线的切点。这个结论的证明留给学生。 于是可见，$y=\|PQ\|\sin\alpha$；$\|PQ\|=D\sin\alpha$， 从而推出$\frac{\sin\alpha}{\sqrt{y}}=\frac{1}{\sqrt{D}}$。这揭示了摆线和最速降线的关系。	时间：2min 设问： 如何严格证明$\frac{\sin\alpha}{\sqrt{y}}$恒为常数这一结论呢？
	5. 应用拓展与思考（4min）	
进一步加深对最速降线的认识，展示最速降线在生活中的应用。（共2min）	（1）生活中的最速降线。 首先展示不同形状的最速降线： 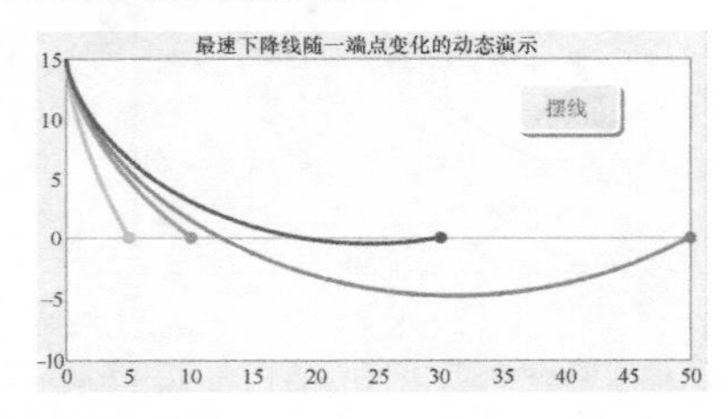 最速降线在很多建筑中有广泛的应用。在一些常见的建筑物中，都可以看到最速降线的身影。比如，过山车、极限运动的 U 形池。  过山车  极限运动的U形池 建造过山车的工程师，总是绞尽脑汁在有限的垂直下降距离里，尽快达到最高速，挑战刺激的极限。极限运动的 U 形池也被设计成最速降线的形状，经验丰富的选手可以利用它得到最大加速。  故宫屋顶上的最速降线 故宫的瓦楞线条被设计成最速降线的形状，以保证雨水沿着它下落最快，减少雨水对建筑物的腐蚀。	时间：2min 数值模拟固定一端点，另一端点变化的最速降线的形状。 提问： 图片中曲线的形状是什么？为什么这样设计？

（续）

教学意图	教学内容	教学环节设计
由最速降线引出更一般的数学描述及数学方法，拓展学生的视野。（共1min）	（2）最速降线与变分学的诞生。 雅各布·伯努利给出了最速降线的更一般的描述，体现了变分的思想。 设 $M=\{y(x)\in C^1(0,x_1):y(0)=0,y(x_1)=y_1\}$，它表示连接（0，0）和（$x_1$，$y_1$）两点（$x_1>0$，$y_1>0$）的所有光滑曲线。给定一条曲线，可以求出小球沿该曲线下滑的时间： $$T(y)=\frac{1}{\sqrt{2g}}\int_0^{x_1}\sqrt{\frac{1+(y')^2}{y}}\mathrm{d}x。$$ 而最速降线问题就是求 $\min\limits_{y\in M}T(y)$ 所对应的曲线 $y=y(x)$。 注意到 $T(y)$ 是定义在函数空间上的映射，数学上称其为泛函。而 $\min\limits_{y\in M}T(y)$ 也就对应着泛函极值问题。 后来，大数学家欧拉也开始关注这个问题，并于1744年最先给出了这类问题的普遍解法，最终开创了变分学这一新的数学分支。可以说最速降线问题直接导致了变分学的诞生，这也是此次挑战的最大意义所在。	时间：1min
课后思考。（共1min） 展示动画程序。 启发学生研究最速下降的圆弧线方程。	（3）课后思考 回应最初提到的伽利略关于圆弧线的问题：若限定连接两点的曲线为圆弧，则下落时间最短的圆弧曲线是什么？它与最速降线的差距有多大？ 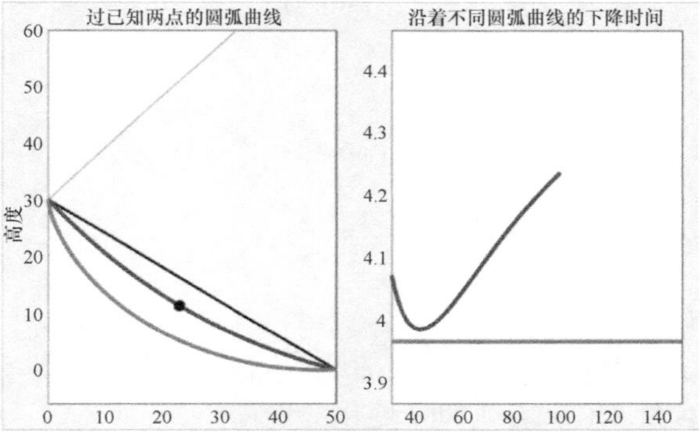 上图左，粉色曲线是最速降线，蓝色曲线是动态变化的圆弧线。上图右，横轴表示圆弧的纵坐标，纵轴表示下降时间，粉色曲线是最速降线的下降时间，蓝色曲线是动态变化的圆弧线的下降时间。	时间：1min 用数值模拟的方法找到最速下降圆弧线（下图中的蓝色曲线）。 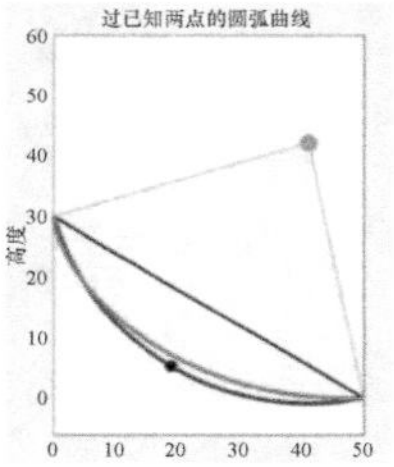

四、学情分析与教学评价

本教学内容的对象为理工科一年级第二学期的学生，通过第一学期高等数学及本学期线性代数的学习，他们具备了一定的数学思想和素养。

通过第一学期的大学学习，学生初步适应了大学生活，具备了较为充分的学习心理准备，独立学习能力日益增强。通过本课程前面各章节的学习，学习已掌握求导、积分的理论知识，而微分方程这一章正是建立理论联系实际的桥梁。因此在教学过程中进一步激发学生的学习兴趣，通过贴近生活的实际应用案例，帮助学生深刻理解相关知识，将会极大地提高他们的学习热情，培养他们学以致用的意识。

为了提升学生学习兴趣，制作教具，让最速降线的问题直观生动。加强课堂互动，引导学生在学习过程中发现问题，思考问题，启发学生自主思考、主动参与，让学生体验如何针对最速降线展开研究，进而建立数学模型，得到问题的求解结果。结合现实生活中的建筑中最速降线的例子，引导学生在生活中发现数学，提高他们解决实际问题的能力。围绕最速降线扩展学生的知识面，开阔学生视野，激发学生探究新知识、新领域的兴趣。

五、预习任务与课后作业

预习　一阶线性微分方程与常数变易法。

作业

1. 求下列方程的通解。

（1）$y' = \tan x \cdot \tan y$；

（2）$\dfrac{x\mathrm{d}x}{\sqrt{1-y^2}} + \dfrac{y\mathrm{d}y}{\sqrt{1-x^2}} = 0$；

（3）$yy' = -2x\sec y$；

（4）$y' = ay^2 + (a+x)y'$；

（5）$(y+1)^2 y' + x^3 = 0$。

2. 求满足初始条件的解。

（1）$y'\sin x = y\ln y$，$y\big|_{x=\frac{\pi}{2}} = \mathrm{e}$；

（2）$y'\cos x = \dfrac{y}{\ln y}$，$y\big|_{x=0} = 1$；

（3）$3\mathrm{e}^x \tan y\mathrm{d}x + (1+\mathrm{e}^x)\sec^2 y\mathrm{d}y = 0$，$y\big|_{x=0} = \dfrac{\pi}{4}$；

（4）$xy' + x + \sin(x+y) = 0$，$y\big|_{x=\frac{\pi}{2}} = 0$。

3. 已知放射性元素铀的衰变速度与当时未衰变的原子的含量 M 成正比，设 $t=0$ 时铀的含量为 M。求在衰变过程中铀含量 $M(t)$ 随时间 t 变化的规律。

某些特殊类型的高阶方程

一、教学目标

常微分方程是解决数学问题和生活问题的重要工具。在解决实际问题的过程中，首先建立实际问题的数学模型，即建立反映该实际问题的微分方程，进而求解微分方程，以达到解决实际问题的目的。

对于一般的高阶微分方程没有普遍的解法，本节讨论三种特殊形式的高阶微分方程，它们可以通过积分或适当的变量替换降阶为一阶微分方程，然后通过求解一阶微分方程，再将变量代回，可求得高阶微分方程的解。正确判断微分方程的类型，熟练地掌握不同类型常微分方程的求解技巧，是本节学习的基本要求。

本次课的教学目标是：

1. 学好基础知识，正确判断可降阶高阶微分方程的三种类型。
2. 掌握基本技能，掌握求解可降阶高阶微分方程的解题技巧。
3. 培养思维能力，能够对实际问题建立数学模型，分析判断微分方程类型并进行求解，培养学生解决实际问题的能力。

二、教学内容

1. 教学内容

1）熟悉可降阶高阶微分方程的三种类型；

2）熟悉可降阶高阶微分方程的求解方法；

3）悬链线微分方程的建立及求解；

4）了解悬链线的应用。

2. 教学重点

1）掌握 $y^{(n)}=f(x)$ 型方程的求解方法；

2）掌握 $y''=f(x, y')$ 型方程的求解方法；

3）掌握 $y''=f(y, y')$ 型方程的求解方法。

3. 教学难点

1）$y^{(n)}=f(x)$ 型方程的求解方法；

2）$y''=f(x, y')$ 型方程的求解方法；

3）$y''=f(y, y')$ 型方程的求解方法。

三、教学进程安排

1. 教学进程框图（45min）

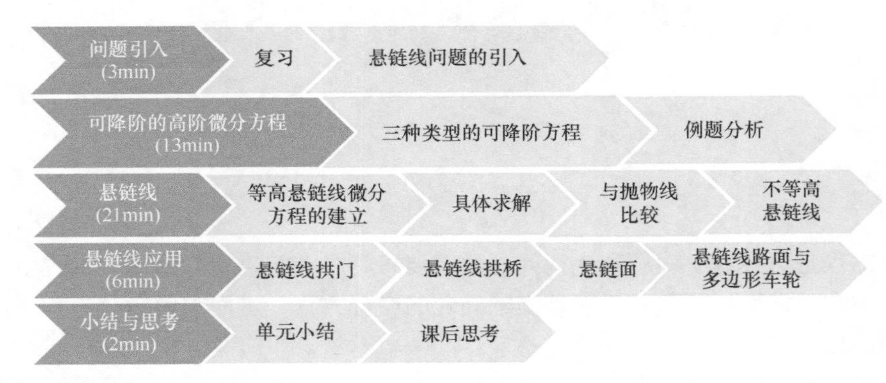

2. 教学环节设计

教学意图	教学内容	教学环节设计
1. 问题引入（3min）		
复习几类一阶常微分方程的解法，引入本节内容，即可降阶的高阶微分方程的解法。（共3min）	复习： 一阶微分方程及具体解法： （1）可分离变量：$g(y)\mathrm{d}y=f(x)\mathrm{d}x$； （2）齐次方程：$\frac{\mathrm{d}y}{\mathrm{d}x}=\varphi\left(\frac{y}{x}\right)$； （3）线性方程：$\frac{\mathrm{d}y}{\mathrm{d}x}+P(x)y=Q(x)$； （4）伯努利方程：$\frac{\mathrm{d}y}{\mathrm{d}x}+P(x)y=Q(x)y^n$（$n\neq0$，1）。	时间：1min 提问式复习： 考查学生对一阶微分方程内容的掌握情况，对学生回答进行评述。
用名画和悬链线问题的历史来引起学生的学习兴趣，激发学生的学习积极性。	悬链线的引入： （1）观察生活中的几张图片，分别是防护栏、蜘蛛网和电缆线，它们的形状有共同的特点，统称为悬链线。  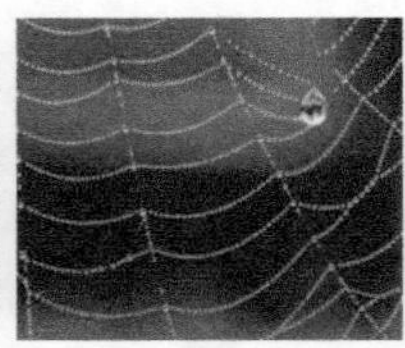  （2）悬链线问题的引入 2018年“致敬达·芬奇”全球光影艺术体验大展的北京站和上海站都吸引了近千万观众，在国内的宣传海报上呈现的是达·芬奇的一幅名画《抱银貂的女人》，达·芬奇曾考虑图片中的女子所带的项链是什么形状，也就是：固定项链的两端，使其在重力的作用下自然下垂，那么项链所形成的曲线是什么？这条曲线就称为悬链线（Catenary）。	时间：2min 观察： 生活中的几个图片，图片中含有特殊的曲线，即为悬链线。 引导思考： 由“致敬达·芬奇”光影艺术体验大展的宣传海报，引出悬链线问题的历史由来。激发学生的学习兴趣。

（续）

教学意图	教学内容	教学环节设计
明确本次课的具体内容。	TRIBUTE TO DA VINCI 致敬达·芬奇 这条悬链线曲线方程是什么呢？达·芬奇本人没有解决这个问题，该问题存在多年且一直被人研究，但曾一度悬而未决。伽利略就曾推测过悬链线是一条抛物线，荷兰物理学家惠更斯用物理方法证明了这条曲线不是抛物线，但到底是什么，他一时也求不出来。几十年后，雅各布·伯努利再次提出这个问题，并向全欧洲的数学家发起挑战。莱布尼茨、惠更斯和雅各布·伯努利的弟弟约翰·伯努利最终解决了此问题。这也是伯努利兄弟间的一段佳话。 固定项链的两端，使其在重力的作用下自然下垂，那么项链所形成的曲线是什么？ 达·芬奇　伽利略　惠更斯　雅各布·伯努利　莱布尼茨　约翰·伯努利 本次课我们将用微积分的方法解决悬链线的具体问题。对于实际问题，可以建立相应的数学模型。而悬链线问题的解决会涉及高阶微分方程。微分方程的阶在一定程度上反映了求解微分方程的难度，如果能把一个 n 阶微分方程降低到 $n-1$ 阶，那就使求解微分方程的问题前进了一步。本节将讨论三类特殊类型的可降阶的高阶微分方程的具体解法，并利用相应求解方法解决悬链线问题。	教具展式： 从外表上看，悬链线真的很像抛物线。 讲解： 提出本次课讲解的主要内容。
2. 可降阶的高阶微分方程（13min）		
讲解三类特殊类型的可降阶的高阶微分方程的具体解法。（共5min）	（1）形如 $y^{(n)}=f(x)$ 的方程。 具体解法：两边积分 n 次，即有 $$y^{(n-1)}=\int f(x)\mathrm{d}x+C_1=f_1(x)+C_1,$$ $$y^{(n-2)}=\int(f_1(x)+C_1)\mathrm{d}x+C_2=f_2(x)+C_1x+C_2,$$ $$\vdots$$ $$y=f_n(x)+\frac{C_1}{(n-1)!}x^{n-1}+\frac{C_2}{(n-2)!}x^{n-2}+\cdots+C_{n-1}x+C_n,$$ 其中 $f_n(x)=\iiint\cdots\int f(x)\mathrm{d}x^n$（$n$ 次积分）， 令 $C_1^*=\frac{C_1}{(n-1)!}x^{n-1}$，$C_2^*=\frac{C_2}{(n-2)!}x^{n-2}$，…，$C_n^*=C_n$， 则 $y^{(n)}=f(x)$ 的通解 $$y=f_n(x)+C_1^*x^{n-1}+C_2^*x^{n-2}+\cdots+C_{n-1}^*x+C_n^*。$$	时间：2min 提问： 一般的 n 阶常微分方程的形式是什么？ $y^{(n)}=f(x)$ 如何降阶？ 反馈： 肯定学生的正确回答，并给予鼓励。

（续）

教学意图	教学内容	教学环节设计
从特殊到一般，讲解不显含未知函数 y 的可降阶的高阶微分方程。	（2）形如 $y''=f(x,\ y')$ 的方程。 具体解法：令 $y'=p(x)$，则 $y''=p'(x)$。 原微分方程可化为 $p'=f(x,\ p)$，这是以 x 为自变量，p 为未知函数的一阶常微分方程。 求解出 $p(x)$ 的具体表达式后，再代回原变量 $y'=p(x)$，得到以 x 为自变量，y 为未知函数的一阶常微分方程。积分得原方程的解。 一般地，形如 $F(x,\ y^{(k)},\ y^{(k+1)},\ \cdots,\ y^{(n)})=0$ 的方程，其特点是：不含未知函数 $y,\ y',\ y'',\ \cdots,\ y^{(k-1)}$。 具体解法：以方程中所含最低阶导数作为新的未知变量，令 $y^{(k)}(x)=z(x)$，则可将 $F(x,\ y^{(k)},\ y^{(k+1)},\ \cdots,\ y^{(n)})=0$ 化为 $n-k$阶常微分方程 $F(x,\ z,\ z',\ \cdots,\ z^{(n-k)})=0$。	时间：3min 提问： $y''=f(x,\ y')$ 如何降阶？ 追问： 一般的不显含未知函数 y 的高阶方程如何降阶？
从特殊到一般，讲解不显含自变量 x 的可降阶高阶方程。(共4min)	（3）形如 $y''=f(y,\ y')$ 的方程 分析：若令 $y'=p(x)$，则 $y''=p'(x)$。 原方程可化为 $p'=f(y,\ p)$，注意 p 是 x 的函数，这个方程中含有的变量是 $x,\ y,\ p$，引入变量 p 后并没有将方程真正的降阶。 具体解法：令 $y'=p(y)$，则由复合函数求导公式，有 $y''=\frac{\mathrm{d}p}{\mathrm{d}y}\frac{\mathrm{d}y}{\mathrm{d}x}=p\frac{\mathrm{d}p}{\mathrm{d}y}$。 则 $y''=f(y,\ y')$ 可化为 $p\frac{\mathrm{d}p}{\mathrm{d}y}=f(y,\ p)$，这是以 y 为自变量，p 为未知函数的一阶常微分方程。 求解出 $p(y)$ 的具体表达式后，再代回原变量 $y'=p(y)$，这是以 x 为自变量，y 为未知函数的一阶常微分方程。 一般地，形如 $F(y,\ y',\ y'',\ \cdots,\ y^{(n)})=0$ 的方程，其特点是：不含未知函数 x。 具体解法：令 $y'=p(y)$，则 $y''=p\frac{\mathrm{d}p}{\mathrm{d}y}$， $y^{(3)}=\frac{\mathrm{d}\left(p\frac{\mathrm{d}p}{\mathrm{d}y}\right)}{\mathrm{d}y}\frac{\mathrm{d}y}{\mathrm{d}x}=p\left[p\frac{\mathrm{d}^2p}{\mathrm{d}y^2}+\left(\frac{\mathrm{d}p}{\mathrm{d}y}\right)^2\right]$， 代入原方程可降低一阶。	时间：4min 引导思考： 可否仿照 $y''=f(y,\ y')$ 的求解思路？ $p'=f(y,\ p)$ 是一阶常微分方程吗？ 可以将 y 看作自变量，x 看作为未知函数。 板书： 复合函数求导过程，强调函数关系及求导对象。
可降阶的高阶微分方程求解举例。（共4min）	例1：求解微分方程 $y''=\mathrm{sh}x+2^x$。 分析：这是形如 $y^{(n)}=f(x)$ 的方程，可通过连续积分得到方程的通解。双曲正弦函数和双曲余弦函数的表达式： $\mathrm{sh}x=\frac{\mathrm{e}^x-\mathrm{e}^{-x}}{2}$，$\mathrm{ch}x=\frac{\mathrm{e}^x+\mathrm{e}^{-x}}{2}$。 两者的关系： $(\mathrm{sh}x)'=\mathrm{ch}x$，$(\mathrm{ch}x)'=\mathrm{sh}x$。 解：方程两端积分得 $y'=\int(\mathrm{sh}x+2^x)\mathrm{d}x=\mathrm{ch}x+\frac{1}{\ln 2}2^x+C_1$， 再两端积分得 $y=\int\left(\mathrm{ch}x+\frac{1}{\ln 2}2^x+C_1\right)\mathrm{d}x=\mathrm{sh}x+\frac{1}{(\ln 2)^2}2^x+C_1x+C_2$， 其中 C_1，C_2是任意常数。	时间：4min 提问： 双曲正弦函数和双曲余弦函数的表达式和相互关系？ 类比正弦函数和余弦函数。

（续）

<table>
<tr><th>教学意图</th><th>教学内容</th><th>教学环节设计</th></tr>
<tr><td colspan="3">3. 悬链线（21min）</td></tr>
<tr><td>通过建立悬链线的直角坐标系，受力分析得到悬链线关系式，进而建立等高悬链线的微分方程，让学生理解微分方程的建模思想。（共6min）</td><td>建立等高悬链线满足的微分方程：
（1）悬链线受力平衡分析。
以曲线最低点 P 为坐标原点，点 P 处的水平切线为 x 轴，如图所示建立平面直角坐标系，在曲线上任意取一点 $Q=(x, y)$。设曲线的线密度是 w，$\widehat{PQ}$这段弧长为 s，对弧段$\widehat{PQ}$进行受力分析：弧段$\widehat{PQ}$的重力大小为 wsg，其方向垂直向下，P 和 Q 两点的张力，分别沿着 P、Q 两点的切线方向，大小记为 T_P 和 T_Q。如图所示引入角 θ，对力进行水平方向和垂直方向的分解，得受力平衡关系式：
$$T_Q\sin\theta=wsg,\ T_Q\cos\theta=T_P。$$
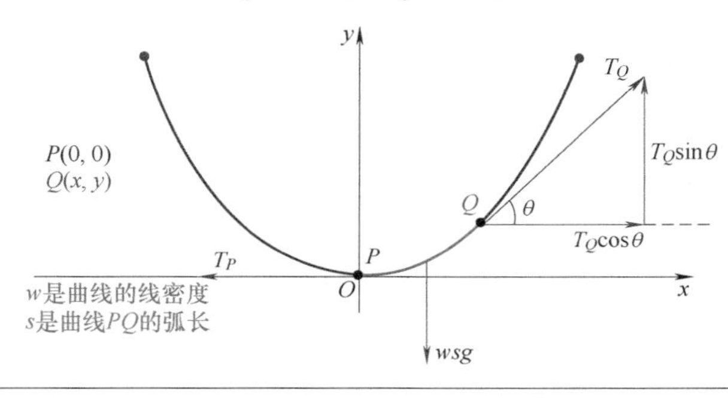
</td><td>时间：3min
设问：
如何建立悬链线所满足的方程？</td></tr>
<tr><td>去掉方程中的参数 T_Q，θ 和 s。</td><td>（2）悬链线微分方程的建立。
将平衡关系式两边对应相除，得 $\tan\theta=\frac{wsg}{T_P}$。从而消去参数 T_Q。由于 θ 是点 Q 处的张力与水平方向的夹角，即 $\tan\theta$ 是曲线在点 Q 处切线的斜率，利用导数的几何意义 $y'=\tan\theta$，故 $y'=\frac{wsg}{T_P}$，从而消去参数 θ。利用弧长公式，得$\widehat{PQ}$这段弧长 $s=\int_0^x\sqrt{1+(y'(t))^2}\mathrm{d}t$，代入上式得
$$y'=\frac{wg}{T_P}\int_0^x\sqrt{1+(y'(t))^2}\mathrm{d}t,$$
最后对方程两边同时求导，得
$$y''=\frac{1}{a}\sqrt{1+(y')^2},$$
其中 $a=\frac{T_P}{wg}$ 是常数。
由于点 P 是坐标原点，且具有水平切线，故
$$y(0)=0,\ y'(0)=0。$$
综合上述分析，得如下初值问题：
$$\begin{cases}y''=\frac{1}{a}\sqrt{1+(y')^2},\\ y(0)=0,\ y'(0)=0。\end{cases}$$
求解悬链线的形状 $y=y(x)$ 就归结到求解上述二阶常微分方程初值问题。</td><td>时间：3min
提问：
受力平衡关系式中有太多变量，如何简化平衡方程？
PPT 设计用不同颜色标记变量。
引导思考：
如何去掉方程中 T_Q，θ，s？

如何去掉方程中的积分项？

如何确定初始条件？</td></tr>
</table>

（续）

教学意图	教学内容	教学环节设计
求解等高悬链线微分方程。(共5min) 让学生掌握不显含未知函数的高阶微分方程求解方法。	等高悬链线微分方程的求解： 由于 $y''=\frac{1}{a}\sqrt{1+(y')^2}$ 中既不显含自变量 x 也不显含未知函数 y，因此既属于形如 $y''=f(x,y')$ 的方程，又属于形如 $y''=f(y,y')$ 的方程，可通过两种方式降阶。 第一种方式：将 $y''=\frac{1}{a}\sqrt{1+(y')^2}$ 看作形如 $y''=f(x,y')$ 的方程，求解初值问题 $\begin{cases}y''=\frac{1}{a}\sqrt{1+(y')^2},\\ y(0)=0,\ y'(0)=0。\end{cases}$ 解法一：令 $y'=p(x)$，则 $y''=p'(x)$，结合初始条件 $y'(0)=0$ 得关于 $p(x)$ 的一阶常微分方程初值问题：$\begin{cases}p'=\frac{1}{a}\sqrt{1+(p)^2},\\ p(0)=0。\end{cases}$ 对第一个方程分离变量，得 $\frac{p\mathrm{d}p}{\sqrt{1+p^2}}=\frac{1}{a}\mathrm{d}x$， 两边积分得通解 $p=\mathrm{sh}\left(\frac{x}{a}+C_1\right)$，其中 C_1 是任意常数。 再代入初始条件 $p(0)=0$，得 $C_1=0$。综上，$p(x)=\mathrm{sh}\,\frac{x}{a}$。代回原变量并结合初始条件得关于 $y(x)$ 的一阶常微分方程初值问题： $\begin{cases}y'=\mathrm{sh}\,\frac{x}{a},\\ y(0)=0。\end{cases}$ 积分并代入初值得 $y=a\mathrm{ch}\,\frac{x}{a}-a$。	时间：5min 引导思考： 此微分方程属于哪一类可降阶的微分方程？ 引导思考： 一阶微分方程如何求解？
让学生掌握不显含自变量的高阶微分方程求解方法。(共5min)	第二种方式：将 $y''=\frac{1}{a}\sqrt{1+(y')^2}$ 看作形如 $y''=f(y,y')$ 的方程，求解初值问题 $\begin{cases}y''=\frac{1}{a}\sqrt{1+(y')^2},\\ y(0)=0,\ y'(0)=0。\end{cases}$ 解法二：令 $y'=p(y)$，则 $y''=p\frac{\mathrm{d}p}{\mathrm{d}y}$，$p(0)=0$，得关于 $p(y)$ 的一阶常微分方程的初值问题：$\begin{cases}p\frac{\mathrm{d}p}{\mathrm{d}y}=\frac{1}{a}\sqrt{1+p^2},\\ p(0)=0,\end{cases}$ 对第一个方程分离变量，得 $\frac{\mathrm{d}p}{\sqrt{1+p^2}}=\frac{1}{a}\mathrm{d}y$， 两边积分得 $\sqrt{1+p^2}=\frac{y}{a}+C_1$，其中 C_1 是任意常数。 代入初始条件 $p(0)=0$，得 $C_1=1$。 所以 $p(y)=\frac{1}{a}\sqrt{y^2+2ay}$。 再代回原变量并结合初始条件得关于 $y(x)$ 的一阶常微分方程初值问题：$\begin{cases}y'=\frac{1}{a}\sqrt{y^2+2ay},\\ y(0)=0,\end{cases}$	时间：5min 强调函数关系及求导对象。

（续）

<table>
<tr><th>教学意图</th><th>教学内容</th><th>教学环节设计</th></tr>
<tr><td></td><td>将 $y'=\frac{1}{a}\sqrt{y^2+2ay}$ 分离变量，得 $\frac{\mathrm{d}y}{\sqrt{(y+a)^2-a^2}}=\frac{1}{a}\mathrm{d}x$，
积分得 $a+y+\sqrt{(y+a)^2-a^2}=a\mathrm{e}^{\frac{x}{a}+C_2}$，
其中 C_2 是任意常数。
代入初始条件 $y(0)=0$ 得 $C_2=0$。
整理得 $y=a\frac{\mathrm{e}^{\frac{x}{a}}+\mathrm{e}^{-\frac{x}{a}}}{2}-a=a\mathrm{ch}\frac{x}{a}-a$。
综上所述，通过对微分方程的降阶求解，得到悬链线方程是双曲余弦函数。</td><td><u>提问：</u>所求指数函数是什么类型的函数？</td></tr>
<tr><td rowspan="2">认识悬链线的函数图形，并将悬链线与抛物线进行对比。（共2min）

展示动画程序。</td><td>悬链线形状随参数变化情况：
悬链线方程是关于 a 的函数，改变 a 的值悬链线的形状逐渐发生变化。
a=0.5　　a=5.71186</td><td>时间：1min
<u>动画演示：</u>直观展式悬链线在不同参数下的形状。</td></tr>
<tr><td>悬链线与抛物线的对比分析：
固定曲线两端点，要求连接两端点的悬链线与抛物线长度相同，同时改变两种类型曲线的长度，通过动画演示对比曲线形状，其中蓝色曲线表示悬链线，粉色曲线表示抛物线。
悬链线与抛物线对比分析(弧长相同时形状对比)　绳长 L=7.5
悬链线与抛物线对比分析(弧长相同时形状对比)　绳长 L=12
观察可知，曲线长度较短时两条曲线差异不明显；随着曲线长度的增加，它们渐行渐远，当曲线长度较大时，两条曲线有了明显差异。
双曲余弦函数是超越函数，在微积分出现以前，仅仅靠初等数学的手段无法解决悬链线问题。</td><td>时间：1min
<u>观察演示：</u>
绳长较短时悬链线与抛物线的差异如何？
绳长较长时悬链线与抛物线的差异如何？</td></tr>
</table>

（续）

教学意图	教学内容	教学环节设计
两端不等高时的悬链线微分方程及图形。（共3min）	不等高悬链线的微分方程及图形： （1）如图所示蜘蛛网出现很多悬链线，有的是等高悬链线，有的是不等高悬链线，若不等高悬链线的最低点依然存在水平切线，则可以以最低点为原点，最低点处的水平切线为 x 轴建立直角坐标系，此时具体分析与等高悬链线的情形完全相同。若悬链线的最低点处不再具有水平切线，则前面的讨论失效，需要一般性地讨论曲线上任意小段弧的受力情况，并用微分中值定理等数学方法进行建模，最终悬链线微分方程不变，但是定解条件是边值条件： $\begin{cases} y''=\frac{1}{a}\sqrt{1+(y')^2}, \\ y(x_1)=y_1,\ y(x_2)=y_2, \end{cases}$ 其中 (x_1, y_1)，(x_2, y_2) 是悬链线两端点的坐标，$a=\frac{T}{wg}$ 是常数。这里 T 表示曲线上任意一点的水平张力（处处相等）。 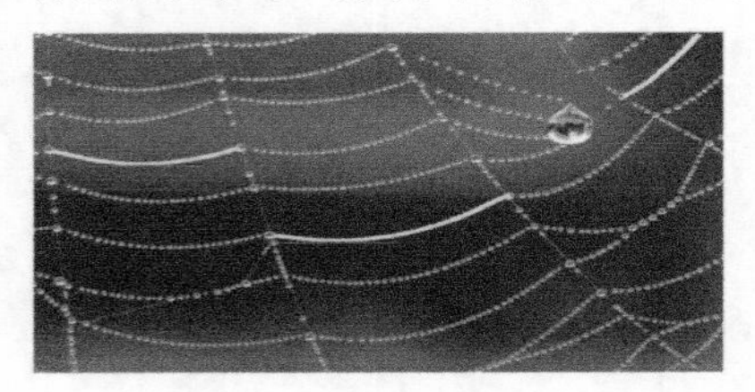	时间：3min 逐步引导： 结合图片展示两端等高的悬链线和不等高悬链线。分析不同悬链线曲线的形状和特点，引导学生课后建立不等高且无水平切线悬链线微分方程。
展示动画程序。	（2）计算机模拟展示边值问题的求解结果，认识不同类型的悬链线。固定悬链线一端，移动另一端，悬链线的形状随之改变，由具有水平切线的悬链线逐渐变化为无水平切线的悬链线。 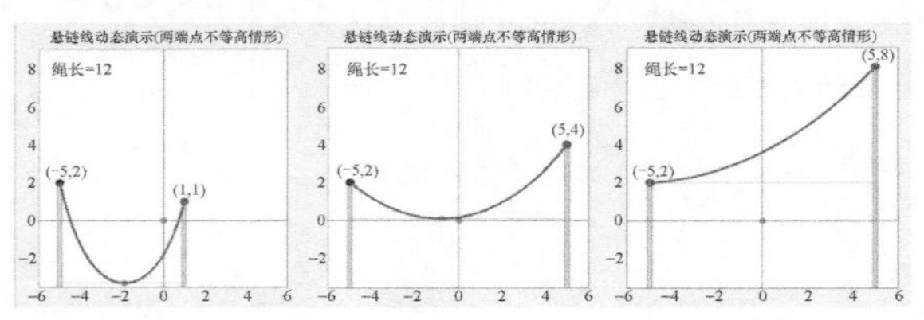 	演示 MATLAB 程序运行结果，通过动画效果，加深对悬链线图形的认识。
	4. 悬链线应用（6min）	
介绍悬链线的四个应用。（共6min）	（1）悬链线拱门 下图是世界知名建筑：美国的圣路易斯拱门、匈牙利的布达佩斯火车站、英国的谢菲尔德冬季花园。它们的形状都是倒置的悬链线。为何建筑上选择这样的形状呢？因为悬链线各截面的弯矩为零，这样的穹顶更加坚固。悬链线拱是一种非常科学的拱桥形式，它的技术在20世纪50年代才从国外传入我国。   圣路易斯拱门　布达佩斯火车站　谢菲尔德冬季花园	时间：1min 提问： 生活中的著名建筑为何使用悬链线形状？ 反馈： 肯定学生的正确回答，并给予鼓励。

（续）

教学意图	教学内容	教学环节设计
	（2）悬链线拱桥 下图是我国明清时期修建的两座古桥，分别是绍兴的迎仙桥和玉成桥。经过测量发现，它们的形状为近似倒置的悬链线。  迎仙桥  玉成桥 其中，迎仙桥在明万历《新昌县志》有载，清代道光时重修，是国内首次发现的近似于悬链线拱的古石拱桥，也是我国最古老的悬链线拱石桥。它的修建比悬链线拱理论的传入足足早了一个世纪，填补了我国古桥技术史的空白。从现存迎仙桥可以证明，我国古代工匠虽然不一定掌握悬链线拱的建筑理论，但却已熟练掌握了它的建造技术，因为用乱石筑砌悬链线拱比筑砌一般半圆拱，难度要大得多，可见其技术已达炉火纯青的境界，这种理论与技术不同步的现象，也发生在其他领域。	时间：1min 设问： 我国古代是否有悬链线形状的建筑？
介绍悬链面。 展示动画程序。	（3）悬链面（极小曲面） 在给定的空间封闭框架上的肥皂膜，在张力的作用下肥皂膜稳定时面积将达到最小。这个表面积最小的曲面，称为极小曲面。如给定圆形框架，上面形成的肥皂膜为平面圆盘： 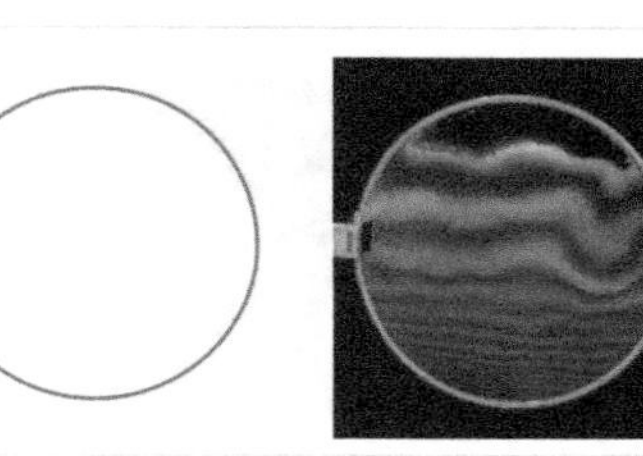 若给定两个圆形框架，它们之间可以形成的肥皂膜为悬链面： 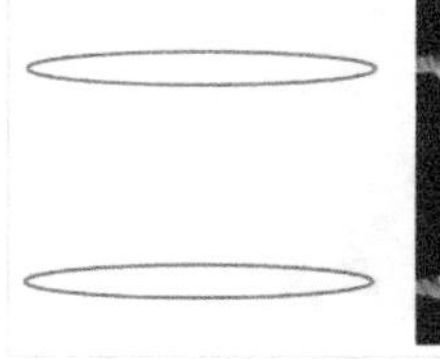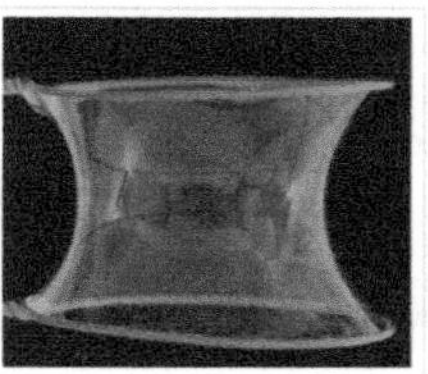 它是微分几何中很重要的一种曲面，是由悬链线旋转而得： 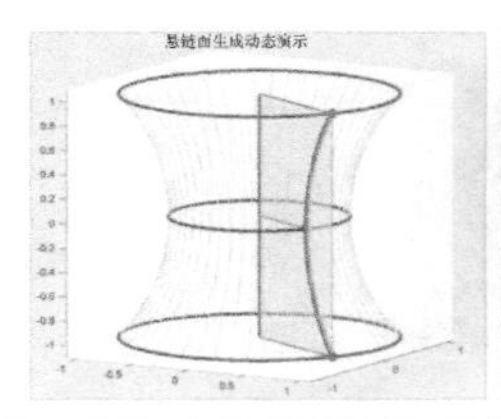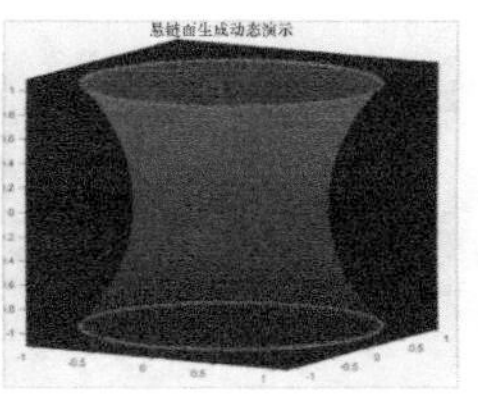	时间：1min 介绍极小曲面。 提问： 两个圆形框架之间会形成什么样的肥皂膜？ 演示 MATLAB 程序运行结果，通过动画效果展示悬链面的生成过程。

（续）

<table>
<tr><th>教学意图</th><th>教学内容</th><th>教学环节设计</th></tr>
<tr><td>介绍悬链线路面与多边形车轮。

展示动画程序。

展示动画程序。

展示自制教具。</td><td>（4）悬链线路面与多边形车轮
通过图片展示具有正方形车轮的小车，图片中有的小朋友骑方形车轮表情痛苦，有的小朋友骑方形车轮自行车却很愉快。对比图片，发现两张图片中的路面不同。实际上，正方形车轮可以在倒置悬链线路面上平稳行驶。

自行车轮只能是圆的吗

车轮：正方形　　路面：倒置的悬链线
利用动画展示单个正方形的车轮沿着倒置的悬链线滚动情况，观察可知正方形车轮的重心始终在同一条水平线上，因此正方形的车轮在悬链线路面上行驶平稳。
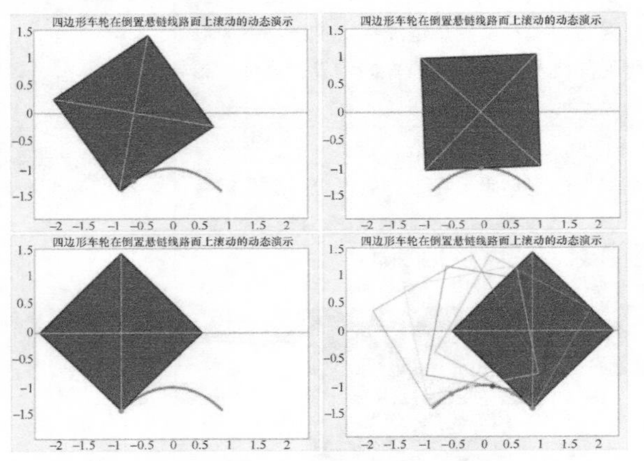

进一步利用动画展示具有正方形车轮的双轮小车在倒置悬链线路面上的运动情况：
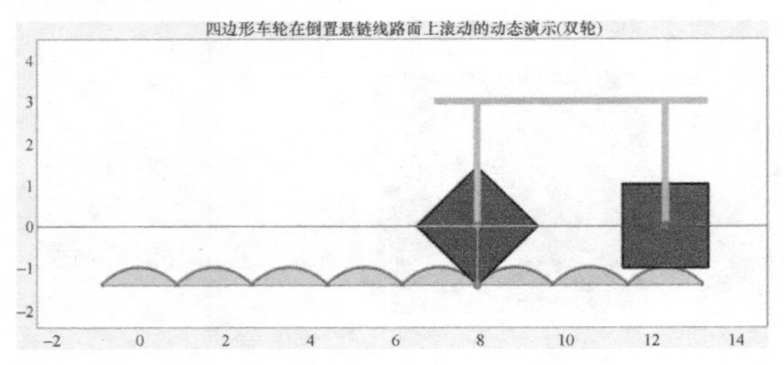

教具演示：
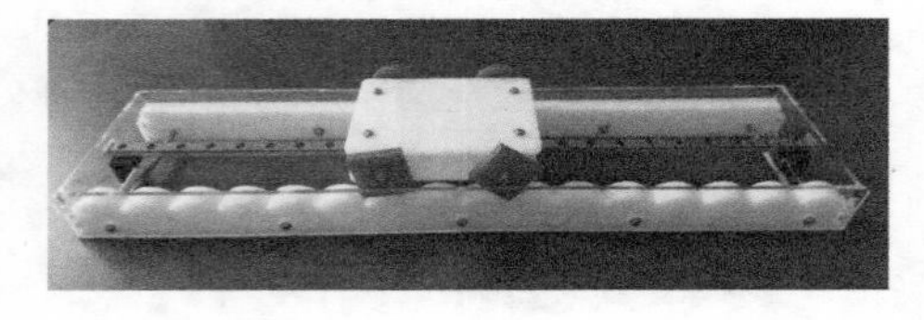</td><td>时间：3min
<u>逐步引导：</u>
同学们是否见过非圆形车轮？两幅图由什么差别？

多边形的车轮如何平稳行驶？应该选取怎样的路面？

演示 MATLAB 程序运行结果。通过动画效果展示正方形车轮在悬链线路面上行驶平稳。

<u>教具展示：</u>
通过教具展示正方形车轮可以在悬链线形状的路面上平稳行驶。激发学生的学习兴趣，为学生提供参考文献，鼓励学生课下进一步研究。</td></tr>
</table>

（续）

<table>
<tr><th>教学意图</th><th>教学内容</th><th>教学环节设计</th></tr>
<tr><td></td><td>更直观生动地说明正方形车轮在倒置悬链线路面上的运动情况。为什么正方形车轮可以和倒置的悬链线相互匹配？对正方形车轮的边长和悬链线的参数有什么要求？提供参考文献。
研究发现，只要选择合适的悬链线路面总能使得多边形车轮（边数大于3）的自行车平稳行驶。 
无论你是什么形状，
总能找到适合自己的路!</td><td><u>逐步引导：</u>
是否存在五边形、六边形、任意多边形的车轮呢?</td></tr>
<tr><td colspan="3">5. 小结与思考（2min）</td></tr>
<tr><td>小结本节知识点。（共1min）</td><td>单元小结：可降阶的三类微分方程的形式及其求解方法：
<table>
<tr><th>高阶方程</th><th>转化途径</th><th>低阶方程</th></tr>
<tr><td>$y^{(n)}=f(x)$</td><td>积分一次，降阶一次</td><td>$y^{(n-1)}=\int f(x)\mathrm{d}x+C_1,\cdots$</td></tr>
<tr><td>$y''=f(x,y')$</td><td>$y'=p(x),y''=p'$</td><td>$\begin{cases}p'=f(x,p)\\y'=p(x)\end{cases}$</td></tr>
<tr><td>$y''=f(y,y')$</td><td>$y'=p(y),y''=p\dfrac{\mathrm{d}p}{\mathrm{d}y}$</td><td>$\begin{cases}p\dfrac{\mathrm{d}p}{\mathrm{d}y}=f(y,p)\\y'=p(y)\end{cases}$</td></tr>
</table></td><td>时间：1min
<u>设问：</u>
本次课介绍了几类可降阶的高阶微分方程?</td></tr>
<tr><td>布置课后思考题。（共1min）</td><td>课后思考题：两根杆子，高50m，杆子顶上系了根绳子，绳长80m。绳子最低点距离地面20m。问这两根杆子相距多远?
80m
50m
20m
?
据说这是亚马逊员工招聘的一道笔试题。</td><td>时间：1min
悬链线的应用。</td></tr>
</table>

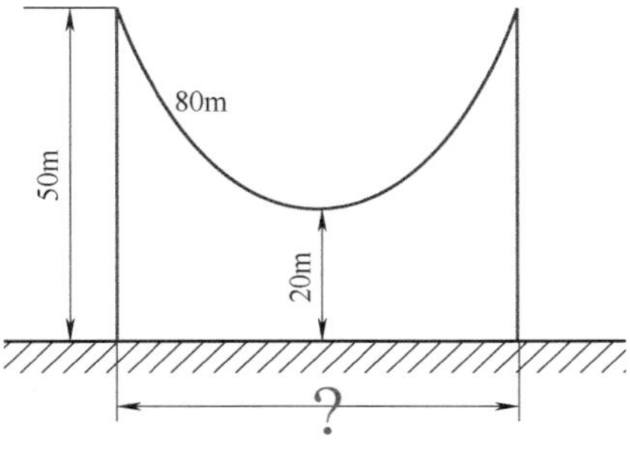

四、学情分析与教学评价

本教学内容的对象为理工科一年级第二学期的学生，通过第一学期高等数学及本学期线性代数的学习，他们具备了一定的数学思想和素养。

通过第一学期的大学学习，学生初步适应了大学生活，具备了较为充分的学习心理准备，独立学习能力日益增强，因此在教学过程中进一步激发学生的学习兴趣，通过贴近生活的实际应用案例，帮助学生深刻理解相关知识，将会极大地提高他们的学习热情，培养他们学以致用的意识。

通过对悬链线方程的建立、分析与求解，让学生掌握可降阶微分方程的求法。加强课堂互动，引导学生在学习过程中发现问题，思考问题，通过启发学生自主思考、主动参与，让学生体验如何进行悬链线微分方程建模与求解。学以致用，结合现实生活中的悬链线的例子，让学生更直观地理解悬链线的曲线形状。引导学生针对不同形状的悬链线进行建模，并寻求微分方程的解，计算机模拟解的图形，提高他们解决实际问题的能力。围绕悬链线问题扩展学生的知识面，如极小曲面、多边形车轮的自行车等，开阔学生视野，激发学生探究新知识、新领域的兴趣。

五、预习任务与课后作业

预习　高阶线性微分方程。

作业

1. 求下列方程的通解。

（1）$yy''=(y')^2-(y')^3$；

（2）$ay''+[1+(y')^2]^{\frac{3}{2}}=0$（常数 $a\neq0$）；

（3）$y''+\dfrac{(y')^2}{1-y}=0$。

2. 求下列方程满足初始条件的解

（1）$y''+(y')^2=1$，$y|_{x=0}=0$，$y'|_{x=0}=0$；

（2）$yy''=2(y'^2-y')$，$y|_{x=0}=1$，$y'|_{x=0}=2$；

（3）$y''+(y')^2+1=0$，$y|_{x=0}=0$，$y'|_{x=0}=1$。

3. 设一质量为 m 的物体在空气中由静止开始下落，若空气阻力 $k=c^2v^2$（c 为常数，v 为物体的速度），试求物体下落的距离 s 与时间 t 的函数关系。

常系数齐次线性微分方程

一、教学目标

常系数齐次线性微分方程的讲解一方面是掌握求解此类微分方程的基本方法，另一方面也是为常系数非齐次线性微分方程的讲解做准备。

本节先讨论二阶常系数齐次线性微分方程的解法，然后把二阶方程的解法推广到 n 阶常系数齐次线性微分方程。通过这一节课的学习，学生不仅将学习到如何将微分方程求解问题转化为代数方程的思想和方法，还将通过一些实际案例，由浅入深由易到难的引导学生掌握常系数齐次线性微分方程的求解过程，从而由浅入深、由易到难熟练地掌握微分方程及其求解过程。为学生在未来各种几何、物理方向的学习打下良好的基础，也对学生今后的研究起到很好的促进作用。

本次课的教学目标是：

1. 学好基础知识，掌握二阶常系数齐次线性微分方程的特征方程形式。

2. 掌握基本技能，掌握二阶常系数齐次线性微分方程求解方法，并能够将该方法拓展到高阶常系数齐次线性微分方程。

3. 培养思维能力，培养学生从实际问题入手建立数学模型，求解模型、分析模型的能力。

二、教学内容

1. 教学内容

1）二阶常系数齐次线性微分方程的求解；

2）高阶常系数齐次线性微分方程的求解；

3）常系数齐次线性微分方程特征根与通解的关系；

4）熟练掌握二阶常系数齐次线性微分方程求解方法求解实际应用题。

2. 教学重点

1）掌握二阶常系数齐次线性微分方程的求解；

2）掌握二阶常系数齐次线性微分方程特征根与通解的关系。

3. 教学难点

1）常系数齐次线性微分方程特征根为重根和复根时的通解形式；

2）惠更斯摆运动学方程的建立。

三、教学进程安排

1. 教学进程框图（45min）

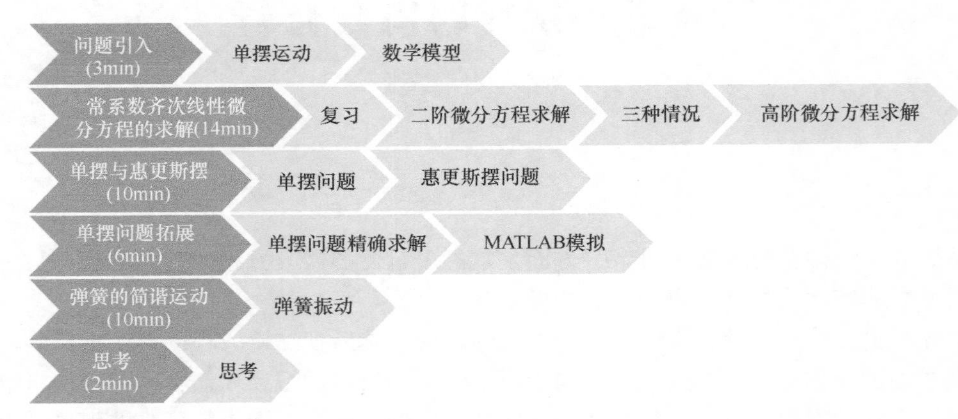

2. 教学环节设计

教学意图	教学内容	教学环节设计
	1. 问题引入（3min）	
用生活中的实例，引入本节内容，首先描述单摆运动。（共1min）	（1）单摆问题 荡秋千的小女孩、随风晃动的吊灯和钟摆，这些生活中常见的物理现象，具备同一种机械运动的特征，那就是单摆运动。	时间：1min 从生活中的实例引入本次课的内容，达到引起学生的注意，使学生尽快进入上课状态的目的。
展示动画程序。	单摆模拟演示	动画演示：运行 MATLAB 程序演示单摆的动画效果。
	从上图的动画，可以把单摆问题描述为：设单摆摆长为 l，一端固定，另一端系一个质量为 m 的小球，它在垂直于地面的平面上沿圆周运动，最大摆角是 θ_0，计算此单摆的运动周期（仅考虑重力作用）。 通过初高中的学习，我们已经知道当摆角很小的时候，单摆的运动周期近似表达式为 $T=2\pi\sqrt{\dfrac{l}{g}}$。下面我们通过这节课的学习来看看这个运动周期是如何求出的。	用数学的语言归纳总结单摆运动问题。

（续）

教学意图	教学内容	教学环节设计
建立描述单摆运动的微分方程。（共2min）	（2）建立单摆的运动方程 设 t 时刻的角位移是 $\theta(t)$，其中 $\theta(0)=\theta_0$，$\theta'(0)=0$。小球沿圆周的切向加速度是 $l\dfrac{\mathrm{d}^2\theta}{\mathrm{d}t^2}$； 由牛顿第二运动定律 $F=ma$ 得 $ml\dfrac{\mathrm{d}^2\theta}{\mathrm{d}t^2}=-mg\sin\theta$； 整理上式可得 $\dfrac{\mathrm{d}^2\theta}{\mathrm{d}t^2}+a^2\sin\theta=0$，其中参数 $a=\sqrt{\dfrac{g}{l}}$。 这是一个非线性方程，求解具有一定困难。注意到，当 θ 很小时，有近似关系：$\sin\theta\sim\theta$（$\theta\to0$），于是单摆运动的近似动力学方程为 $\dfrac{\mathrm{d}^2\theta}{\mathrm{d}t^2}+a^2\theta=0$。 这是一个常系数高阶齐次线性微分方程，下面讨论如何求解。	时间：2min 由牛顿第二运动定律建立方程。 思考：如何将该非线性方程转化为相对容易求解的“线性化”方程？
	2. 常系数齐次线性微分方程的求解（14min）	
知识点回顾。（共2min）	（1）复习 ■ 常系数齐次线性微分方程的形式： $y^{(n)}+a_1y^{(n-1)}+\cdots+a_{n-1}y'+a_ny=0$。　（1） ■ 若 y_1，y_2，…，y_n 为方程（1）的 n 个线性无关的解，则方程（1）的通解为 $Y=c_1y_1+c_2y_2+\cdots+c_ny_n$。其中 c_1，c_2，…，c_n 为 n 个任意常数。 ■ 一阶常系数齐次线性微分方程 $y'+py=0$ 的通解是 $Y=c\mathrm{e}^{-px}$。 该通解具备两个特征：一是解是一个指数函数；二是指数 x 前面的系数 p 和方程有关系。	时间：2min 复习： 常系数齐次线性方程的定义和通解的结构强调一阶常系数齐次线性微分方程通解的形式是指数函数。
介绍二阶常系数齐次线性微分方程通解的求法。（共3min）	（2）二阶常系数齐次线性微分方程的求解 二阶常系数齐次线性微分方程： $y''+py'+qy=0$。　（2） 1）分析：由 n 阶常系数齐次线性微分方程的结构可知，几阶方程就要寻找几个线性无关的解，为了寻找式（2）的通解，关键是如何得到式（2）的两个线性无关的解。 2）寻找式（2）的两个线性无关的解。 若 $y=\mathrm{e}^{rx}$ 为方程（2）的解，只要找到 r 便可得出方程的解，为了确定 r，把上式代入方程得 $r^2\mathrm{e}^{rx}+pr\mathrm{e}^{rx}+q\mathrm{e}^{rx}=0$ $\longleftrightarrow \mathrm{e}^{rx}(r^2+pr+q)=0$ $\xleftrightarrow{\mathrm{e}^{rx}\neq0} r^2+pr+q=0$。　（3）	时间：3min 重点分析二阶方程通解问题。 引导思考： 类比一阶常系数齐次线性微分方程通解的形式推测二阶常系数齐次线性微分方程的通解也是指数函数的形式。

（续）

教学意图	教学内容	教学环节设计
	故 r 满足方程（3）。称方程（3）为方程（2）的特征方程，称方程（3）的根为特征根。 这是一个重大的发现，原来需要求解的微分方程转化为一个代数方程。 3）求解特征方程 求解特征方程，得特征根为 $r_{1,2}=\frac{-p\pm\sqrt{p^2-4q}}{2}$。 此时特征根有三种情况： • 特征根为相异单根； • 特征根为重根； • 特征根为复根。	下面分别讨论如何根据特征根的三种情况找到微分方程的两个线性无关的特解。
分析第一种情况下微分方程的通解形式。（共1min）	第一种情况：特征根为相异单根。 即 $p^2-4q>0$ 时， 此时方程（3）有两个单根 r_1，r_2， 于是方程（2）有两个解 e^{r_1x}，e^{r_2x}； 又 $r_1\neq r_2$，故方程（2）的这两个解 e^{r_1x}，e^{r_2x} 线性无关， 所以方程（2）的通解为 $Y=c_1e^{r_1x}+c_2e^{r_2x}$， 其中 c_1，c_2 为两个任意常数。	时间：1min 这种情况下，很容易找到方程两个线性无关的解。
分析第二种情况下微分方程的通解形式。（共2min）	第二种情况：特征根为重根。 即 $p^2-4q=0$ 时，方程（3）有两重根 $r_1=r_2=-\frac{p}{2}$， 于是方程（2）有解 $y_1=e^{r_1x}$； 设 $y_2=y_1u(x)$，将其代入方程（2）并整理可得 $$y_1u''+(2y_1'+py_1)u'+(y_1''+py_1'+qy_1)u=0,$$ 因为 r_1 是代数方程的根，因此 $y_1''+py_1'+qy_1$ 为0，其次由于 r_1 是重根，因此 $2y_1'+py_1$ 为0，所以可以推出 $u''=0$。 选取合适的 u 应该满足几点：u 不是常数，二阶导数是0，函数应该尽量简单。所以我们选择多项式，并且是一次多项式。 不妨取 $u=x$，则 $y_2=xy_1$，y_1，y_2 线性无关，方程（2）的通解为 $Y=(c_1+c_2x)e^{r_1x}$，c_1，c_2 为两个任意常数。	时间：2min 难点是找到方程的另一个解，且线性无关。 思考： 满足 $u''=0$ 的函数有很多，如何选取？
分析第三种情况下微分方程的通解形式。（共2min）	第三种情况：特征根为复根。 即 $p^2-4q<0$ 时，方程（3）有一对共轭复根 $r_{1,2}=\alpha\pm i\beta$，于是方程（2）有两个线性无关的复值解： $$y_1=e^{(\alpha+i\beta)x}=e^{\alpha x}(\cos\beta x+i\sin\beta x),$$ $$y_2=e^{(\alpha-i\beta)x}=e^{\alpha x}(\cos\beta x-i\sin\beta x)。$$ 由解的叠加原理可知，若 y_1 是方程的解，那么一个常数（实数或虚数）乘以 y_1 也是方程的解；若 y_1，y_2 都是方程的解，那么 y_1+y_2 和 y_1-y_2 也是方程的解。 因此由欧拉公式可知方程（2）有两个实值解： $$y_3=(y_1+y_2)/2=e^{\alpha x}\cos\beta x,$$ $$y_4=(y_1-y_2)/(2i)=e^{\alpha x}\sin\beta x,$$ 注意到 y_3，y_4 线性无关。 方程（2）的通解为 $Y=(C_1\cos\beta x+C_2\sin\beta x)e^{\alpha x}$。	时间：2min 强调： 欧拉公式。 提问： 写出两个复值解之后是否就完美了呢？我们能否进一步写成实值解？

（续）

<table>
<tr><th>教学意图</th><th>教学内容</th><th>教学环节设计</th></tr>
<tr><td>总结二阶常系数齐次线性微分方程的求解步骤。（共2min）</td><td>归纳总结求解步骤：
二阶常系数齐次线性微分方程 $y''+py'+qy=0$，
1）写出特征方程：$r^2+pr+q=0$；
2）求出特征根：$r_{1,2}=\dfrac{-p\pm\sqrt{p^2-4q}}{2}$；
3）根据特征根的情况，写出通解。
<table>
<tr><th>特征根</th><th>方程（2）通解</th></tr>
<tr><td>两相异实根 $r_1\neq r_2$</td><td>$C_1\mathrm{e}^{r_1x}+C_2\mathrm{e}^{r_2x}$</td></tr>
<tr><td>两重实根 $r_1=r_2=-\dfrac{p}{2}$</td><td>$(C_1+C_2x)\mathrm{e}^{r_1x}$</td></tr>
<tr><td>共轭复根 $r_{1,2}=\alpha\pm\mathrm{i}\beta$</td><td>$(C_1\cos\beta x+C_2\sin\beta x)\mathrm{e}^{\alpha x}$</td></tr>
</table>
归纳总结研究思路：
$y''+py'+qy=0$ → $r^2+pr+q=0$
↓ ↓
两个线性无关的解 ← 特征根有三种情况</td><td>时间：2min
要求：
对学生提出要求，除了要针对不同的特征根记住方程通解形式，还有学会反向思维，通过通解倒推特征根。

板书：
左边的示意图可以整理为板书形式。</td></tr>
<tr><td>推广高阶常系数齐次线性微分方程解的形式。（共2min）</td><td>（3）高阶常系数齐次线性微分方程的求解
n 阶常系数齐次线性微分方程：
$$y^{(n)}+a_1y^{(n-1)}+\cdots+a_{n-1}y'+a_ny=0, \qquad (4)$$
特征方程：
$$r^n+a_1r^{n-1}+\cdots+a_{n-1}r+a_n=0。\qquad (5)$$
同理，根据特征根的情况，可以写出通解。
<table>
<tr><th>特征根</th><th>方程（4）通解中对应的项</th></tr>
<tr><td>实单根 r</td><td>$C\mathrm{e}^{rx}$</td></tr>
<tr><td>k 重实根 r</td><td>$(C_1+C_2x+\cdots+C_kx^{k-1})\mathrm{e}^{rx}$</td></tr>
<tr><td>单复根 $r_{1,2}=\alpha\pm\mathrm{i}\beta$</td><td>$(C_1\cos\beta x+C_2\sin\beta x)\mathrm{e}^{\alpha x}$</td></tr>
<tr><td>k 重复根 $r_{1,2}=\alpha\pm\mathrm{i}\beta$</td><td>$(C_1+C_2x+\cdots+C_kx^{k-1})\cos\beta x\cdot\mathrm{e}^{\alpha x}+$
$(D_1+D_2x+\cdots+D_kx^{k-1})\sin\beta x\cdot\mathrm{e}^{\alpha x}$</td></tr>
</table></td><td>时间：2min

关于 n 阶常系数齐次线性微分方程解的推导可以留作课后思考题。</td></tr>
<tr><td colspan="3">3. 单摆与惠更斯摆（10min）</td></tr>
<tr><td>回到这节课开始单摆的求解问题上来。（共3min）</td><td>（1）单摆运动的近似周期
由前面推导，已知单摆运动的近似方程为
$$\begin{cases}\dfrac{\mathrm{d}^2\theta}{\mathrm{d}t^2}+a^2\theta=0,\\ \theta(0)=\theta_0,\ \theta'(0)=0,\end{cases}\quad 其中\ a=\sqrt{\frac{g}{l}}。$$
计算此单摆的运动周期（仅考虑重力作用）：根据本节知识点，
写出特征方程：$r^2+a^2=0$，
求出特征根：$r=\pm\mathrm{i}a$，
则通解是
$$\theta=C_1\sin at+C_2\cos at=\sqrt{C_1^2+C_2^2}\sin(at+\varphi),$$
$$\varphi=\arctan\frac{C_1}{C_2}。$$
这是一个简谐振动，周期是 $T=\dfrac{2\pi}{a}=2\pi\sqrt{\dfrac{l}{g}}$。</td><td>时间：3min
提问：
这是前面所述的第几种情况？通解是什么？
反馈：
肯定学生的正确回答，并给予鼓励。</td></tr>
</table>

（续）

教学意图	教学内容	教学环节设计
引入惠更斯摆，建立其运动方程，并计算惠更斯摆的运动周期。（共3min） 展示动画程序。	（2）惠更斯摆及其运动周期 前面计算了单摆的运动周期，但是单摆运动并不是一个真正的简谐振动，而是一个近似的简谐振动。还记得我们在开始假设单摆的摆角很小那个条件么？那么有没有一种摆可以做真正的简谐振动呢？有的，那就是惠更斯摆。 1）惠更斯摆：在单摆摆动过程中改变摆长 l，使小球的运动轨迹是一条摆线：$\begin{cases}x=a(\theta-\sin\theta),\\y=a(1-\cos\theta)。\end{cases}$ 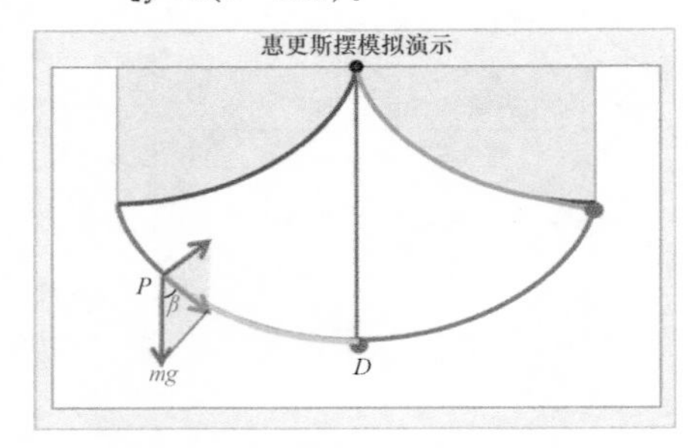 2）计算惠更斯摆的运动周期（仅考虑重力作用）。 图中的 P 是摆线上任意点（对应方程中的参数为 θ）；s 是摆线上点 P 到最低点 D 的弧长；β 是点 P 处的重力与合力的夹角。 小球在点 P 所受合力为 $F=mg\cos\beta$， 由牛顿第二运动定律得 $m\dfrac{\mathrm{d}^2s}{\mathrm{d}t^2}=-mg\cos\beta$。 (6)	时间：3min 单摆运动是一个近似的简谐振动。 提问： 有没有一种摆可以做真正的简谐振动呢？ 演示： 用 MATLAB 演示惠更斯摆的运动情况，增加学生的学习兴趣。
研究摆线生成特点。（共4min） 展示自制教具。 展示动画程序。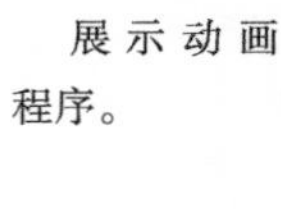	摆线以及摆线参数方程中的 θ 是什么？ 回顾摆线的生成过程：摆线（Cycloid）是一个圆沿一条直线运动时，圆边界上一定点所形成的轨迹。 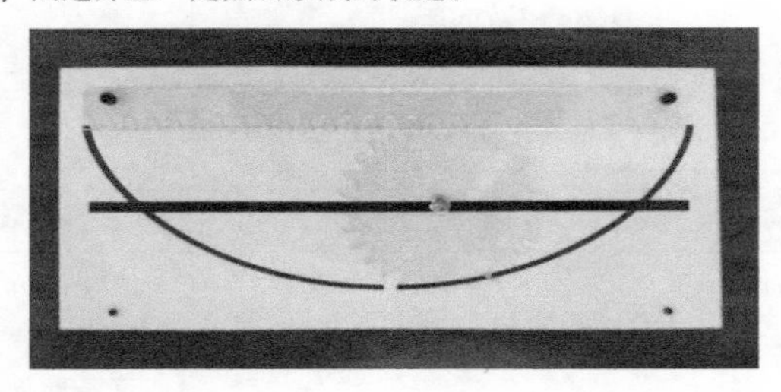 简单来说，摆线是由圆滚出来的，和推铁环差不多。 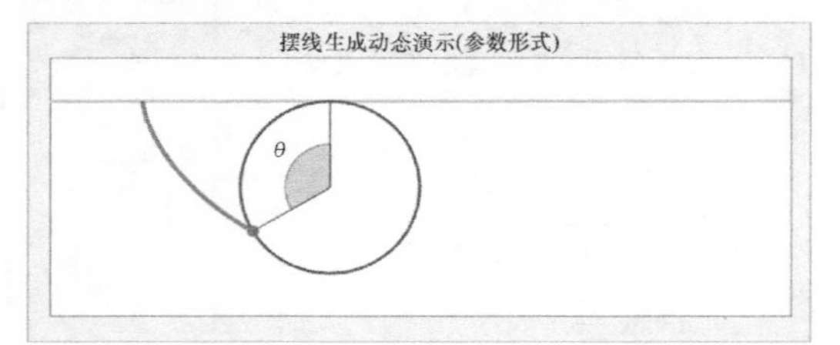	时间：4min 为了更好地认识摆线参数方程中的参数 θ，做了教具。 用 MATLAB 动画展示的形式绘制了摆线生成动态图。

（续）

教学意图	教学内容	教学环节设计
	摆线上的点与其参数关系 如图所示：θ 是角度 $\angle CQP$，易知 $\beta=\dfrac{\theta}{2}$。 故方程（6）可化为 $\dfrac{\mathrm{d}^2s}{\mathrm{d}t^2}=-g\cos\dfrac{\theta}{2}$，　（7） 由弧长公式，可得 s 和 θ 的关系为 $$s=\int_{\theta}^{\pi}\sqrt{x'^2+y'^2}\,\mathrm{d}\theta=2a\int_{\theta}^{\pi}\sin\frac{\theta}{2}\mathrm{d}\theta=4a\cos\frac{\theta}{2},\quad(8)$$ 整理可得惠更斯摆的运动方程为 $$\frac{\mathrm{d}^2s}{\mathrm{d}t^2}+\frac{g}{4a}s=0,$$ 这是简谐振动方程，得到惠更斯摆的运动周期为 $$T=4\pi\sqrt{\frac{a}{g}}。$$	逐步引导： 此时问题中出现了一个角度 β，我们希望 β 和参数方程中的参数 θ 能够建立一种关系。 板书： 画示意图，证明 $\beta=\dfrac{\theta}{2}$。
4. 单摆问题拓展（6min）		
求解单摆运动的精确周期。（共6min） 注意，将一个二阶常微分方程初值问题，化为两个一阶常微分方程初值问题。	（1）求解单摆运动周期的精确值 单摆运动是一个近似简谐振动问题，那么我们应该如何刻画精确的单摆运动问题？ 再来看看前面得到的单摆运动方程（无近似）： $$\begin{cases}\dfrac{\mathrm{d}^2\theta}{\mathrm{d}t^2}+a^2\sin\theta=0,\ a=\sqrt{\dfrac{g}{l}},\\ \theta(0)=\theta_0,\ \theta'(0)=0。\end{cases}$$ 这是一个二阶的非线性方程，可以通过降阶来求解： 令 $\dfrac{\mathrm{d}\theta}{\mathrm{d}t}=p(\theta)$，有 $\begin{cases}p\dfrac{\mathrm{d}p}{\mathrm{d}\theta}+a^2\sin\theta=0,\\ p(\theta_0)=0。\end{cases}$ 这是一个一阶初值问题，求得解为 $$p=2a\sqrt{\sin^2\frac{\theta_0}{2}-\sin^2\frac{\theta}{2}}。$$ 把上式代回，可得关于 $\theta(t)$ 的方程，也是一个一阶初值问题： $$\begin{cases}\dfrac{\mathrm{d}\theta}{\mathrm{d}t}=2a\sqrt{\sin^2\dfrac{\theta_0}{2}-\sin^2\dfrac{\theta}{2}},\text{其中 }a=\sqrt{\dfrac{g}{l}}。\\ \theta(0)=\theta_0,\end{cases}$$ 求解可得单摆的运动周期为	时间：6min 回顾： 单摆问题：设单摆摆长 l，一端固定，另一端系一个质量为 m 的小球，它在垂直于地面的平面上沿圆周运动，最大摆角是 θ_0，计算此单摆的运动周期（仅考虑重力作用）。

（续）

教学意图	教学内容	教学环节设计
	$T=4\frac{1}{2a}\int_0^{\theta_0}\frac{\mathrm{d}\theta}{\sqrt{\sin^2\frac{\theta_0}{2}-\sin^2\frac{\theta}{2}}}=\frac{4}{a}\int_0^{\frac{\pi}{2}}\frac{\mathrm{d}\varphi}{\sqrt{1-\sin^2\frac{\theta_0}{2}\sin^2\varphi}}$ $=2\pi\sqrt{\frac{l}{g}}\left(1+\frac{1^2}{2^2}k^2+\frac{1^2\times3^2}{2^2\times4^2}k^4+\cdots\right),\ k=\sin\frac{\theta_0}{2}$。 如果只考虑结果的第一项，那么就退化成了前面求过的单摆运动周期的近似值。 （2）模拟动画 通过一个动画向学生展示上式截取不同项时单摆的运动周期关于初始摆角的变化情况。 图中从下往上的线分别对应取上式中的前一项、前两项、前三项等，可见只有最下面那条直线具有等时性，也就是说只有小角度时单摆才近似具有等时性。	演示 MATLAB 程序运行结果，通过动画效果，吸引学生的注意力，并让学生看到数学的美和神奇。
	5. 弹簧的简谐运动（10min）	
弹簧的简谐振动问题。（共3min）	弹簧的简谐运动：质量为 m 的物体自由悬挂在一端固定的弹簧上，在无外力作用下做自由运动，取其平衡位置为原点建立坐标系。设弹簧弹性系数为 c，物体在运动过程中所受的阻力与运动速度成正比，比例系数为 μ。如图所示，设 $t=0$ 时物体的位置为 $x=x_0$，初始速度为 v_0，求物体的运动规律 $x=x(t)$。 解：根据物体的受力分析情况，由牛顿第二定律及已知条件可得 $x(t)$ 满足如下方程： $\begin{cases}\frac{\mathrm{d}^2x}{\mathrm{d}t^2}+2n\frac{\mathrm{d}x}{\mathrm{d}t}+k^2x=0,\\ x\|_{t=0}=x_0,\ \left.\frac{\mathrm{d}x}{\mathrm{d}t}\right\|_{t=0}=v_0。\end{cases}$ 其中，$n=\frac{2\mu}{m}$，$k=\sqrt{\frac{c}{m}}$。	时间：3min 为了巩固本次课的主要内容，也进一步提高学生的兴趣，下面我们举另外一个简谐振动的例子。
讨论无阻尼自由振动情况。（共4min）	下面分两种情况来讨论： （1）无阻尼自由振动情况，即 $n=0$ 此时方程为 $\frac{\mathrm{d}^2x}{\mathrm{d}t^2}+k^2x=0$， 特征方程为 $r^2+k^2=0$， 求出特征根为 $r_{1,2}=\pm\mathrm{i}k$。 通解为 $x=C_1\cos kt+C_2\sin kt$， 进一步利用初始条件得到 $C_1=x_0$，$C_2=\frac{v_0}{k}$，	时间：4min 提问： 此时特征方程和特征根分别是什么？ 反馈： 肯定学生的正确回答，并引导学生思考 $n\neq0$ 时的情况。

（续）

教学意图	教学内容	教学环节设计
	故所求特解为 $x=x_0\cos kt+\frac{v_0}{k}\sin kt=A\sin(kt+\varphi)$。 上式中的参数 A 和 φ 如右图所示，其中， $A=\sqrt{x_0^2+\frac{v_0^2}{k^2}}$，$\tan\varphi=\frac{kx_0}{v_0}$。在物理上，我们称 $x=A\sin(kt+\varphi)$ 这种形式的解为简谐振动，其中 A 叫作振幅，φ 称为初相，周期记为 $T=\frac{2\pi}{k}$，其中 $k=\sqrt{\frac{c}{m}}$ 为固有频率，它仅由系统特性确定。 假设 $x\|_{t=0}=x_0>0$，$\frac{\mathrm{d}x}{\mathrm{d}t}\|_{t=0}=v_0>0$，下图描绘的便是一个典型的简谐振动。	
讨论有阻尼自由振动情况。（共3min）	（2）有阻尼自由振动情况 此时方程为 $\frac{\mathrm{d}^2x}{\mathrm{d}t^2}+2n\frac{\mathrm{d}x}{\mathrm{d}t}+k^2x=0$， 特征方程为 $r^2+2nr+k^2=0$， 求出特征根为 $r_{1,2}=-n\pm\sqrt{n^2-k^2}$。 分以下三种情况进行讨论： 小阻尼：$n<k$，此时解为 $x=\mathrm{e}^{-nt}(C_1\cos\omega t+C_2\sin\omega t)$， 式中 $\omega=\sqrt{k^2-n^2}$； 大阻尼：$n>k$，此时解为 $x=C_1\mathrm{e}^{r_1t}+C_2\mathrm{e}^{r_2t}$； 临界阻尼：$n=k$，此时解为 $x=(C_1+C_2t)\mathrm{e}^{-nt}$。	时间：3min 讨论 $n\neq0$ 时的情况。 作业：请学生课后详细推导这三种情况求解的过程，并说明相当解的物理意义。
6. 思考（2min）		
课后思考题。（共2min）	1）若在单摆运动过程中考虑阻力，假设阻力大小与运动速度成正比，设 $F_{阻力}=k\frac{\mathrm{d}\theta}{\mathrm{d}t}$。请建立相应的振动方程并求解。 2）详细推导单摆运动的周期公式 $T=2\pi\sqrt{\frac{l}{g}}\left(1+\frac{1^2}{2^2}k^2+\frac{1^2\times3^2}{2^2\times4^2}k^4+\cdots\right)$，其中 $k=\sin\frac{\theta_0}{2}$。	时间：2min 课后解决两个具体问题。

四、学情分析与教学评价

本教学内容的对象为理工科一年级第二学期的学生，微分方程的学习是高等数学的最后一部分内容，经过高等数学前期的学习，他们已经初步掌握了大学所需要的基本的数学知识和素养。最后这部分微分方程的学习为未来学生在求解几何、物理方面的实践问题奠定扎实的基础。

通过一整年的大学学习和训练，学生基本上已经熟悉了大学学习的节奏，可以独立思考和学习，因此在这一部分的教学中以激发学生兴趣为主，通过联系实践，来帮助学生将所学过的知识充分地运用到实际案例中，这能极大地提高学生的学习积极性，培养学习热情。

本次课以学生熟悉的单摆运动周期为例，通过数学建模得“线性化”方程，从而引出二阶常系数齐次线性微分方程的求解。在学习了一般的二阶和高阶常系数齐次线性微分方程的求解方法后，解决最初提出的单摆近似运动周期问题，并进一步围绕该问题给出相应的拓展。在教学过程中，辅助 MATLAB 动画演示，加强课堂互动，引入实际问题和范例，通过对各种各样实际范例的学习和了解，拓展学生的知识面，开阔学生视野。让学生在学习过程中得到乐趣。通过引导学生独立思考和主动参与，让学生掌握求解现实生活中几何、物理实际问题的一些方法，学以致用，让学生更直观地感受到高等数学的用途，进一步地提高学生分析问题和解决问题的能力。

五、预习任务与课后作业

预习　常系数非齐次线性微分方程。

作业

1. 求下列常系数齐次线性方程的通解。

（1）$y^{(4)}-y=0$；

（2）$y^{(4)}-5y^{(3)}+6y''+4y'-8y=0$；

（3）$y^{(4)}-13y''+36y=0$。

2. 求满足下列初始条件的解。

（1）$y''-4y'+13y=0$，$y|_{x=0}=0$，$y'|_{x=0}=3$；

（2）$4y''+4y'+y=0$，$y|_{x=0}=2$，$y'|_{x=0}=1$。

参考文献

[1] 胡志兴，郑连存，苏永美，等．高等数学：上册［M］．2 版．北京：高等教育出版社，2014.

[2] 郑连存，胡志兴，王辉，等．高等数学：下册［M］．2 版．北京：高等教育出版社，2014.

[3] BRIGGS W，COCHRAN L，GILLET B．微积分：上册［M］．杨庆节，黄志勇，周泽民，等译．北京：中国人民大学出版社，2014.

[4] BRIGGS W，COCHRAN L，GILLET B．微积分：下册［M］．杨庆节，黄志勇，周泽民，等译．北京：中国人民大学出版社，2014.

[5] 蔡国梁，李玉秀，王世环．直纹曲面的性质及其在工程中的应用［J］．数学的实践与认识，2008，38（8）：98-102.

[6] 陈梅，陈仁政．不可思议的自然对数［M］．北京：人民邮电出版社，2016.

[7] ERLICHSON H. Johann Bernoulli's brachistochrone solution using Fermat's principle of least time［J］. Eur. J. Phys. 1999，20：299-304.

[8] 郭镜明，韩云瑞，章栋恩．美国微积分教材精粹选编［M］．北京：高等教育出版社，2012.

[9] HALL L，WAGON S. Roads and wheels［J］. Math. Magazine MAA.，1992，65（5）：283-301.

[10] 华罗庚．优选法［M］．北京：北京科学出版社，1967.

[11] JAMES G. Modern engineering mathematics［M］. 5th ed. New York：Pearson，2015.

[12] LARSON R，EDWARDS B H. Calculus［M］. 9th ed. Salt Lake City：Brooks/Cole，2010.

[13] 舒幼生．趣味滚轮线［J］．科学，2000，05：58-60.

[14] 斯图尔特．微积分：第六版［M］．张乃岳，译．北京：中国人民大学出版社，2014.

[15] 田刚，吴宗敏．数学之外与数学之内：Ⅰ［M］．上海：复旦大学出版社，2015.

[16] 田刚，吴宗敏．数学之外与数学之内：Ⅱ［M］．上海：复旦大学出版社，2017.

[17] 同济大学数学系．高等数学：上册［M］．6 版．北京：高等教育出版社，2007.

[18] 同济大学数学系．高等数学：下册［M］．6 版．北京：高等教育出版社，2007.

[19] VARBERG D，PURCELL E J，RIGDON S E．微积分［M］．刘深泉，等译．北京：机械工业出版社，2011.

[20] 王敬庚，傅若男．空间解析几何［M］．北京：北京师范大学出版社，1999.

[21] 王绵森，马知恩．工科数学分析基础：上册［M］．北京：高等教育出版社，1998.

[22] 王绵森，马知恩．工科数学分析基础：下册［M］．北京：高等教育出版社，1998.

[23] 袁荣．常微分方程［M］．北京：高等教育出版社，2012.

[24] 周明儒．数学与音乐［M］．北京：高等教育出版社，2015.

[25] 赵灿冬．摆线性质的物理分析方法［J］．大学物理，2010，29（2）：11-13.